释放数据价值

数据资产评估方法与系统设计

郑绵彬 张玲 邢竞 周建红 杜劲松 孙凌芸◎编著

人民邮电出版社
北京

图书在版编目（CIP）数据

释放数据价值 ： 数据资产评估方法与系统设计 / 郑绵彬等编著. -- 北京 ： 人民邮电出版社, 2025.
ISBN 978-7-115-65981-1

Ⅰ. TP274

中国国家版本馆 CIP 数据核字第 20249N20K9 号

内 容 提 要

本书是一本全面深入探讨数据资产评估方法与系统设计的专业图书。本书基础篇介绍了数据资产的定义、特征和类型，阐述了数据资产评估的重要性和面临的挑战，分析了数据质量、数据资产价值和风险评估的基础理论。方法篇提供了数据质量、数据资产价值和数据资产风险的相关评估方法，并讨论了它们的适用性和实践应用。系统设计篇重点介绍了数据资产评估系统的架构设计、功能设计、数据库设计、系统界面设计和非功能需求设计，提供了从概念到实践的完整指导。本书旨在帮助数据资产管理和评估的专业人士及相关学者和研究人员掌握数据资产评估的核心技能，构建高效的评估系统，实现快速评估，优化数据资产管理策略，以应对当前数据驱动的商业环境中的各种挑战。

◆ 编　　著　郑绵彬　张　玲　邢　竟　周建红　杜劲松　孙凌芸
　责任编辑　赵　娟
　责任印制　马振武

◆ 人民邮电出版社出版发行　　北京市丰台区成寿寺路 11 号
　邮编　100164　　电子邮件　315@ptpress.com.cn
　网址　https://www.ptpress.com.cn
　三河市君旺印务有限公司印刷

◆ 开本：800×1000　1/16
　印张：21.75　　2025 年 4 月第 1 版
　字数：462 千字　　2025 年 4 月河北第 1 次印刷

定价：139.90 元

读者服务热线：(010)53913866　印装质量热线：(010)81055316
反盗版热线：(010)81055315

编写团队

主　编：郑绵彬
副主编：张　玲　邢　竟
参编人员：周建红　杜劲松　孙凌芸

序

在数字化浪潮的推动下，数据资产已经成为企业和组织不可或缺的战略资源。它们不仅承载着企业的核心知识，也是推动企业创新和经济增长的关键动力。数据资产的复杂性、动态性和价值多样性，使准确评估和有效管理这些资产成了一项重要而紧迫的任务。正是基于这样的认识，我们撰写了《释放数据价值：数据资产评估方法与系统设计》一书。

数据资产的价值随着时间、环境和技术的发展而变化，评估数据资产不仅需要考虑其当前的经济价值，还要预测其未来的潜力和风险。数据资产的无形性和易变性，为数据资产评估工作带来了前所未有的挑战。如何在确保数据安全的前提下，准确地评估和更好地利用数据资产，是本书关注的重点。

理论与实践的结合是解决数据资产评估问题的关键，因此，本书不仅深入探讨了数据资产评估的理论基础，更注重数据资产评估方法的实践应用，详细介绍了数据质量评估、价值评估和风险评估的方法。

在系统设计篇中，我们提出了一套完整的数据资产评估系统的设计方案，包括架构设计、功能设计、数据库设计、界面设计和非功能需求设计。该设计方案不仅考虑了技术的先进性和可靠性，更注重用户体验和操作便捷性。我们希望通过这套设计方案，帮助读者构建一个高效、稳定且易于使用的数据资产评估系统。

数据资产评估是一个不断发展的领域。随着新技术的出现和应用场景的扩展，评估方法和评估工具也需要不断创新。本书在探讨现有评估方法的同时，对数据资产评估的未来发展趋势进行了展望，以期为读者提供前瞻性的视角和思考。

《释放数据价值：数据资产评估方法与系统设计》是我们对数据资产评估领域的一次深入探索和系统总结，希望这本书能够帮助读者更好地理解和掌握数据资产评估的方法和技巧，提升数据资产管理的效率和效果。同时，我们也期待与读者共同探讨，推动数据资产评估领域的进步与发展。

谨以此书献给所有致力于数据资产管理和评估的专业人士，以及对数据资产价值挖掘充满热情的学者和研究人员。

编著者

2024 年 7 月 11 日

前言

随着信息技术的飞速发展，数据已成为企业最宝贵的资产之一。在商业决策、运营管理、产品创新等多个领域，数据资产发挥着至关重要的作用。然而，如何准确评估数据资产的价值、风险和质量，是许多企业和组织面临的重大挑战。基于此，《释放数据价值：数据资产评估方法与系统设计》应运而生，旨在为读者提供一套系统化、专业化的数据资产评估方法和系统设计指导。本书是数据资产评估领域的一次深入探索，是连接理论与实践的桥梁，是引导读者走向数据资产评估专业之路的指南。

本书的目标读者群体广泛，包括数据分析师、IT专业人士、企业决策者、风险管理专家，以及对数据资产评估感兴趣的学者和研究人员。无论是在数据资产的评估理论方面，还是实践技能方面，本书都能够为其提供深入且全面的指导。

在撰写本书的过程中，我们力求做到深入浅出，确保即便是初学者也能够理解和掌握数据资产评估的核心概念和方法。同时，对于经验丰富的专业人士，本书也提供了深入的技术分析和系统设计的具体实践。

首先，在内容结构上，本书分为3个主要部分：基础篇、方法篇和系统设计篇。基础篇着重于分析数据资产评估的定义、特征、类型及评估面临的挑战与机遇。方法篇深入探讨了数据质量评估、数据资产价值评估和数据资产风险评估的具体方法，涵盖了成本法、市场法、收益法等多种评估方法，并讨论了它们的适用性和局限性。系统设计篇则专注于评估系统的架构设计、功能设计、数据库设计、界面设计和非功能需求设计，提供了从概念到实践的完整指导。

本书由广东省电信规划设计院有限公司、广东金融学院、广州市人文社会科学重点研究基地——数字金融与高质量发展研究基地联合编著，编写团队结合自身理论和系统设计实践的优势，确保内容的专业性和实用性。在理论方面，不仅介绍了传统的评估方法，还探讨了基于现代技术的创新评估方法，例如基于多期超额柯布－道格拉斯生产函数模型的数据资产价值评价方法。在系统设计方面，提供了详细的设计方法，帮助读者理解如何构建一个高效、可靠且对用户友好的评估系统。

其次，本书还强调了评估过程中的伦理和法律问题，特别是在数据保护法规日益严格的背景下，如何确保评估活动的合规性。

最后，我们希望本书能够成为数据资产评估领域的指南，帮助读者提升评估技能，优化数据资产管理策略。我们期待读者的反馈，并希望本书能够激发更多关于数据资产评估的讨论和创新。

编著者

2024 年 7 月

基础篇

方法篇

系统设计篇

基础篇

第 1 章　数据资产评估概述

数据资产评估是一个综合性的分析过程，它通过评估数据资产的质量、价值和风险，来确定数据对组织的战略意义和经济贡献。这一过程涉及对数据的准确性、完整性、一致性、时效性、规范性和可访问性等多个维度的量化分析，以及对数据资产的市场价值、竞争优势和潜在风险的深入探讨。数据资产评估的目标是为组织提供决策支持，优化数据资源配置，提高数据驱动的业务成果，并确保对数据资产的有效管理和保护。

1.1 数据资产的定义

数据资产是指由特定主体合法拥有或控制，能进行货币计量，且能带来直接或间接经济利益的，以物理或电子方式记录的数据资源。这些数据资源包括数字信息、文字信息、图像信息、语言信息、数据库等，是企业的重要资产，具有价值高、可访问性强和可持续性强等特点。从经济学的角度来看，资产必须具有交换价值和使用价值。因此，能作为“数据资产”的数据必须是具有交换价值和使用价值的数据。数据资产的管理和应用可以帮助企业提高决策效率、优化业务流程、增强市场竞争力、降低成本等。

1.2 数据资产的形成

数据资产的形成过程如图 1-1 所示。

① **数据资源化**：数据资源化涉及将原始数据转化为可管理和可利用的数据资源。这通常包括收集、清洗、整理和标准化数据等，为确保数据的质量、进一步地加工和应用打下基础。

② **资源产品化**：在数据资源化的基础上，将数据资源转化为数据产品。这涉及对数据的进一步分析、加工和封装，形成可以直接使用或销售的数据产品。这些数据产品可以是数据报告、分析工具、API 服务等，它们具有明确的应用场景和功能。

③ **产品资产化**：将数据产品转化为可交易的数据资产，这是数据资产化的关键阶段。

数据产品需要满足一定的条件，例如可交易性、价值可计量等，才能被认定为数据资产。数据资产凭证的发放，标志着数据产品正式成为可在市场上流通和交易的资产。

④ **数据资产凭证生成**：数据资产凭证是记录数据资产交易、交付、权属等信息的电子凭证。它依托于全国数据交易链，通过标准化协议与智能合约，实现数据资产凭证的智能生成和全链共识。

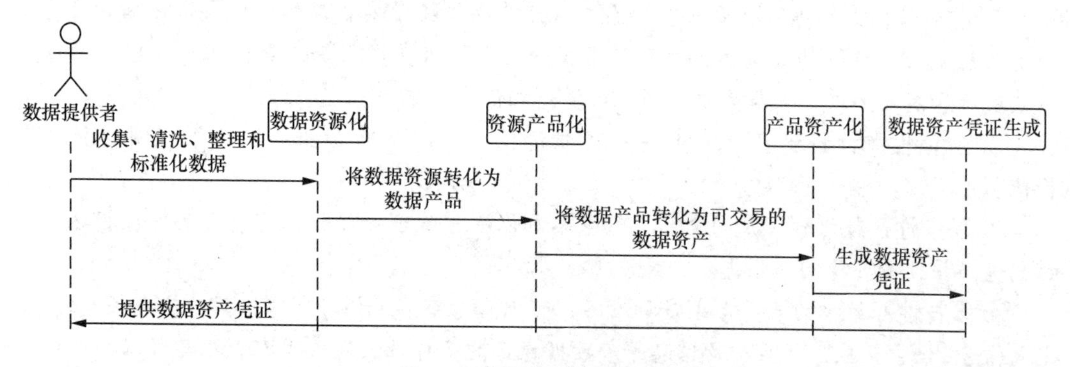

图1-1　数据资产的形成过程

通过上述过程，数据从原始资源转化为具有明确价值和权属的资产，实现了数据资产的价值流通和变现，为企业和其他各方创造了更高的价值。

① **数据资产凭证的内容**：数据资产凭证通常包括数据产品的登记信息、链上交易信息、电子订单、数字签名、发票等，同时记录价格、交易量、复购率、使用场景和用户评价等关键参数。

② **数据资产凭证的功能**：数据资产凭证的内容包括数据的来源、类型、权属、质量等关键信息，并与数据产品关联，记录交易合同、交付和清结算情况，提供可追溯的证据，确保交易的完整性、真实性和相关性。

③ **数据资产凭证的应用**：数据资产凭证作为数据资源确权的探索，为数据交易参与者提供信任和保障，可促进数据资源的有序流通和价值实现。

④ **数据资产凭证的确权**：数据资产凭证登记了数据资源用于形成数据产品或服务的相关信息，可作为数据产品经营权的确权凭证，明确数据资源的来源和权属。

1.3 数据资产的特征和类型

在数字时代，数据已经成为企业和组织最重要的资产之一，其价值日益凸显。为了更好地理解和管理数据资产，首先需要对其进行分类并了解其特征。

1.3.1 数据资产的特征

数据资产具有多种特征，因此，数据资产与传统资产有显著区别。以下是数据资产的主要特征。

① **非实体性**：数据资产无实物形态，虽然需要依托于实物载体，但决定数据资产价值的是数据本身。数据的非实体性导致了数据的无消耗性，即数据不会因为使用频率的增加而被磨损和消耗。这一点与其他传统无形资产相似。

② **价值性**：数据资产具有重要的商业价值，可以帮助企业进行决策、创新和创造价值。

③ **易失性**：数据资产是易失的，如果不加以妥善管理和保护，可能会丢失、损坏或泄露，进而导致不可挽回的损失。

④ **多样性**：数据的表现形式多种多样，可以是数字、表格、图像、声音、视频、文字、光电信号、化学反应，甚至生物信息等。数据资产的多样性，还表现在数据与数据处理技术的融合，形成了融合形态数据资产。

⑤ **复用性**：数据资产可以被多次使用和共享，同一份数据可以服务于不同的业务需求和决策场景。

⑥ **增值性**：通过对数据的挖掘、分析和加工处理，可以为数据赋值，使其具有更高的价值和意义。

⑦ **风险性**：数据资产具有一定的风险性，可能存在数据质量问题、数据安全风险、合规性风险等，需要进行有效的风险管理和控制。

数据资产的分类和特征对于理解和管理数据资产至关重要。通过深入了解数据资产的分类和特征，可以帮助企业和组织更好地管理和利用自身的数据资产，实现数据资产价值最大化。

1.3.2 数据资产的分类

数据资产可以根据不同的方式进行分类，常见的分类方式包括以下内容。

1. 按数据来源分类

公共数据来源：根据《中共中央 国务院关于构建数据基础制度更好发挥数据要素作用的意见》（以下简称“数据二十条”），公共数据运营的宗旨是“推动用于公共治理、公益事业的公共数据有条件无偿使用，探索用于产业发展、行业发展的公共数据有条件有偿使用”。因此，公共数据具有显著的公益属性和共享属性。公共数据部门一般不会以单一形式对企业进行授权，但数据开发利用是一个长期的过程，因此，更换合作企业可能面临更高的重置成本。

公开采集或者企业业务运营的数据来源：企业通过公开市场合法采集数据形成的数据资源不具备排他性，且供需市场呈现竞争对手多、市场竞争激烈的特征。企业的战略水平、市场运营能力、渠道治理能力、目标顾客开发与维护能力存在较大差异，这些能力是决定企业在市场竞争中能否形成优势的关键。

2. 按数据使用目的分类

业务数据资产：业务数据资产是企业日常运营的核心，包括订单详情、客户信息、库存状态等。它们是实时交易和流程的基础，要求具有高度的准确性和可访问性，以确保业务流程的连续性和效率。

决策支持数据资产：这类资产为管理层提供战略决策所需的信息，例如市场分析、财务报告和客户行为数据。它们通常是经过深入分析的数据集，能够帮助企业理解市场趋势和业务表现，从而做出明智的业务决策。

创新数据资产：创新数据资产是推动组织探索新领域、开发新产品或服务的关键。这些数据可能包括用户反馈、实验数据和市场趋势，它们具有高度的可探索性和潜在价值，有助于企业保持创新能力和市场竞争力。

3. 按数据对象分类

参考数据：这类数据通常是通用的、稳定的、不经常变化的数据，例如币种、汇率等。它们作为基准或标准，被广泛应用于各种业务场景。

主数据：主数据是指描述企业核心业务对象的数据，例如客户、产品、供应商等。这些数据是企业运营的基础，对于企业的决策和运营至关重要。

业务活动数据：这类数据记录了企业的业务流程，例如订单、发票、合同等。它们反映了企业的日常运营情况，为企业的业务分析和改进提供了重要依据。

分析数据：分析数据是对原始数据进行加工、处理、挖掘后得到的数据，例如报表、指标、模型等。它们为企业的决策提供了有力的支持。

时序数据：时序数据是按时间顺序记录的数据，例如股票价格、温度变化、销售额等。这类数据对于分析趋势和预测未来具有重要意义。

4. 按数据存储形式分类

结构化数据：这类数据具有固定的格式和结构，例如关系数据库中的表格数据，它们便于存储和查询，是企业数据管理的基础。

非结构化数据：非结构化数据没有固定的格式和结构，例如文本、图片、视频、音频等。这类数据虽然难以被直接处理，但蕴含着丰富的信息，是企业数据资产的重要组成部分。

半结构化数据：半结构化数据介于结构化数据和非结构化数据之间，例如 XML、JSON 等。它们具有一定的结构，但不像结构化数据那样严格，便于表示复杂的数据关系。

5. 按数据库类型分类

关系数据库：以表格形式存储数据，支持复杂的查询和事务处理。

非关系数据库：适合存储非结构化或半结构化数据，具有更高的灵活性和可扩展性。

图数据库：以图的形式存储数据，适合表示实体之间的关系和路径查询。

时序数据库：专门用于存储时序数据，支持高效的时间序列查询和分析。

6. 按权属类型分类

私有数据：有明确归属的数据，归属方为可决定数据使用目的的自然人、法人或其他组织，例如私人数据、企业数据等。

公有数据：具有公共财产属性且可被公众访问的数据，例如天气数据、人口数据等。

7. 其他分类方法

除了上述分类方法外，还有根据使用场景、重要性等因素进行分类的方法。例如，根据数据的重要程度，将数据资产分为一般信息、重要信息和核心信息等。

数据资产分类有助于企业更好地管理和利用数据资源。通过对数据资产进行分类，企业可以针对不同类型的数据制定不同的管理策略和保护措施，以确保数据的安全性和可用性。同时，分类后的数据资产更便于查询和分析，能够为企业的决策和运营提供有力支持。数据资产的分类是一个复杂而重要的过程，需要根据企业的实际情况和需求进行灵活选择和调整。

1.4 数据资产评估的界定

数据资产评估的 3 个核心维度：数据质量评估、数据资产价值评估和数据资产风险评估。数据资产的形成过程如图 1-2 所示。

数据质量评估是系统分析和确定数据适用性的过程。它涉及对数据的多个维度进行量化和定性的评价，以确保数据在整个生命周期中能够满足既定的使用要求和质量标准。

数据资产价值评估是确定数据资产经济价值的过程，它涉及对数据资产的价值进行量化分析。

数据资产风险评估是一个系统化的过程，旨在识别、量化和评估数据资产面临的潜在风险和威胁。

数据质量评估作为基础，应确保所依赖的数据是准确、完整、一致、及时、规范和可用的，为后续的评估提供坚实基础。数据资产价值评估进一步量化了数据资产对组织的经济贡献，包括其直接和间接带来的经济利益，以及在战略规划和市场竞争中的关键作用。数据资产风险评估可识别并评估数据资产在存储、处理和使用过程中可能面临的风险，包括数据泄露、损坏、过时和合规性问题，帮助组织采取预防措施，保护其数据资产不受损害。

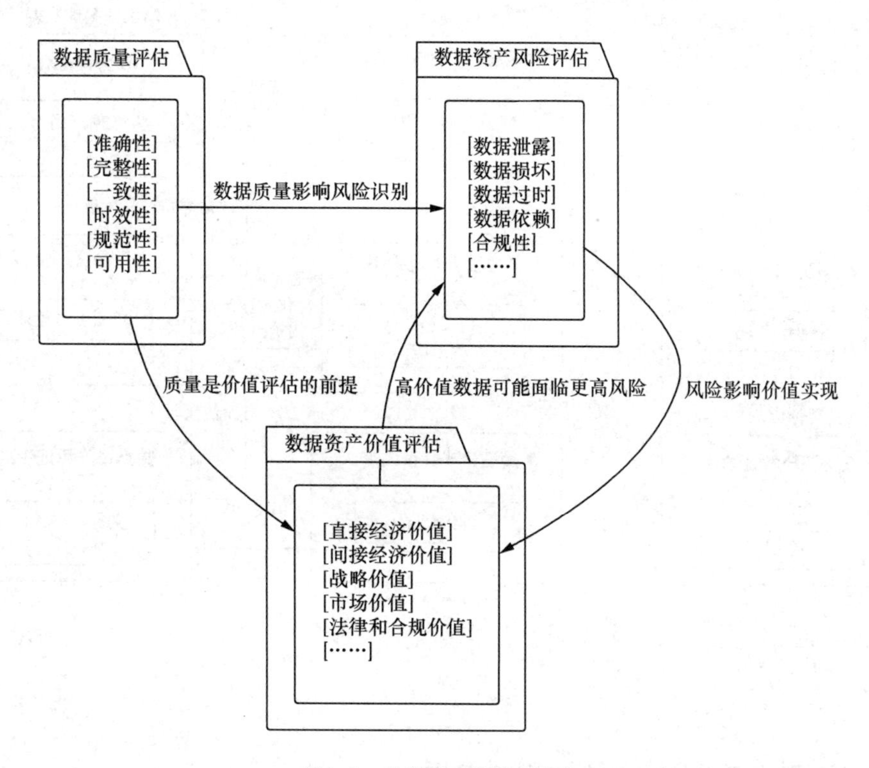

图1-2　数据资产的形成过程

 1.5 数据资产评估业务流程

数据资产评估业务流程是一套系统化的方法，旨在将原始数据转化为具有明确价值和权属的资产。数据资产业务流程如图 1-3 所示。

在整个数据资产评估业务流程中，风险评估扮演着重要的角色。数据资产风险评估帮助识别和量化数据资产面临的潜在风险，确保交易的安全性并保护数据资产，这包括评估数据泄露、损坏、过时和依赖及合规性风险等。通过这一流程，组织能够为数据资产制定有效的风险管理和缓解策略，从而在保障数据安全的同时，最大化数据资产的经济价值。

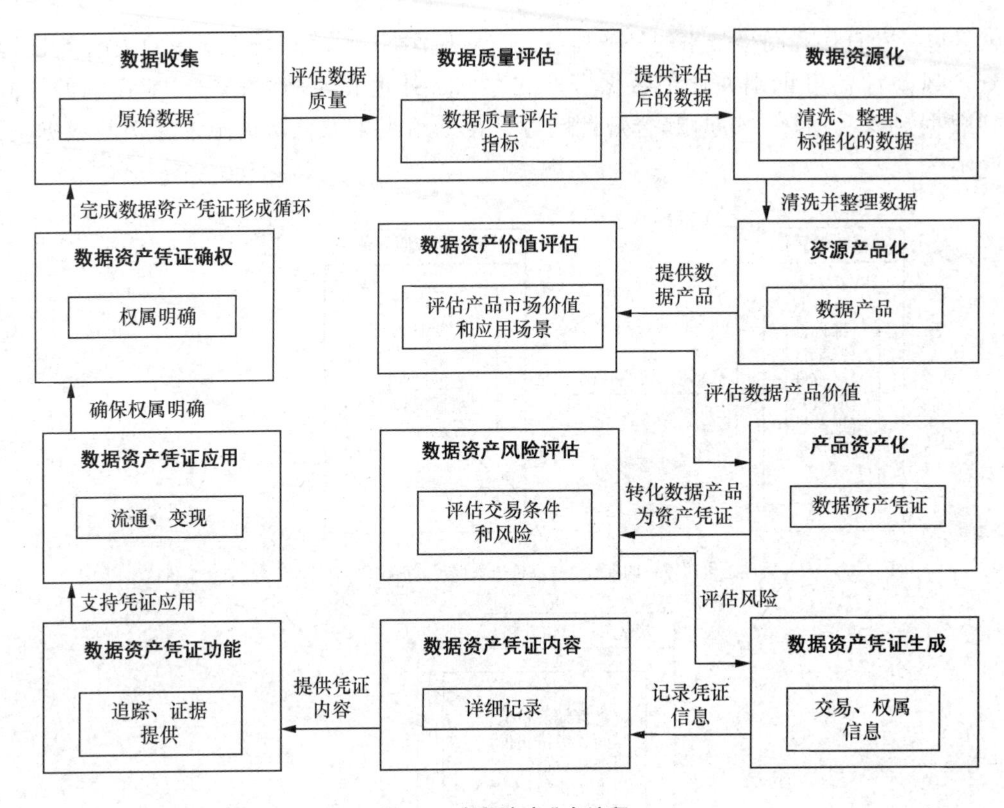

图1-3　数据资产业务流程

1.6 数据资产评估的挑战与机遇

1.6.1 数据资产评估的战略意义

在大数据时代，数据资产已经成为企业最宝贵的资源之一。数据资产评估不仅是一种技术实践，更是一种战略工具，有助于企业在数据驱动的商业环境中保持竞争力。

第一，数据资产评估为企业数据价值提供了一个量化的视角。在传统观念中，数据经常被视为成本中心，而非利润中心。随着技术的发展和市场环境的变化，数据资产的商业价值日益凸显。通过对数据资产进行评估，企业可以更清晰地认识到数据在增加收入、降低成本、提高效率和创新产品等方面的作用，从而实现数据资源的商业化和货币化。

第二，数据资产评估支持企业战略决策过程。评估结果帮助企业决策者在市场定位、产品开发和资源分配等方面作出更加精确的判断。这种基于数据的决策模式，增强了企业对市场变化的反应能力和战略执行能力。

第三，数据资产评估是数据治理和风险管理的基石。它能够帮助企业识别数据管理中的潜在风险，促进数据质量的提升和数据保护措施的实施。良好的数据治理不仅能够降低合规风险，还能够提高数据的可靠性和可用性。

第四，数据资产评估能够激发数据创新并优化数据投资。评估揭示了数据的潜在价值和应用场景，为企业提供了创新的方向。同时，评估结果指导企业在数据采集、存储和分析等方面进行有效的投资，以实现数据资产的最大价值。

第五，数据资产评估促进了数据共享与交易。在数据经济日益发展的今天，数据共享和交易成为企业获取和利用数据的重要途径。评估结果为数据定价提供了参考，帮助企业在数据市场中实现价值最大化。

第六，数据资产评估提升了企业的透明度和信任度。透明的数据资产评估结果能够增强投资者、客户和合作伙伴对企业的信任，这对于建立企业的品牌形象至关重要。

综上所述，数据资产评估不仅是企业数据管理的基础，更是企业战略规划和决策的重要工具。随着数据资产评估方法和数据资产评估系统的不断完善，企业将能够更好地利用数据资产，实现持续的创新和发展，以应对以数据驱动的商业环境中的各种挑战。

1.6.2　数据资产评估面临的挑战

数据资产管理在数字时代面临着多方面的挑战，这些挑战涉及数据质量、数据安全、“数据孤岛”、数据应用、管理体系、技术支撑等多个维度。以下是对这些挑战的具体分析。

1. 数据质量问题

数据质量参差不齐是数据资产管理面临的首要挑战。由于数据来源广泛且多样，数据在收集和处理的过程中往往存在不完整、不准确、不一致等问题，这些问题不仅影响数据分析的准确性，也限制了数据资产的有效利用。具体来说，数据质量问题可能源于以下几个方面：源头数据的质量治理工作不足，导致“垃圾”数据流入数据中心；数据质量规则未得到数据生产者或数据使用者的有效确认，导致难以发现数据质量问题；缺乏统一的质量检核和问题处理机制，数据质量问题整改不及时。

2. 数据安全问题

随着数据量的增加，数据安全问题日益突出。如何保障数据的安全性和隐私性，防止数据被泄露和滥用，成为数据资产管理的重要任务。数据安全管理面临的挑战包括：数据安全管理复杂性增加，不同类型的数据具有不同的安全需求和敏感性；数据泄漏风险增加，可能给企业带来严重的经济损失并损害品牌形象；需要建立完善的数据访问控制机制，防止未经授权访问数据和滥用数据。

3.“数据孤岛”问题

企业内部各个部门之间难以实现数据的共享和整合，存在“数据孤岛”现象，导致数据资源无法被充分利用，限制了数据资产发挥价值。“数据孤岛”问题出现的原因可能包括：信息化建设缺乏统一规划、业务系统分别建设、数据分散存储；数据格式标准不一、缺乏统一共享渠道、共享效率低下。

4. 数据应用不足

很多企业虽然拥有大量的数据，但缺乏有效的应用机制，无法充分发挥数据的价值。数据应用不足的原因可能包括：数据资产管理停留在数据的集成和存储上，缺乏深入的数据挖掘和分析；数据来源的业务场景不明确，数据业务化应用少，数据资产管理和企业业务发展存在割裂。

5. 缺乏完善的管理体系

数据资产管理需要建立完善的管理体系，包括管理组织、管理规程、管理平台等。目前很多企业在这些方面还存在不足，导致难以有效推进数据资产管理。具体来说，缺乏完善的管理体系可能表现为：缺乏专业的数据管理团队和明确的管理职责；管理规程不健全，导致数据资产管理活动缺乏规范指导；管理平台功能不完善，无法支撑高效的数据资产管理活动。

6. 技术支撑不足

数据资产管理需要先进的技术支撑，包括大数据处理、数据分析、数据可视化等技术。目前很多企业在这些方面还存在技术支撑不足的问题，影响了数据资产管理的效果。技术支撑不足可能表现为：数据处理效率低，无法满足实时数据分析的需求；数据分析方法落后，无法深入挖掘数据的潜在价值；数据可视化能力不足，无法直观展示数据分析结果。

由此可见，数据资产管理面临着多方面的挑战。为了应对这些挑战，企业需要采取一系列措施，包括建立完善的数据质量管理体系，加强数据安全保障，打破“数据孤岛”，提升数据应用能力，构建完善的管理体系，以及加强技术支撑等。通过这些措施的实施，企业可以更有效地管理和利用数据资产，为企业的数字化转型和可持续发展提供有力支持。

1.6.3 数据资产评估的商业机遇

数据资产管理在数字时代面临着诸多机遇，这些机遇主要来自数据资产的价值潜力、政策支持及技术进步等方面。

1. 数据资产的价值潜力

新型生产要素：数据资产已成为与土地、资本、劳动力、技术并列的新型生产要素，具有巨大的价值潜力。数据资产可以通过直接利用、间接利用和交易利用等多种方式为企业带来收入增长、成本节约、效率提升和风险降低等多种效益。

价值增值：数据资产的价值不仅体现在其直接经济价值上，还体现在通过开放共享、协同创新、跨界融合等方式带来的价值增值。这为企业带来了新的商业模式、产品服务和市场机会。

2. 政策支持

近年来，我国出台了一系列关于数据资产管理的政策，例如印发了《关于加强数据资产管理的指导意见》，为数据资产管理提供了法律法规、标准规范、指导意见等方面的支持，其旨在规范和加强数据资产管理，推动数字经济的发展。各地也积极探索数据资产管理的实践模式，例如建立数据交易所、数据资产银行、数据资产保险等，为数据资产管理提供了平台服务、风险保障等方面的支持。

3. 技术进步

数据技术的发展：云计算、大数据、人工智能等现代信息技术的发展为数据资产管理提供了强大的技术支撑。这些技术提高了数据采集、存储、处理、分析和利用等各个环节的技术水平，提升了数据资产的质量和可用性。

管理技术的发展：数据治理、数据安全、数据评估等管理技术的发展为数据资产管理提供了有效的技术保障。这些技术确保了数据资产的确权、分类、评估、监控等各个环节的管理水平，从而保障了数据资产的安全和价值。

4. 市场需求

随着数字化转型的深入发展，企业对数据资产的需求不断增加。无论是提升业务决策的准确性、优化客户体验，还是降低运营成本，都需要依赖高质量的数据资产。这种市场需求为数据资产管理提供了广阔的发展空间。

5. 创新机会

数据资产管理还为企业带来了创新机会。通过有效地管理数据资产，企业可以更快地推出新产品和新服务，加速创新过程。例如，利用客户数据提供个性化的产品和服务，可以提升客户满意度和忠诚度；利用大数据技术进行市场预测和风险评估，可以支持企业制定更加精准的战略决策。

数据资产管理拥有来自数据资产价值潜力、政策支持、技术进步、市场需求和创新机会等多方面的机遇。这些机遇为企业优化数据资产管理策略、提升数据资产价值、推动业务持续增长和创新提供了有力支持。

第2章　数据资产评估相关基础理论

数据资产评估相关基础理论涵盖了经济学、信息科学和统计学的概念与方法，包括数据的价值创造和价值实现理论、数据质量管理理论，以及风险管理和评估方法。这些理论框架为量化数据资产的经济潜力、评估数据质量的多维度影响，以及识别和缓解数据相关风险提供了科学依据，能够帮助企业在数据驱动的决策过程中实现数据资产的最大化利用和保护。

2.1 数据质量评估基础理论

2.1.1　数据质量的定义与维度

数据质量是指数据的特性满足特定使用目的的程度。高质量的数据应具备准确性、完整性、一致性、时效性、规范性和可访问性等特征。

1. 准确性

（1）释义

数据的准确性指数据中记录的信息与现实世界中相应实体的实际状态和特征的一致性。这种一致性是数据质量的基础，只有当数据准确地描述了现实世界中相应实体的实际状态时，数据分析和解释才是有效的。

（2）理论支持

事实核查原则是确保数据准确性的理论基础。这一原则要求数据收集、处理和报告的过程必须遵循严格的验证和核实流程，以确保数据的真实性和可靠性。事实核查原则强调数据的来源必须是可追溯的，数据的记录必须是可验证的。

（3）评估要素

① **内容准确率**：内容准确率是衡量数据集中记录正确性的比例，这不仅包括数据项的准确无误，还包括数据项之间的逻辑关系和上下文的正确性。例如，地址信息的每个组成部分（街道、城市、邮编）都必须正确无误，并且彼此之间的逻辑一致。

② **精度准确率**：精度准确率关注的是数据的详细程度和精确度。例如，在金融领域，

交易金额小数点后的精度可能对最终的财务分析产生重大影响。在科学研究中，测量数据的精度直接关系到研究结果的有效性。

③ **记录重复率**：记录重复率衡量的是数据集中重复记录的频率。重复记录不仅会浪费存储空间，还可能导致数据分析结果偏差，影响决策的准确性。

④ **脏数据出现率**：脏数据出现率指的是数据中出现错误、不完整或格式不一致的记录比例。脏数据的出现可能是多种因素造成的，例如数据输入错误、传输过程中的损坏、存储格式的不兼容等。脏数据的存在会严重影响数据资产的质量和可信度。

2. 完整性

（1）释义

数据的完整性是指构成数据资产的数据元素被赋予数值的程度。它要求数据在其生命周期的每个阶段都保持准确性和一致性，不被未授权的用户更改或破坏。例如，一家企业的客户数据库应完整记录所有客户的详细信息，包括姓名、联系方式、购买历史等，以确保每条记录都是准确且完整的。

（2）理论支持

数据完整性的理论支持来源于数据管理和信息系统安全领域。这些理论希望通过建立严格的数据校验机制、访问控制，以及错误检测与纠正机制来保障数据的完整性。这包括使用各种技术手段（例如校验码、数字签名、加密技术和审计日志等），以防止数据在处理和传输过程中遭受未授权用户的修改或损坏。

（3）评估要素

① **元素填充率**：元素填充率是衡量数据集中各个属性是否完全赋值的指标。这要求数据管理者为每个数据元素定义清晰的数据类型、格式和取值范围，并在数据录入和处理过程中严格遵守规定。例如，如果一个数据元素是“客户地址”，它应该包含完整的街道名称、城市、省份（自治区、直辖市）和邮政编码等，不得缺少任何一项信息。

② **记录填充率**：记录填充率关注数据集中的记录是否完整。这要求系统能够可靠地捕获和存储所有相关数据，防止技术故障或操作失误导致的数据遗漏。例如，每条销售记录应包含产品编号、数量、价格、日期和时间等信息，确保没有空白或不完整的记录。

③ **数据项填充率**：数据项填充率是衡量单个数据项是否被正确赋值的指标。这要求在数据录入和处理过程中严格遵守既定的标准和规则，避免疏忽或错误导致数据项缺失或错误。例如，在财务系统中，每笔交易记录应包含交易金额、交易类型、对方账户等信息，确保所有必要的数据项都被正确赋值。

3. 一致性

（1）释义

数据的一致性不仅要求数据在不同数据库、系统或文件中对同一实体的描述保持一致，还要求数据的度量、格式和结构遵循统一的标准。例如，一个产品的价格在所有销售渠道中都应显示为相同的数值，且货币单位和格式（例如小数点的使用）保持一致。

（2）理论支持

数据标准化理论提供了一致性的理论基础。这一理论认为，通过制定和遵循统一的数据标准，可以降低数据的歧义性，提高数据的互操作性。数据标准化包括数据元素的命名、格式、度量单位和编码规则的统一。

（3）评估要素

① **元素赋值一致率：**元素赋值一致率是衡量数据集中的属性值是否按照既定标准一致赋值的指标。这要求数据管理者为每个数据元素定义清晰的数据类型、格式和取值范围，并在数据录入和处理过程中严格遵守。例如，如果一个数据元素是“国家代码”，那么它应该遵循ISO 3166-1《国家名称用语公报》的标准，统一赋值为两字母或三字母代码，而不能使用不同国家的不同表述。

② **数据模型一致性：**数据模型一致性强调在不同数据集中使用一致的数据模型。实体是数据模型的核心组成部分，这意味着其定义、属性和关系在不同数据集中应保持一致，以支持数据的无缝整合和分析。

③ **时间序列一致性：**时间序列一致性关注数据在时间维度上的一致性。对于时间序列数据，例如股票价格或气象记录，保持时间戳和时间间隔的一致性对于数据的分析和预测至关重要。

④ **命名和术语一致性：**命名和术语一致性要求在不同数据集使用统一的命名规则和术语，特别是在多语言或多文化环境中，这有助于减少命名差异导致的混淆和错误。

⑤ **数据交换格式一致性：**数据交换格式一致性确保数据在不同系统间传输时，其格式和编码方式保持一致。这通常通过使用标准化的数据交换格式来实现，例如XML、JSON、CSV。

4. 时效性

（1）释义

数据资产的时效性指的是数据从产生或变更到被记录、处理和提供给用户的时间间隔。这个时间间隔越短，数据的时效性越高，数据对决策的支持作用就越大。时效性要求数据能够迅速捕捉并反映外部环境和内部流程的变化。

（2）理论支持

实时数据处理理论为数据时效性提供了理论支持。这一理论强调数据应即时更新和处理，以便数据能够实时反映业务活动的最新状态。实时数据处理理论认为，数据的价值随着时间的流逝而降低，因此，数据的快速更新对于维持数据的相关性和有效性至关重要。

（3）评估要素

① **周期时效性：**周期时效性关注的是数据更新周期是否与业务需求的频率相匹配。例

如，如果市场状况每分钟都在变化，那么股票交易数据的更新周期应该短于一分钟，以确保投资者能够做出基于最新市场信息的决策。

② **实时性**：实时性衡量的是数据从事件发生到被记录并提供给用户的时间。在某些业务场景中，例如高频交易或实时监控系统，数据的实时更新是必不可少的。实时性要求数据系统具备高效的数据捕获、处理和分发能力。

③ **数据老化速率**：数据老化速率是指数据从最新状态变为过时状态的速度。数据老化速率越快，对数据的时效性要求越高。例如，在社交媒体分析中，用户行为和偏好的变化可能非常迅速，因此，相关数据的老化速率可能非常高。

④ **时延容忍度**：时延容忍度是指业务流程对数据更新时延的接受程度。不同的业务场景对数据更新时延有不同的接受程度。因为用户希望看到实时的库存状态，所以在线预订系统对时延非常敏感。

⑤ **数据同步性**：数据同步性关注的是分布式系统在不同位置存储的数据副本是否保持一致。在多地点运营的企业中，确保所有地点的数据副本都及时更新是非常重要的。

5. 规范性

（1）释义

数据的规范性指的是数据在收集、存储、处理和分发过程中遵循公司设定的标准和规则，这包括数据值域、格式、结构、安全和元数据等方面的规范性。数据的规范性有助于维护数据的一致性、准确性和可理解性，同时也支持数据的互操作性和可重用性。

（2）理论支持

元数据管理理论为数据规范性提供了理论基础。元数据是描述数据的数据，它提供了关于数据资产的结构、内容、质量、意义和上下文的信息。通过有效管理元数据，公司能够确保数据资产的规范性，从而提高数据的可发现性、可访问性和可维护性。

（3）评估要素

① **值域合规率**：值域合规率衡量的是数据值是否位于预定的有效范围内。例如，如果某个数据字段被定义为年龄，其值域应该是0～150的整数。值域合规率的高低直接影响数据的准确性和可靠性。

② **格式合规率**：格式合规率关注的是数据是否按照既定的格式标准进行存储和展示，这包括数据的类型、长度、精度、日期和时间格式等。格式合规率的提升有助于减少数据解析和处理时的错误。

③ **安全合规率**：安全合规率衡量的是数据管理是否遵循了公司的安全政策和行业安全标准，这包括数据的访问控制、加密、备份和审计等。高安全合规率有助于保护数据资产不被未授权访问和滥用。

④ **元数据完整性**：元数据完整性指的是元数据是否全面地描述了数据资产的各个方面。完整的元数据有助于用户理解数据的含义、来源和使用方式，同时也支持数据的有效管理

和维护。

⑤ **数据质量规则遵循度：**数据质量规则遵循度衡量的是数据是否遵循了组织定义的数据质量规则。这些规则可能包括数据的完整性、一致性、准确性和时效性等方面的要求。

⑥ **数据治理遵循度：**数据治理遵循度关注的是数据治理是否符合组织的数据治理框架。数据治理框架通常包括数据管理的政策、流程、角色和责任等方面的规定。

6. 可访问性

（1）释义

数据的可访问性指的是数据资产对于授权用户在需要时的可检索性、可理解性和可用性。数据的可访问性不仅包括数据的技术可访问性（例如数据存储的位置和格式），还包括数据的逻辑可访问性，即用户能否容易地理解数据的含义和上下文。

（2）理论支持

数据可发现性理论强调了数据检索和获取的重要性。这一理论认为，数据的价值在于其使用性，而数据的可发现性是数据使用的基础。通过提高数据的可发现性，可以增加数据的透明度和可访问性，促进数据的共享和重用。

（3）评价要素

① **可检索性：**可检索性衡量的是用户通过搜索工具找到所需数据的难易程度。这要求数据管理系统具备高效的搜索算法和索引机制，支持关键词搜索、高级查询和过滤等功能。

② **可理解性：**可理解性关注的是用户对检索到数据的理解和解释能力。数据应该具有清晰的元数据描述，包括数据的来源、结构、质量、含义和使用限制等信息。

③ **可获取性：**可获取性衡量的是用户获取数据的难易程度。这包括数据的下载速度、数据传输的稳定性、数据接口的友好性等方面。

④ **可用性：**可用性关注的是数据在实际业务中的使用体验。数据应该以满足用户需求的格式提供，例如表格、图表、报告等，并应支持数据的进一步处理和分析。

⑤ **可交互性：**可交互性衡量的是用户与数据交互的便利性。这包括数据可视化工具的使用、数据探索的灵活性和用户反馈的响应速度等。

⑥ **数据权限管理：**数据权限管理关注的是数据访问权限的合理分配和控制。通过细粒度的权限控制，确保只有被授权用户才能访问敏感数据，避免数据被滥用和泄露。

2.1.2 数据质量标准制定

数据质量标准制定的理论基础如下所示。

1. ISO 8000

① **详细内容：**ISO 8000 是一系列关于数据质量管理的国际标准，旨在为企业提供一套

通用的数据质量术语、概念和框架。ISO 8000 涵盖了数据质量的定义、维度、评估方法和改进过程。

② **应用价值**：通过遵循 ISO 8000 的标准，组织能够确保其数据质量管理系统与国际最新实践保持一致，提高数据的互操作性和可比性。

③ **实施步骤**：组织可以依据 ISO 8000 的标准评估现有数据质量管理实践的成熟度，识别差距，并制订改进计划。

2. 数据质量管理成熟度模型

① **定义**：数据质量管理成熟度模型是一种评估工具，用于衡量组织在数据质量管理方面的成熟度水平。这些模型通常分为多个层次，涵盖了初始阶段到优化阶段。

② **评估维度**：成熟度模型可能包括数据治理、数据质量控制流程、技术基础设施、人员能力和持续改进等方面。

③ **发展路径**：组织可以利用成熟度模型来确定其当前的数据质量管理水平，确定目标，并采取逐步改进的方法，从低成熟度向高成熟度发展。

3. 元数据管理

① **核心概念**：元数据是描述数据的数据，它可以提供关于数据属性、结构、来源和质量的详细信息。元数据管理是数据质量管理的关键组成部分。

② **功能作用**：通过有效的元数据管理，组织能够确保数据的可发现性、可理解性和可用性。元数据还可以支持数据质量标准的制定，例如通过元数据可定义数据格式、值域和质量规则。

③ **实施策略**：组织应建立元数据管理策略，包括元数据的创建、维护、更新和共享。此外，应利用元数据管理工具和技术使元数据的收集和应用过程自动化。

2.1.3 数据质量控制流程

在数据质量管理时，六西格玛、统计过程控制和质量控制图是 3 个关键的理论基础，它们为数据质量的持续改进提供了方法论和工具。

1. 六西格玛

① **定义与目标**：六西格玛是一种基于数据和统计方法的管理策略，旨在通过减少过程变异来提高产品和服务的质量，目标是将缺陷率降低到每百万个机会 3.4 个缺陷。

② **DMAIC 方法论**：六西格玛项目通常遵循定义、测量、分析、改进和控制（Define，Measure，Analyze，Improve，Control，DMAIC）5 个阶段，形成一个闭环的改进过程。

③ **在数据质量管理中的应用**：在数据质量管理中，六西格玛可以用来识别和减少数据处理过程中的缺陷，例如数据输入错误、数据不一致性、数据不完整性。

2. 统计过程控制

① **定义与原理**：统计过程控制是一种使用统计方法监控和控制生产或业务过程的技术，以确保过程在受控状态下运行并生产出符合规格的产品。

② **控制图**：统计过程控制的核心工具是控制图，它能够显示过程随时间的变化，帮助识别过程的稳定性和潜在的非随机变化。

③ **在数据质量管理中的应用**：在数据质量管理中，SPC可以用来监控数据输入、处理和输出的质量，以确保数据流程的稳定性和可预测性。

3. 质量控制图

① **类型与功能**：质量控制图包括多种类型，例如X-bar图、R图、I-MR图等，可用于展示数据的分布、中心趋势和变异性。

② **数据趋势分析**：通过质量控制图，组织可以识别数据质量的趋势和模式，例如周期性变化、突然偏差或长期漂移等。

③ **在数据质量管理中的应用**：在数据质量管理中，质量控制图可用于可视化数据质量指标随时间的变化，为数据质量的持续监控和改进提供直观的依据。

2.1.4 数据质量管理成熟度模型

数据质量管理成熟度模型是评估组织在数据质量管理方面成熟度的一种模型。以下是几种常见的数据质量管理成熟度模型。

1. DAMA DQMF 模型

由国际数据管理协会（Data Management Association，DAMA）提出的数据质量管理成熟度模型，包括以下5个等级。

① **初始阶段**：数据质量工作刚开始，没有正式的方法和流程。

② **已承诺阶段**：有明确的数据质量目标，开始建立数据质量和管理方法。

③ **已定义阶段**：数据质量工具和方法已定义并开始实施。

④ **量化管理阶段**：数据质量水平开始量化，持续监测和改进。

⑤ **优化阶段**：数据质量流程经过优化，与业务战略紧密结合，持续改进。

2. Gartner DQMM 模型

Gartner的数据质量管理成熟度模型（DQMM）是一个更细致的框架，分为5个级别，每个级别进一步细分为两个子级别。

① **级别0—未知级**：0a—未识别，0b—已识别。

② **级别1—反应级**：1a—意识，1b—活跃。

③ **级别2—稳定级**：2a—管理，2b—标准化。

④ **级别3—预测级**：3a—控制，3b—集成。

⑤ **级别4—完美级**：4a—优化，4b—同步。

3. IBM 数据治理成熟度模型

IBM 的数据治理成熟度模型侧重于数据治理的各个方面，包括数据质量管理，它分为5个级别。

① **初始级别**：数据治理工作刚开始，缺少正式的治理计划。

② **重复级别**：开始形成一些标准化的流程，但还没有完全实施。

③ **定义级别**：数据治理流程已经定义并开始实施，有明确的责任分配。

④ **管理级别**：数据治理流程全面实施，开始量化管理和监控。

⑤ **优化级别**：数据治理流程经过优化，与整个组织的战略目标紧密相连。

4. DMAIC 模型

DMAIC 模型是一种分为 6 个步骤的改进流程，常用于数据质量管理的持续改进。

① **定义**：明确数据质量问题和改进目标。

② **测量**：量化当前的数据质量水平。

③ **分析**：分析数据质量问题的根本原因。

④ **改进**：实施解决方案以改善数据质量。

⑤ **控制**：确保改进措施的持续实施和效果监控。

⑥ **持续改进**：基于反馈和监控结果不断优化。

2.2 数据资产价值评估基础理论

2.2.1 时间价值理论

数据资产的时间价值理论主要考虑数据资产价值随时间的变化而变化的特性，这种变化可能由数据的时效性、更新频率、相关产品生命周期等因素驱动。以下是数据资产时间价值的 6 个关键点。

① **数据时效性**：数据资产的价值可能随时间而波动，因为数据包含的信息有效性会随时间而改变。这意味着数据资产的效用和价值可能会随时间流逝而降低，特别是对于那些具有明显时效性的数据，例如新闻数据或市场分析数据。

② **数据更新时间**：数据资产的更新频率对其价值有显著影响。定期更新的数据集通常比过时的数据集更有价值，因为它们能够提供更准确和及时的信息。

③ **数据资产的经济寿命**：在评估数据资产时，需要考虑其经济寿命或收益期限。这包括法律有效期限、相关合同有效期限、数据资产的更新时间、时效性、权利状况等因素，以合理确定其收益期限，并关注数据资产在收益期限内的贡献情况。

④ **折现率的确定：**在数据资产价值评估中，收益法需要使用折现率来计算未来收益的现值。折现率的确定需要考虑数据资产应用过程中的管理风险、流通风险、数据安全风险、监管风险等因素。这些风险因素会影响数据资产的未来收益，并导致现金流的不确定性。

⑤ **数据资产的衍生性和可加工性：**数据资产具有衍生性和可加工性，在应用过程中可能衍生出不同的价值。即数据资产可以通过进一步的分析和处理产生新的价值，从而增加其时间价值。

⑥ **数据资产的法律和合同限制：**数据资产的法律保护期限、合同约定等也会影响其价值评估。这些因素可能会限制数据资产的使用范围和时间，从而影响其价值。

2.2.2 价格与价值

数据资产作为一种特殊的商品或服务，其价格与价值的关系遵循经济学的基本原理，但同时也具有独特的特点和复杂性。以下是对数据资产价格与价值的关系的分析。

1. 数据资产的价值

① **多维度性：**数据资产的价值不仅体现在其直接的经济收益上，还包括其对企业决策支持、运营效率提升、新产品开发等的间接贡献。

② **实用性：**数据资产的价值在于其解决具体问题、优化业务流程、增强客户体验等方面的实用性。

③ **内在属性：**数据资产的内在属性，例如准确性、完整性、时效性、可靠性等，直接影响数据资产的价值。

④ **效用和重要性：**数据资产对消费者或使用者的效用和重要性也是其价值的重要组成部分。

2. 数据资产的价格

① **市场交换的货币价值：**数据资产的价格是在市场上交换时买卖双方一致认可的货币价值。

② **供求关系：**数据资产的价格受市场供求关系的影响，稀缺或高需求的数据资产可能具有更高的价格。

③ **生产成本：**数据资产的获取、处理、存储和分析等成本会影响其价格。

④ **品牌价值和消费者偏好：**数据资产提供者的信誉、品牌影响力，以及消费者对特定数据资产的偏好也会影响其价格。

3. 数据资产价格与价值的关系

① **价值决定价格：**数据资产的价格本质上是由其价值决定的，即市场对其当前价值的评估。

② **价格的波动性：**由于市场条件、技术进步、法规变化等因素的影响，数据资产的价格可能会围绕其价值波动。

③ **价格与价值的不一致性**：在某些情况下，数据资产的价格可能高于或低于其实际价值，这可能是受市场信息不对称、买卖双方的谈判能力差异等因素的影响。

④ **长期价值与短期价格**：数据资产的长期价值可能与其短期内在市场上的价格不一致，这需要投资者和使用者从长远角度评估数据资产的价值。

⑤ **风险和不确定性**：数据资产的价值评估中需要考虑的风险和不确定性也会影响其价格，例如数据安全风险、技术过时风险等。

⑥ **生产价格**：在商品经济体系中，数据资产的价值可能转化为生产价格，这是不同生产部门之间的竞争和利润平均化的结果。

2.2.3　效用理论

效用理论是经济学中用来解释消费者行为和评估商品与服务价值的一个重要概念，其核心观点是：商品或服务的价值不仅取决于其物质属性，更在于它为消费者提供的满足度或幸福感。根据效用理论，消费者在做出购买决策时，会考虑商品或服务带来的效用，即它满足个人需求和欲望的作用。这种满足度是主观的，因人而异，同一种商品对不同的消费者可能具有不同的效用。效用具有边际递减的特性，即随着消费者消费量的增加，每增加一个单位商品带来的额外满足度（即边际效用）会逐渐减少。例如，一个人饥饿时，第一口食物带来的满足感可能非常大，但随着持续进食，每多吃一口的满足感会逐渐降低。

在资产评估中，效用理论认为资产的价值不仅取决于其成本或市场稀缺性，还取决于它能够为所有者带来的效用。例如，一项专利技术的价值在于它能够为持有者创造的市场优势和收益潜力。此外，效用理论还强调消费者偏好的多样性。不同的消费者可能对同一商品的效用评价不同，这种偏好会影响他们的购买选择和支付意愿。在资产评估中，了解消费者的偏好对于确定资产的市场价值至关重要。

效用理论为理解消费者行为提供了一个框架，在数据资产评估中，效用理论有助于评估人员理解数据资产对于不同用户的价值，从而更准确地评估其市场潜力和经济价值。效用理论为数据资产的价值评估提供了有益的启示，主要体现在两个方面。首先，效用理论从需求的角度审视数据资产的价值，为基于均衡价值理论构建数据资产价值评估模型提供了理论依据。其次，效用理论是收益法评估数据资产价值的重要理论基础。综上所述，数据资产的规模经济特性意味着它需要经过一定时期和一定数量的积累，通过数据集聚产生规模效应，展现强大的价值挖掘潜力。在一个技术周期内，数据资产的价值是通过对特定主体逐步深入利用和挖掘，随着特定主体逐渐产生的效用而体现出来的。当效用不断积累达到饱和时，在当前技术手段和场景应用下，其价值得以完全体现。因此，在评估数据资产价值时，数据资产的收益期可以以效用饱和为界：效用饱和前，数据资产的预期收益逐年增加；效用饱和后，进入平稳期，收益保持不变。此外，效用理论强调主观评价的重要性，应当客观地看待评估过程中主观评价对数据资产评估结果的影响。

2.2.4 劳动价值论

劳动价值论关注劳动在商品价值形成中的作用。该理论最初由亚当·斯密提出，并由大卫·李嘉图进一步发展，卡尔·马克思进行了深入的阐述和扩展。劳动价值论认为，商品的价值由生产该商品所需的社会必要劳动时间决定。社会必要劳动时间指的是在一定社会的平均劳动熟练程度和劳动强度下，生产一定数量商品所需要的时间。劳动价值论区分了使用价值和交换价值。使用价值是指商品满足人类需要的属性，而交换价值是指商品在市场上与其他商品交换的比例。

劳动价值论强调，虽然商品的交换价值受供求关系影响，但其基础是商品的内在价值，即生产商品所需的劳动量，这一理念为数据资产评估提供了基础框架。在数据资产评估中，意味着数据的价值可以追溯到创造、收集、处理和分析数据的劳动过程中。这一理念有助于识别数据资产的价值源泉，从而评估其价值。劳动价值论为我们理解商品价值的形成提供了独到的视角，帮助评估人员从不同角度理解数据资产的价值，并选择合适的评估方法。

2.2.5 价值评估模型

1. 数据资产价值类型

数据资产具有多维性，因此数据资产价值有不同类型，具体如下所示。

① **市场价值**：市场价值是指数据资产在公开市场上的交易价值。市场价值通常由供求关系决定，反映了市场对数据资产即时需求和可用性的评价。市场价值的评估需要考虑数据资产的稀缺性、替代品的可用性，以及市场参与者的支付意愿。

② **内在价值**：内在价值或固有价值是指数据资产本身的质量和特性，例如准确性、完整性、一致性和时效性。这些特性决定了数据资产在特定应用中的表现和效能。内在价值的评估侧重于数据资产的质量和其对特定用户需求的满足程度。

③ **投资价值**：投资价值是从投资者的角度评估数据资产的价值，考虑的是其未来收益的潜力和相关风险。投资价值的评估不仅包括数据资产当前的盈利能力，还涉及其长期增长前景和对企业战略目标的贡献。

④ **使用价值**：使用价值强调数据资产在特定使用情境下的价值。使用价值是基于数据资产如何满足特定用户或用户群体的需求，反映了数据资产在实际应用中的效用。使用价值的评估需要深入了解数据资产的应用场景和用户需求。

⑤ **成本价值**：成本价值是指基于数据资产生产过程中所投入的成本来评估其价值，包

括数据的采集、存储、处理和分析等各个环节的成本。成本价值的评估有助于理解数据资产的经济成本和其在市场上的定价基础。

⑥ **效用价值**：效用价值是基于数据资产给用户或企业带来的实际效用来评估的。它考虑了数据资产在特定应用中的实际表现和对用户决策支持的贡献。效用价值的评估需要分析数据资产如何提高决策效率、降低成本或增加收入。

⑦ **战略价值**：战略价值是指数据资产对企业长期战略目标的贡献。它不仅包括数据资产的直接经济价值，还涉及其在企业竞争策略中的作用，例如市场洞察、客户关系管理和新产品开发。

2. 价值驱动因素

数据资产的价值受多种因素的影响，这些因素共同决定了数据资产的价值。这些因素包括以下内容。

① **数据质量**：数据质量是评估数据价值的首要因素。高质量的数据应该是准确的、完整的、一致的、及时的、相关的。数据质量差会导致分析结果不准确，从而影响决策制定。因此，企业通常会投入资源确保数据清洗和质量控制，以提升数据的价值。

② **数据量**：数据量对数据价值同样有重要影响。一方面，大数据可以提供更全面的洞察力，帮助企业发现趋势和模式；另一方面，数据量的增加也可能导致数据处理和分析的复杂性增加，以及随之而来的存储和管理成本的增加。因此，评估数据量对价值的影响时，需要考虑到数据的边际效益递减的问题。

③ **数据时效性**：数据时效性指数据随时间变化而保持其价值的能力。对于某些行业，例如金融业和新闻业，实时或近实时的数据非常有价值。而对于其他应用，例如历史趋势分析，历史数据的长期价值可能更为显著。因此，在评估数据资产时，确定数据的最佳使用期限和过时点是非常重要的。

④ **数据独特性**：独一无二的数据集，例如专利数据、独家市场研究报告或特定领域的专有数据，通常具有更高的价值。这些数据因其稀缺性和不可替代性，能为企业提供竞争优势。保护这些独特数据资产的知识产权，可以确保企业从其独特价值中获益。

⑤ **数据相关性**：与业务目标紧密相关的数据对于决策支持和策略制定至关重要，与核心业务指标和目标相关的数据被视为高价值资产。企业应专注于收集和分析这些数据，以最大化其价值。

⑥ **法律和合规性**：法律和合规性对数据价值有着显著影响。合规的数据不仅可以避免罚款和法律风险，还可以提高客户信任度和品牌声誉。随着全球数据保护法规体系的加强，例如我国《中华人民共和国数据安全法》的出台，合规性已成为数据管理的一个重要方面。

3. 成本评估模型

① **构建成本**：成本评估模型主要关注数据资产的构建成本，包括数据采集、存储、处理、分析，以及安全保护等方面的成本。这些成本直接关系到数据资产的价值，因为它们决

定了数据是否能够被经济、高效地转化为有价值的信息和知识。

② **成本效益分析**：这种模型适用于那些新形成或尚未产生直接经济效益的数据资产，例如处于开发初期的数据资产。通过成本效益分析，企业可以评估在数据采集和处理方面的投资与带来的成本节省和增加的收入之间的关系。

4. 收益评估模型

① **直接收益**：收益评估模型侧重于评估数据资产能够带来的直接收益，例如通过数据分析提高市场洞察力、客户行为预测、运营效率提升等，从而帮助企业优化决策、降低成本或增加收入。

② **间接收益**：除了直接收益外，数据资产还能带来间接收益，例如通过提供个性化服务提升客户忠诚度，或者通过风险管理减少潜在的财务损失。

5. 市场评估模型

① **市场比较法**：在有活跃数据交易市场的环境下，市场评估模型可以通过比较市场上类似数据资产的交易价格来估算目标数据资产的价值。这要求评估人员具备对市场动态的深刻理解能力和获取相关市场数据的能力。

② **市场供需分析**：这种模型还考虑了数据的稀缺性、独特性和市场需求度，反映了数据资产的流动性和市场认可度。市场供需分析可以帮助企业确定数据的最优定价策略，从而最大化数据资产的经济价值。

2.3 数据资产风险评估基础理论

2.3.1 风险评估概念

1. 风险评估的定义

（1）定义

风险评估是一种系统的方法，用于识别、分析和评估潜在的风险因素，以及它对个人、组织或项目可能造成的影响。它包括确定风险发生的可能性和潜在的影响程度，以制定有效的管理策略来降低或消除这些风险。

（2）基本要素

① **风险识别**：确定可能对目标产生负面影响的事件或条件。

② **风险分析**：评估已识别风险的概率和影响。

③ **风险评价**：将风险分析的结果与预先设定的风险标准进行比较，以确定风险的重要性。

④ **风险管理**：制定和实施策略来处理或控制已识别的风险。

2. 风险评估的重要性

风险评估对于企业来说是至关重要的，它有助于识别和管理潜在的威胁，从而保护组织或单位的资产和利益。通过进行风险评估，企业可以更好地理解其面临的风险，并制定相应的策略来减轻这些风险带来的影响，不仅可以防止财务损失，还可以维护组织的声誉和提升客户信任度。

① **预防损失**：通过提前识别潜在风险，可以采取措施防止损失发生。

② **资源优化**：确保将有限的资源分配给最需要的地方，减少浪费。

③ **决策支持**：为管理层提供做出明智决策所需的信息。

④ **合规性**：确保组织遵守所有相关的法律、法规和行业标准。

⑤ **增强信誉**：展示组织对风险管理的承诺，增强利益相关者的信任度。

3. 风险评估与数据资产的关系

数据资产已成为企业最宝贵的资产之一，保护这些资产免受风险的影响至关重要。数据资产的风险评估涉及识别可能影响数据完整性、可用性和保密性的内部和外部威胁。这包括技术故障、人为错误、恶意攻击（例如网络入侵），以及其他可能导致数据丢失或损坏的事件。通过对数据资产进行风险评估，可以确定哪些数据是最脆弱的，需要额外的保护措施，以及如何最有效地分配资源以保护这些数据。此外，数据资产的风险评估还可以帮助组织发现潜在的合规问题，确保数据处理和存储活动符合相关的数据保护法规。主要体现在以下几个方面。

① **价值识别**：必须认识到数据资产的价值，这包括直接的财务价值和间接的战略价值。

② **脆弱性评估**：数据资产面临多种威胁，包括黑客攻击、内部数据泄露、物理损坏等。评估这些脆弱性是关键。

③ **影响分析**：理解数据丢失或损坏可能对企业造成的具体影响，包括财务损失、声誉损害和运营中断。

④ **风险管理策略**：基于风险评估的结果，制定适当的风险管理策略，例如数据备份、加密、访问控制和灾难恢复计划。

2.3.2　数据资产风险特性

1. 数据资产特有的风险类型

数据资产作为数字经济时代的关键生产要素，具有独特的风险类型，这些风险类型与数据的虚拟性、依附性、多样性、增值性和时效性密切相关。以下是数据资产特有的风险类型。

① **数据泄漏风险**：指数据资产在未授权的情况下被访问、获取或泄露的风险，可能导致敏感信息外泄，对企业信誉和经济利益造成损害。

② **数据损坏风险：**数据在存储或传输过程中可能遭受损坏，影响数据的完整性和可用性，进而影响业务的正常运行。

③ **数据过时风险：**随着技术和市场的发展，某些数据资产可能迅速失去价值或相关性，造成数据资产贬值。

④ **数据依赖风险：**企业对特定数据资产的过度依赖可能导致风险集中，一旦这类数据资产出现问题，可能会对整个企业造成严重影响。

⑤ **合规性风险：**数据资产的收集、存储和使用需要遵守相关的法律法规，违反合规要求可能导致法律诉讼、罚款或其他惩罚。

⑥ **数据资产价值波动风险：**数据资产的价值可能受市场需求变化、技术进步等因素而波动，带来资产价值的不确定性。

⑦ **数据资产权属风险：**数据资产的所有权和使用权可能存在争议，影响数据资产的流通和交易。

⑧ **数据资产评估与定价风险：**由于缺乏统一的评估和定价标准，数据资产的价值难以被准确量化，影响其在交易市场中的表现。

⑨ **数据资产交易机制风险：**数据资产交易市场的不成熟可能导致交易不透明、流动性差，影响数据资产的有效配置和利用。

⑩ **技术脆弱性风险：**数据资产的技术系统可能存在安全漏洞，容易受到黑客攻击或系统故障的威胁。

⑪ **管理脆弱性风险：**组织在数据资产管理方面的不足，例如安全策略不健全、员工培训不足等，可能导致数据资产的风险增加。

⑫ **数据资产金融属性风险：**数据资产的金融化带来的流动性，可能带来信用风险，特别是在数据资产证券化等金融活动中。

2. 数据资产风险的来源

数据资产风险的来源可以分为内部来源和外部来源。

① **内部来源：**包括员工的误操作、内部人员的恶意行为、系统故障或配置错误等。

② **外部来源：**涉及黑客攻击、竞争对手的不正当竞争、供应商的安全漏洞等。此外，自然灾害，例如地震、洪水等也可能对数据中心等设施造成危害，从而影响数据资产的安全。

3. 数据资产风险的影响因素

数据资产风险的影响因素多样，包括以下内容。

① **技术因素：**加密技术的强度、系统的更新和维护频率、防病毒软件的有效性等。

② **人为因素：**员工的安全意识、操作技能、响应措施的及时性等。

③ **管理因素：**风险管理策略的制定与执行、数据访问控制、监控和审计机制的完善程度等。

④ **法律和政策因素：**法律法规的变化、行业标准的更新等，也可能影响数据资产管理

的合规性。

⑤ **社会工程学**：通过欺骗等手段获取访问权限，也是影响数据安全的一个重要因素。

2.3.3 风险评估模型

1. 风险评估模型的分类

风险评估模型主要可以分为以下3类。

① **定性模型**：这种模型侧重于描述风险的性质和特征，而不是给出具体的数值度量。常用的方法包括SWOT（优势、劣势、机会、威胁）分析、PEST（政治、经济、社会、技术）分析等。

② **定量模型**：通过数学和统计方法量化风险，提供具体的风险值。例如，基于概率的风险模型、基于统计的模型，例如方差分析和回归分析等。

③ **混合模型**：结合定性和定量方法，先通过定性方法识别和描述风险，然后使用定量方法对这些风险进行评估和排序。

2. 风险评估模型的构建原则

在构建风险评估模型时，应遵循以下原则。

① **系统性**：模型应全面考虑所有相关的潜在风险，确保风险评估的全面性。

② **科学性**：模型的构建应基于科学的方法和技术，确保评估结果的准确性和可靠性。

③ **可操作性**：模型应易于操作和使用，确保在实际操作中能够有效地实施。

④ **适应性**：模型应具有一定的灵活性，能够适应不同类型资产和不同环境的需要。

⑤ **持续更新**：随着环境和组织目标的变化，模型应能够进行调整和更新，以反映新的风险状况。

3. 风险评估模型的数学基础

风险评估模型的数学基础通常涉及以下4个关键概念。

① **概率论**：用于描述和量化风险事件发生的可能性。例如，使用概率分布来模拟不确定性。

② **统计学**：通过收集和分析数据，估计风险的概率和影响。例如，利用历史数据来预测未来风险事件的发生概率和影响。

③ **决策理论**：用于在面临不确定性和风险时做出最优决策。常见的方法包括期望值分析、效用理论等。

④ **优化理论**：在资源有限的情况下，如何分配资源以最小化风险或最大化收益。例如，线性规划和非线性规划等方法在此领域广泛应用。

2.3.4 风险评估指标体系

1. 风险评估指标的确定

风险评估指标的确定是整个风险管理过程的基础。这些指标应能够全面反映资产面临的各种风险。在确定风险评估指标时，应考虑以下 4 个方面。

① **全面性**：指标应覆盖所有相关风险领域，包括财务风险、运营风险、市场风险、法律合规风险等。

② **可测量性**：指标应当是可量化的，能够通过数据或合理的判断来度量。

③ **相关性**：每个指标都应与组织的目标和策略紧密相关，确保评估结果对决策有实际指导意义。

④ **动态性**：随着外部环境和组织内部条件的变化，指标应能够相应调整，以保持其时效性和有效性。

2. 风险评估指标的量化方法

确定风险评估指标后，需要将这些指标量化。常用的量化方法包括以下内容。

① **概率与影响矩阵**：结合风险发生的可能性（概率）和风险带来的影响程度来量化风险。

② **打分法**：为每个指标设定一个分数范围(例如 1 ～ 5 分或 1 ～ 10 分)，根据风险的程度给予相应的分数。

③ **层次分析法**：构建层次结构模型，将复杂的决策问题分解成多个组成因素，然后通过成对比较和权重计算来量化各指标的相对重要性。

3. 风险评估指标的权重分配

合理的权重分配对于确保风险评估结果的准确性和实用性至关重要。权重分配反映了不同风险指标对总体风险的贡献度。以下是权重分配的常见方法。

① **专家咨询法**：通过咨询经验丰富的专家来分配权重，基于专家的知识和经验评价每个指标的重要性。

② **数据分析法**：利用历史数据和统计方法来分析不同风险指标的影响力度，据此分配权重。

③ **层次分析法（Analytic Hierarchy Process，AHP）**：除了用于量化风险指标外，AHP 还可用于确定各指标的权重，通过构建判断矩阵和计算一致性比率来确定权重的合理性。

2.3.5 风险评估的伦理和法律问题

1. 数据资产风险评估的伦理考量

在进行数据资产风险评估时，涉及多个伦理问题。首先，数据隐私是一个核心问题。评估过程中可能会涉及敏感信息的访问，例如个人数据、商业秘密等，评估团队必须确保遵守数据保护原则。其次，透明度和公正性也是重要的伦理考量因素。评估结果应当公开透明，让所有利益相关者都能够理解评估的基础和结论。此外，评估中还应考虑不对客户或用户造成不公正的意见，并确保评估活动不会对任何群体造成不利影响。

2. 数据资产风险评估的法律框架

数据资产风险评估活动受到多种法律框架的约束，包括但不限于以下内容。

① **数据保护法**：例如《中华人民共和国数据安全法》、欧盟的《通用数据保护条例》和美国的《加州消费者隐私法案》，规定了个人数据的处理、存储和传输的标准。

② **行业特定法规**：例如金融服务行业的《中华人民共和国银行业监督管理法》和《中华人民共和国证券法》等，强调了金融机构在进行数据处理和交易行为时必须遵守的安全和保密原则；医疗保健行业的《中华人民共和国医疗保障法》中规定，保护患者信息的安全性和隐私性应是医疗机构进行风险评估的必要考量。

③ **网络安全法**：《中华人民共和国网络安全法》涉及对网络攻击、网络间谍行为和其他网络犯罪的防范，要求组织进行适当的风险评估以符合法律规定。

3. 数据保护法规对风险评估的影响

数据保护法规对风险评估活动有显著影响。首先，它要求组织在进行风险评估时必须考虑数据处理活动是否符合合法性、最小化、目的限制等数据保护原则。其次，法规强调了数据主体的权利，例如知情权、访问权、删除权等，这些权利必须在评估过程中得到尊重和实施。此外，违反数据保护法规可能导致重大的财务和法律后果，因此，组织在评估过程中需要采取适当的技术和措施确保数据安全。

方法篇

第3章　数据质量评估

数据质量评估是一套系统化的技术和流程，用于测量和评价数据的适用性和其满足特定业务需求的能力。通过结合定性分析和定量分析，数据质量评估可以揭示数据集中的潜在问题，例如错误、遗漏、不一致性和过时性。评估过程通常包括数据审查、统计分析、专家打分、用户反馈收集和自动化工具应用等步骤，目的是识别数据质量问题，为数据转换和优化，以及数据资产价值评估提供依据，确保数据在整个企业中保持其价值和可信度，从而支持企业更好地制定决策和优化业务流程。

3.1 数据质量评估概述

3.1.1 数据质量评估的定义

数据质量评估（Data Quality Evaluation，DQE）也被称为数据质量评估或数据质量分析，是指从数据综合应用的角度出发，对信息和数据的采集、存储、处理和产出过程进行全面的考察和评价。这一评估过程旨在提高数据和信息的可信度和有效性，为企业决策提供更可靠的基础。数据质量评估不仅关注数据的准确性，还涉及数据的完整性、一致性、时效性、规范性和可访问性等多个方面，以确保数据能够满足其既定用途并对决策产生积极影响。

3.1.2 数据质量因素调整系数作用

数据质量因素调整系数（Data Quality Adjustment Factor，DQAF）在数据资产价值评估中扮演着至关重要的角色，它用于量化数据质量对资产价值的影响。

1. 定义

DQAF 是一个介于 0 ～ 1 的数值，用于调整数据资产的评估价值，以反映数据质量的优劣。DQAF 考虑了数据准确性、完整性、一致性、及时性、规范性和可访问性等多个维度。

2. 应用目的

① 价值调整：根据数据质量的高低调整资产的评估价值。

② 风险管理：通过 DQAF 识别数据相关的潜在风险，为风险管理提供依据。

③ 决策支持：为投资决策、资产购买 / 出售提供量化的数据质量影响。

3. 计算公式：

DQAF 可以通过以下步骤计算得出。

① 确定数据质量指标：选择反映数据质量的关键指标，例如准确性、完整性等。

② 分配权重：为每个指标分配权重，反映其在资产价值评估中的相对重要性。

③ 评分系统：为每个指标设定评分系统，评分范围通常为 1 ～ 10。

④ 计算指标得分：根据数据质量的实际情况，为每个指标打分。

⑤ 加权求和：将每个指标的得分与其权重相乘，然后求和。

⑥ 归一化处理：将加权求和的结果归一化到 0 ～ 1 的范围。

$$\mathrm{DQAF}=\frac{\sum_{i=1}^{n}\left(W_i\times S_i\right)}{\sum_{i=1}^{n}W_i}\times NF$$

其中，W_i 是第 i 个指标的权重，

S_i 是第 i 个指标的得分，

n 是评估指标的总数，

NF 归一化因子用于将结果调整为 0 ～ 1 的范围。

4. 数据资产价值评估的作用

① **数据资产估值调整**：根据数据质量因素调整系数，对资产的原始估值进行调整。如果数据质量较高，DQAF 接近 1，则资产估值可能保持不变；如果数据质量较低，DQAF 大于 1，则资产估值可能会被低估；如果数据质量低于基准水平，DQAF 小于 1，则资产估值可能会被高估。

② **数据资产风险评估**：数据质量因素调整系数可以帮助评估与数据质量相关的风险。较高的 DQAF 意味着较低的数据质量风险，而较低的 DQAF 则意味着存在潜在的数据质量问题，需要进一步调查和解决。

③ **数据资产投资决策**：投资者可以使用数据质量因素调整系数来评估不同资产的数据质量，从而做出更明智的投资决策。例如，投资者可能会更倾向于投资那些具有高质量数据的公司或项目。

3.1.3 数据质量评估指标

数据质量评估指标提供了一个全面的框架，用于衡量和提升数据的质量。它涵盖了6个

关键维度：准确性、完整性、一致性、时效性、规范性和可访问性。每个维度下又细分为具体的二级和三级指标，各类指标涉及数据内容正确性、数据元素完整性、数据记录完整性、字段完整性、缺失值比率、相同数据一致性、关联数据一致性、格式一致性、值域一致性、基于时间段的正确性、基于时间点的及时性、更新频率、数据标准规范性、数据模型规范性、元数据规范性、业务规则规范性、权威参考数据规范性、安全规范性、数据可检索性、数据权限管理、接口友好性、数据交互性和可用性等。数据质量评估指标见表 3-1。

表 3-1　数据质量评估指标

一级指标	二级指标	三级指标
准确性	数据内容正确性	数据值与实际或规定值的匹配度
		错误数据的比率（例如错误的字段输入、错误的数值记录等）
	数据非重复率	数据集中的非重复数据比例
	数据唯一性	数据集中确保唯一标识的字段是否唯一
	脏数据出现率	数据集中无效或乱码数据的比例
	精度准确率	数据值的精确度（例如数字的小数位数）
完整性	数据元素完整性	数据集中必要字段的完整率
	数据记录完整性	数据集中应有记录的完整率
	字段完整性	数据集中必填字段的填充率
	缺失值比率	数据集中缺失值的比率
一致性	相同数据一致性	同一数据在不同来源或系统中的一致性
	关联数据一致性	相关联的数据之间的一致性（例如外键关联的数据）
	格式一致性	数据格式是否符合预定的标准（例如日期格式、电话号码格式等）
	值域一致性	数据值是否在预定义的范围内
时效性	基于时间段的正确性	数据在特定时间段内的准确性
	基于时间点的及时性	数据从生成到可供使用的时延
	更新频率	数据更新的频率（例如每日、每周或每月更新）
规范性	数据标准规范性	符合国际标准（例如 ISO）的数据元素比例
		数据元素符合行业标准的比例
		数据元素符合内部标准的比例
	数据模型规范性	数据模型符合业务需求的比例
		数据模型的可扩展性
	数据模型规范性	数据模型的一致性（跨不同系统或部门）

续表

一级指标	二级指标	三级指标
规范性	元数据规范性	元数据的完整性
		元数据的一致性
		元数据的准确性
	业务规则规范性	业务规则的明确性
		业务规则的执行力（实际数据与业务规则的吻合度）
		业务规则的及时更新率
	权威参考数据规范性	参考数据的权威性（来源可靠性）
		参考数据的更新频率
		参考数据的覆盖范围（涵盖的业务领域）
	安全规范性	数据加密的比率
		数据访问控制的严格性（例如角色权限管理）
		敏感数据的脱敏处理比例
可访问性	数据可检索性	数据检索的难易程度（例如通过查询优化和索引提高检索速度）
	数据权限管理	数据访问权限的管理（例如不同级别的用户访问权限设置）
	接口友好性	API 和数据接口是否易于使用和集成（例如提供清晰的 API 文档和支持多种数据格式）
	数据交互性	数据是否支持交互式分析（例如提供数据可视化和交互式查询工具）
	可用性	数据对授权用户的可访问程度

3.1.4 数据质量评估流程

数据质量评估流程是一个系统化的方法，用于评估数据的质量并确保其能够满足特定的业务需求和标准。整个过程专注于评估数据的准确性、完整性、一致性、时效性、规范性和可访问性等，并提出改善建议，而不涉及直接的数据处理或修正。常规数据质量评估流程如图 3-1 所示。

① **收集数据**：首先需要收集相关的数据，这些数据可以是不同来源的数据集。

② **确定评估目标**：在开始评估之前，需要明确评估的目标。可能涉及确定要评估的数据质量标准、指标或要求。

③ **选择专家**：为了确保评估的准确性和可靠性，需要选择一些具备专业知识和经验的专家开展评估工作。

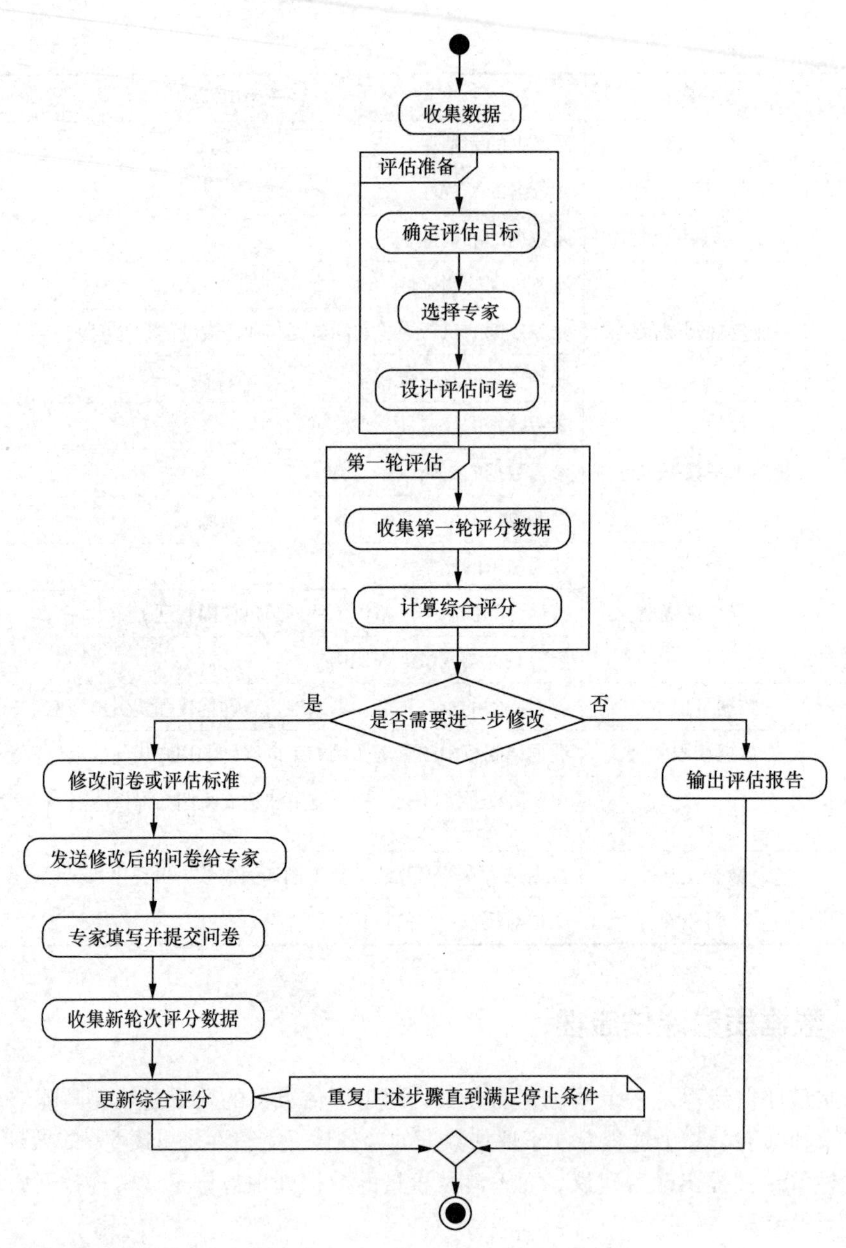

注：1. 实心圆点表示流程开始
2. 带有实心圆点的圆圈表示流程或活动结束
3. 菱形表示一个决策点或分支点

图3-1　常规数据质量评估流程

④ **设计评估问卷**：根据评估目标，设计一份评估问卷，用于收集专家对数据的质量和

准确性的意见和评价。

⑤ **第一轮评估**：专家根据设计的评估问卷进行评分，收集第一轮评分数据并计算综合评分。这个过程应包括多位专家的独立评估，以确保评估结果的客观性和一致性。

⑥ **是否需要进一步修改**：根据第一轮评估的结果，判断是否需要进一步修改评估问卷或评估标准。如果需要，则进入下一个循环。如果不需要，则输出评估报告。

⑦ **修改问卷或评估标准**：根据第一轮评估的结果，对评估问卷或评估标准进行必要的修改，以便更准确地反映数据质量的要求。

⑧ **发送修改后的问卷给专家**：将修改后的评估问卷发送给专家。

⑨ **专家填写并提交问卷**：让专家重新填写并提交。

⑩ **收集新轮次评分数据**：再次收集专家对修改后问卷的评分数据。

⑪ **更新综合评分**：根据新的评分数据，更新综合评分。

⑫ **重复上述步骤直到满足停止条件**：如果需要进一步修改，则继续重复上述步骤，直到满足停止条件，例如达到预定的评估次数、达到满意的评估结果等。

⑬ **输出评估报告**：当满足停止条件时，将最终的评估结果整理成报告，以供相关人员参考和使用。

3.2 数据质量评估方法

数据质量评估方法可分为定性评估方法、定量评估方法和综合评估方法三大类，每种方法都有其独特的应用场景和优势。

3.2.1　定性评估方法

1. 德尔菲法

德尔菲法是一种基于专家意见的定性评估方法。它通过组织一组专家进行多轮的匿名问卷调研，专家们评价并预测数据的质量，经过反复征询、反馈和调整，最终达成共识。这种方法适用于缺乏具体数据或定量分析困难的情况，能够汇集专家的深度见解和经验判断。以下是如何应用德尔菲法进行数据质量评估的设计。德尔菲法评估流程如图 3-2 所示。

（1）评估内容

① **数据准确性**：数据与真实情况的一致性。

② **数据完整性**：数据记录的全面性，缺失值的比例。

③ **数据一致性**：数据集中数据的逻辑一致性和格式统一性。

④ **数据时效性**：数据更新的频率和时效性。

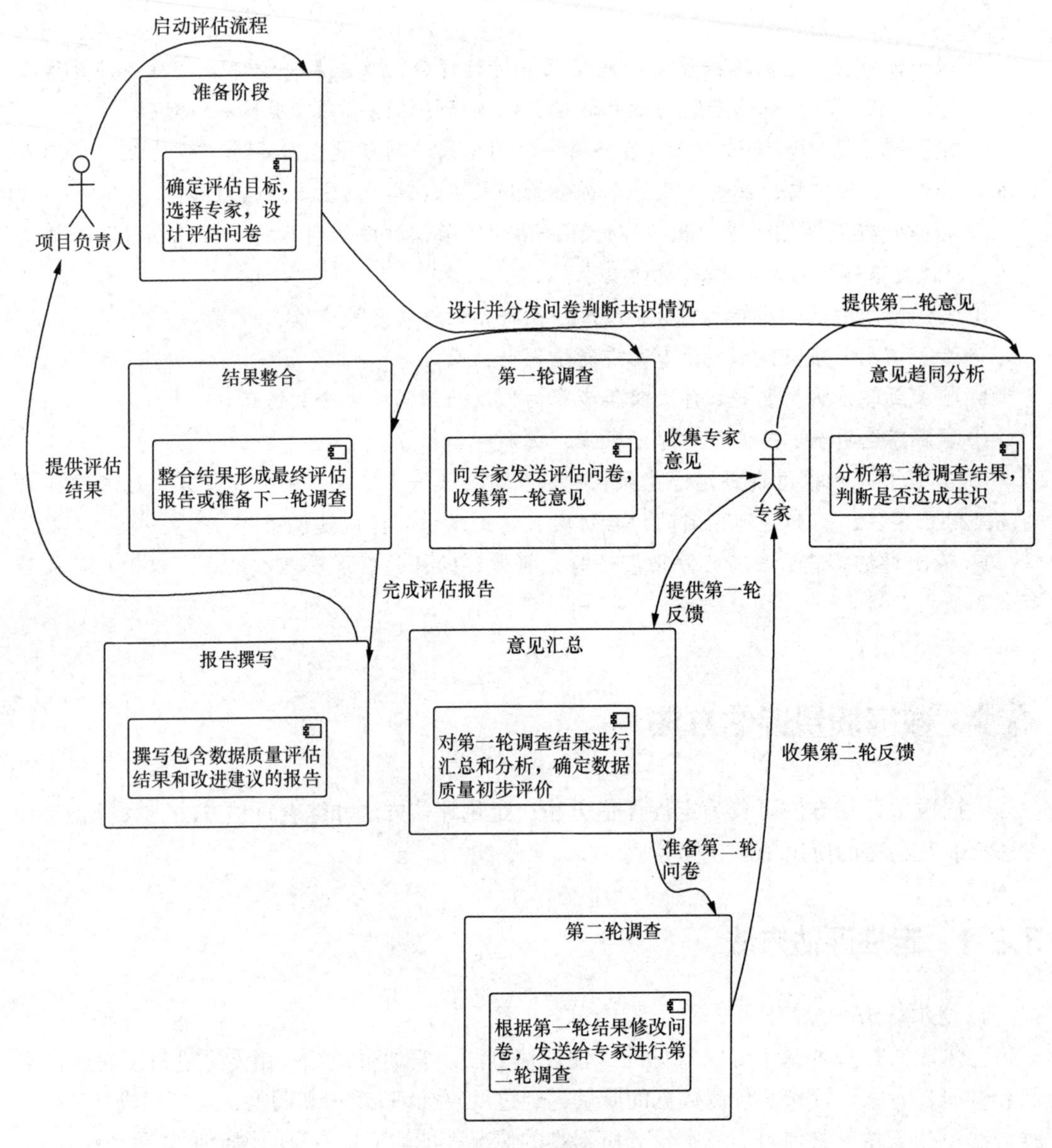

图3-2　德尔菲法评估流程

⑤ **数据规范性**：数据格式标准遵守率。

⑥ **数据可访问性**：数据的易用性和检索的便利性。

（2）评估指标

① **准确率**：数据正确反映真实情况的比例。

② **缺失率**：数据集中缺失值的比例。

③ **一致性比例**：数据集中一致性问题的比例。

④ **更新频率**：数据更新的周期。

⑤ **访问速度**：检索数据所需要的时间。

⑥ **安全事件数**：数据泄露或安全事件发生的次数。

（3）评估表格设计

德尔菲法评估表格设计见表3-2。

表3-2 德尔菲法评估表格设计

轮次	专家编号	数据准确性评分	数据完整性评分	数据一致性评分	数据时效性评分	数据规范性评分	数据可访问性评分	综合评价与建议
1	E1							
1	E2							
…	…	…	…	…	…	…	…	…
2	E1							
…	…	…	…	…	…	…	…	…

（4）评估流程

① **准备阶段**：确定评估目标，选择专家，设计评估问卷。

② **第一轮调查**：向专家发送评估问卷，收集第一轮意见。

③ **意见汇总**：对第一轮调查结果进行汇总和分析，确定数据质量的初步评价。

④ **第二轮调查**：根据第一轮结果，修改问卷并发送给专家进行第二轮调查。

⑤ **意见趋同分析**：分析第二轮调查结果，判断是否达成共识。

⑥ **结果整合**：整合结果形成最终评估报告或准备下一轮调查。

⑦ **报告撰写**：撰写包含数据质量评估结果和改进建议的报告。

（5）注意事项

① 确保专家的多样性和代表性，以覆盖数据质量的各个方面。

② 评估问卷应清晰、具体，便于专家理解和填写。

③ 保护专家的匿名性，鼓励开放和诚实的意见表达。

④ 使用统计方法分析调查结果，确定数据质量的总体评价。

⑤ 根据评估结果，提出有针对性的数据质量改进措施。

2. 专家评审法

邀请数据管理领域的专家对数据进行审查，评估其准确性、完整性、一致性、及时性、规范性和可访问性。专家基于他们的经验和知识，提供对数据质量的主观评价。数据质量专家打分表3-3。

表 3-3　数据质量专家打分

评估维度	评估指标	评分标准	得分	专家意见
准确性	错误率	≤ 1%：5 分；1% ～ 5%：4 分；5% ～ 10%：3 分；>10%：1 ～ 2 分		例如：数据基本准确，但有少量错误
完整性	缺失值比例	≤ 5%：5 分；5% ～ 10%：4 分；10% ～ 20%：3 分；>20%：1 ～ 2 分		例如：数据存在一定程度的缺失
一致性	数据冲突率	≤ 1%：5 分；1% ～ 5%：4 分；5% ～ 10%：3 分；>10%：1 ～ 2 分		例如：数据一致性良好
时效性	数据更新频率	实时：5 分；日更：4 分；周更：3 分；月更：2 分；更少：1 分		例如：数据更新较为及时，但有时延
规范性	数据格式标准遵守率	≥ 95%：5 分；90% ～ 95%：4 分；85% ～ 90%：3 分；<85%：1 ～ 2 分		例如：数据格式基本符合标准，部分数据需要调整
可访问性	数据获取难易度	非常容易：5 分；容易：4 分；一般：3 分；困难：1 ～ 2 分		例如：数据访问难度适中，需优化数据检索功能

3.2.2　定量评估方法

1. 层次分析法（AHP）

AHP 通过成对比较和一致性检验来确定各评价准则的相对重要性权重，并将这些权重应用于综合评分。

（1）层次结构模型

① **目标层：**数据质量评估。

② **准则层：**数据准确性、数据完整性、数据一致性、数据时效性、数据规范性、数据可访问性。

③ **指标层：**根据准则层的每个准则定义具体量化指标。

（2）评估表格设计

① 准则层成对比较矩阵

准则层成对比较矩阵见表 3-4。

表 3-4　准则层成对比较矩阵

准则	准确性	完整性	一致性	时效性	规范性	可访问性
准确性	1	a_{12}	a_{13}	a_{14}	a_{15}	a_{16}
完整性	$1/a_{12}$	1	a_{23}	a_{24}	a_{25}	a_{26}
一致性	$1/a_{13}$	$1/a_{23}$	1	a_{34}	a_{35}	a_{36}
时效性	$1/a_{14}$	$1/a_{24}$	$1/a_{34}$	1	a_{45}	a_{46}

续表

准则	准确性	完整性	一致性	时效性	规范性	可访问性
规范性	$1/a_{15}$	$1/a_{25}$	$1/a_{35}$	$1/a_{45}$	1	a_{56}
可访问性	$1/a_{16}$	$1/a_{26}$	$1/a_{36}$	$1/a_{46}$	$1/a_{56}$	1

② 指标层成对比较矩阵

指标层成对比较矩阵见表 3-5、表 3-6、表 3-7、表 3-8、表 3-9、表 3-10。

表 3-5 数据准确性指标层成对比较矩阵

指标	准确率	精确度	召回率	F1 分数
准确率	1	a_{11}	a_{12}	a_{13}
精确度	$1/a_{11}$	1	a_{22}	a_{23}
召回率	$1/a_{12}$	$1/a_{22}$	1	a_{24}
F1 分数	$1/a_{13}$	$1/a_{23}$	$1/a_{24}$	1

表 3-6 数据完整性指标层成对比较矩阵

指标	缺失率	重复率	完整性比例
缺失率	1	b_{11}	b_{12}
重复率	$1/b_{11}$	1	b_{22}
完整性比例	$1/b_{12}$	$1/b_{22}$	1

表 3-7 数据一致性指标层成对比较矩阵

指标	一致性比例	格式一致性	逻辑一致性
一致性比例	1	c_{11}	c_{12}
格式一致性	$1/c_{11}$	1	c_{22}
逻辑一致性	$1/c_{12}$	$1/c_{22}$	1

表 3-8 数据时效性指标层成对比较矩阵

指标	更新频率	时效性
更新频率	1	d_{11}
时效性	$1/d_{11}$	1

表 3-9 数据规范性指标层成对比较矩阵

指标	规范性比例	标准遵循度
规范性比例	1	e_{11}
标准遵循度	$1/e_{11}$	1

表 3-10　数据可访问性指标层成对比较矩阵

指标	访问速度	数据可发现性	用户访问便利性
访问速度	1	f_{11}	f_{12}
数据可发现性	$1/f_{11}$	1	f_{21}
用户访问便利性	$1/f_{12}$	$1/f_{21}$	1

（3）计算公式

① **权重计算**：对于每个准则下的指标层成对比较矩阵，计算权重 W_i 可以使用以下公式。

$$W_i = \frac{\sum_{j=1}^{n} \frac{1}{a_{ij}}}{\sum_{j=1}^{n} \sum_{k=1}^{n} \frac{1}{a_{jk}}}$$

其中 a_{ij} 是指标 i 和指标 j 之间的成对比较值。

② **一致性比率（CR）**：其中 λ_{max} 是成对比较矩阵的最大特征值，n 是指标的数量。CR 值应小于 0.1 以接受成对比较的一致性。

$$\text{CR} = \frac{\lambda_{\max} - n}{n - 1}$$

（4）评估流程

① **构建层次结构模型**：定义目标层、准则层和指标层。

② **设计成对比较矩阵**：专家对准则层和指标层进行成对比较并打分。

③ **计算权重**：计算准则层和指标层的权重。

④ **进行一致性检验**：确保成对比较的 CR 小于 0.1。

⑤ **综合评价**：根据权重和指标评分计算综合得分。

⑥ **结果分析与报告**：分析评估结果，编写评估报告。

⑦ **制定改进措施**：根据评估结果，制定数据质量改进措施。

⑧ **持续监控与评估**：定期进行数据质量评估以持续改进。

上述成对比较矩阵中的 a_{ij}，b_{ij}，c_{ij}，d_{ij}，e_{ij} 和 f_{ij} 需要通过专家打分来确定，打分范围为 1 ～ 9，表示一个因素对于另一个因素的重要性。层次分析法评估流程如图 3-3 所示。

2. 数据质量评分法

数据质量评分是一种定量评估方法，它通过准确率、召回率、精确度，以及 F1 分数等具体的数值指标来量化数据的准确性。这些指标通过对比数据集中的正确信息与错误信息，提供明确的质量衡量结果。应用数据质量评分法进行数据质量评估时，综合性评估体系见表 3-11、表 3-12。

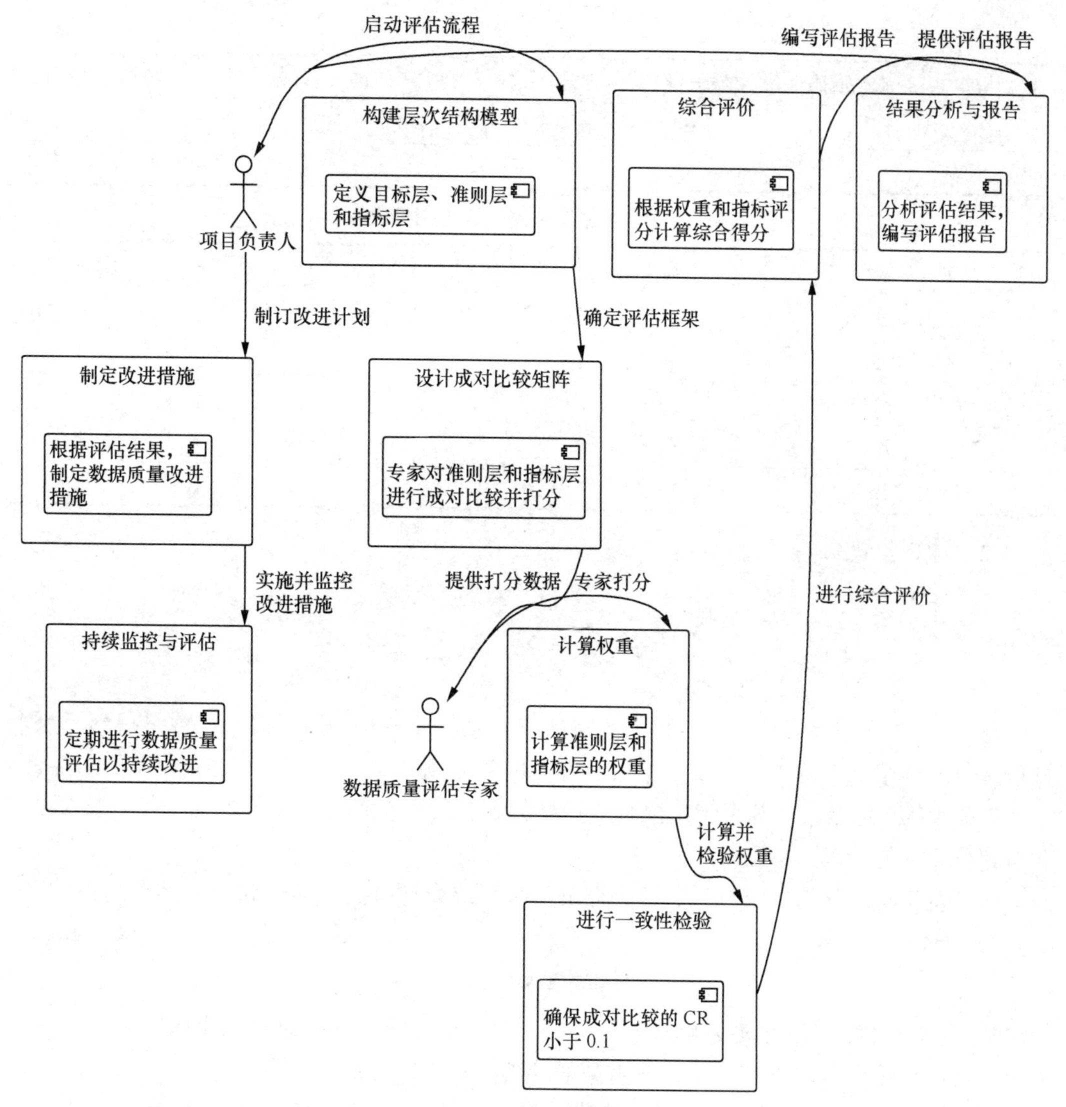

图3–3 层次分析法评估流程

（1）评估表格设计

表 3–11 数据质量评分表（准则层）

准则层指标	数据准确性	数据完整性	数据一致性	数据时效性	数据规范性	数据可访问性
评分标准	1 ～ 10	1 ～ 10	1 ～ 10	1 ～ 10	1 ～ 10	1 ～ 10
专家 1 评分						
专家 2 评分						

续表

准则层指标	数据准确性	数据完整性	数据一致性	数据时效性	数据规范性	数据可访问性
…	…	…	…	…	…	…
综合评分						

表 3-12　数据质量评分表（指标层）

指标层指标	指标 1	指标 2	…	指标 n
评分标准	1～10	1～10	…	1～10
专家 1 评分				
专家 2 评分				
…	…	…	…	…
综合评分				

（2）计算公式

① 综合评分计算

$$\mathrm{SC}=\frac{\sum_{i=1}^{m}R_i}{m}$$

其中，SC 代表综合评分，它可通过将所有专家的评分相加后除以专家数量得到。这个操作提供了一个综合的评分，反映了所有专家的集体判断。

R_i 代表第 i 位专家对某个特定准则或指标的评分，这个评分基于专家的个人经验、知识和对评分标准的理解。

m 代表参与评分的专家数量，这个评分反映了综合评分的代表性和可靠性。

② 加权评分计算

$$\mathrm{WS}_j=\mathrm{SC}\times W_j$$

其中：WS_j 代表第 j 个准则的加权评分。它是综合评分与相应准则权重的乘积，反映了每个准则对总体评分的贡献大小，权重高的准则对总体评分的影响更大。

W_j 代表第 j 个准则的权重，这个权重通常基于专家的成对比较判断来确定，反映了该准则在所有准则中的重要性。

③ 总体数据质量评分

$$\mathrm{TS}=\sum_{j=1}^{n}\mathrm{WS}_j$$

其中，TS 代表总体数据质量评分。它是所有准则加权评分的总和，是对数据集整体质量的量化指标，这个总分可以用于不同数据集之间的比较或作为改进数据质量的基准。

n 代表准则层指标的数量，表示在评估中考虑的数据质量的维度。

（3）评估流程

数据质量评分法评估流程如图 3-4 所示。

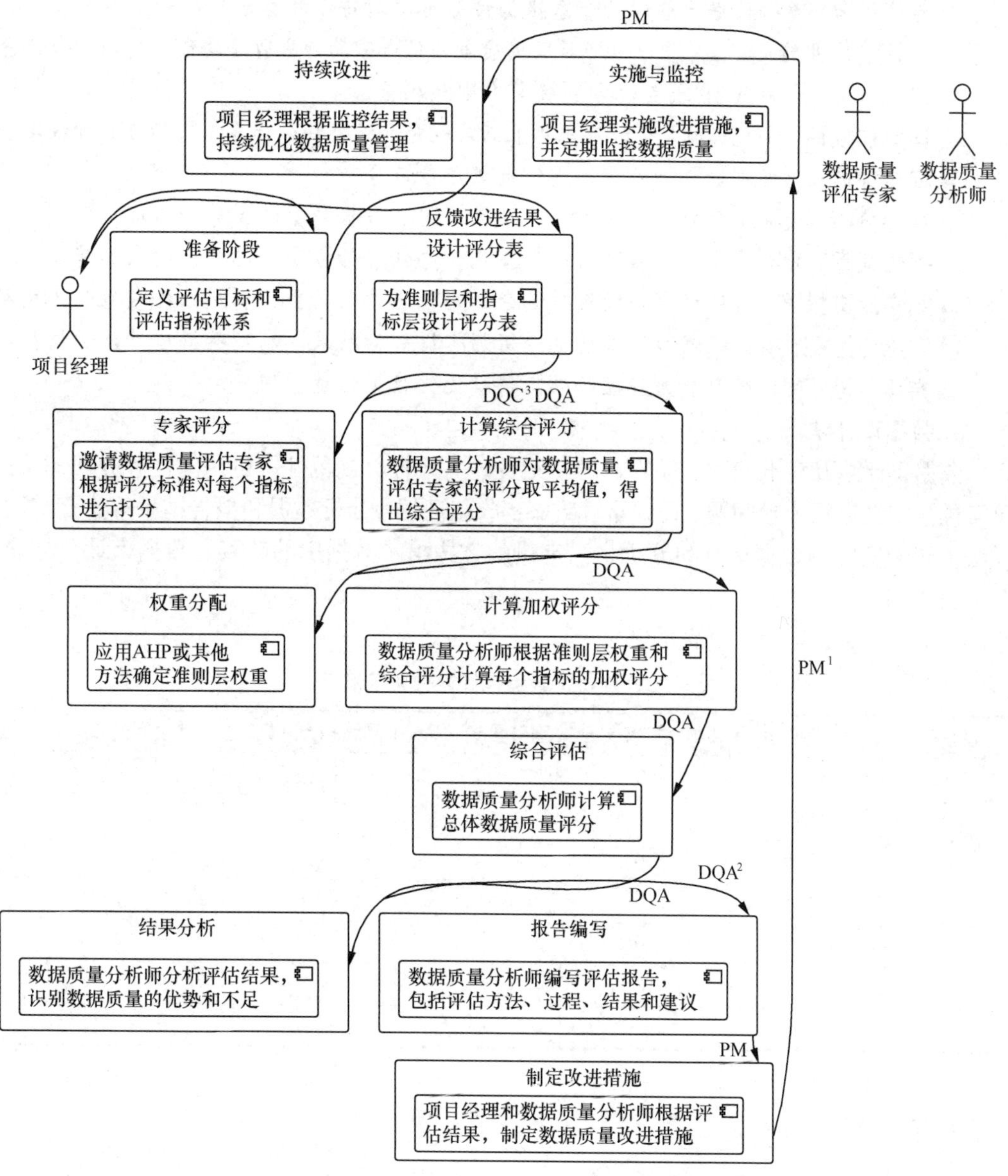

注：1.PM（Project Management，项目管理）
2.DQA（Data Quality Assurance，数据质量评估）
3.DQC（Data Quality Control，数据质量监控）

图3-4　数据质量评分法评估流程

① 准备阶段：定义评估目标和评估指标体系。

② 设计评分表：为准则层和指标层设计评分表。

③ 专家评分：邀请数据质量评估专家根据评分标准对每个指标进行打分。

④ 计算综合评分：数据质量分析师对数据质量评估专家的评分取平均值，得出综合评分。

⑤ 权重分配：应用 AHP 或其他方法确定准则层权重。

⑥ 计算加权评分：数据质量分析师根据准则层权重和综合评分计算每个指标的加权评分。

⑦ 综合评估：数据质量分析师计算总体数据质量评分。

⑧ 结果分析：数据质量分析师分析评估结果，识别数据质量的优势和不足。

⑨ 报告编写：数据质量分析师编写评估报告，包括评估方法、过程、结果和建议。

⑩ 制定改进措施：项目经理和数据质量分析师根据评估结果，制定数据质量改进措施。

⑪ 实施与监控：项目经理和数据质量分析师根据评估结果，制定数据质量改进措施。

⑫ 持续改进：项目经理根据监控结果，持续优化数据质量管理。

3. 数据审计法

数据审计涉及对准确性、完整性、一致性、时效性、规范性、可访问性等方面的检查，通常包括定义数据质量问题、设计审计方案、收集证据、分析数据和报告结果等步骤。这种方法依赖于实际的数据审查和分析，以定量的方式揭示数据中的缺陷。数据审计评分表示例见表 3-13。

（1）设计数据审计评分表示例

表 3-13　数据审计评分表示例

维度序号	维度名称	标准分（S_{max}）	审计分数（D）	问题扣分（D_i）	维度得分 S_i	备注
1	准确性	10				
2	完整性	10				
3	一致性	10				
4	时效性	10				
5	规范性	10				
6	可访问性	10				
…	…	…	…	…	…	…

（2）计算公式

① 单个维度得分计算

$$S_i = \left(S_{\max} - D_i\right) \times \frac{100}{S_{\max}} S_i$$

其中，S_i 是第 i 个维度的得分。

$S_{\max}$ 是该维度的标准分。

D_i 是在该维度中发现的问题所对应的扣分。

② 总体数据质量评分计算

$$S_{\text{total}} = \frac{\sum_{i=1}^{n} S_i}{n}$$

其中，S_{total} 是所有维度得分的平均值，即总体数据质量评分。

S_i 是第 i 个维度的得分。

n 是参与评估的维度总数。

（3）评估流程

① **准备阶段**：定义评估目标和评估指标体系。

② **设计评分表**：为准则层和指标层设计评分表。

③ **数据收集**：收集相关数据进行审计。

④ **专家审计**：邀请专家根据评分标准对每个指标进行审计。

⑤ **问题记录**：记录在审计过程中发现的所有数据质量问题。

⑥ **计算得分**：使用上述公式计算每个维度，以及总体的得分。

⑦ **结果分析**：分析评估结果，识别数据质量的优势和不足。

⑧ **报告编写**：编写评估报告，包括评估方法、过程、结果和建议。

4. 独立抽样检查法

独立抽样检查法是从数据集中随机抽取样本进行详细检查，以定量地评估整个数据集的质量。这种方法可以用来估计数据集的错误率、不一致性等，从而定量地反映数据的整体质量。独立抽样评估表格设计见表 3-14、表 3-15。

（1）评估表格设计

表 3-14 独立抽样检查数据记录表示例

样本编号	数据项标识	检查维度	检查结果	错误类型	备注
1	DI_1	准确性	通过 / 不通过		
2	DI_2	完整性	通过 / 不通过		
…	…	…	…	…	…
N	DI_N	一致性	通过 / 不通过		

表 3-15 独立抽样检查结果汇总表示例

检查维度	样本总数（N）	错误样本数（E）	错误率估计（ER）
准确性	N	Ea	$Ea/N \times 100\%$
完整性	N	Ec	$Ec/N \times 100\%$
一致性	N	Ei	$Ei/N \times 100\%$

续表

检查维度	样本总数（N）	错误样本数（E）	错误率估计（ER）
…	…	…	…

（2）计算公式

错误率估计：

$$\mathrm{ER} = E/N \times 100\%$$

其中，E 是错误样本数。

N 是样本总数。

（3）评估流程

① **准备阶段：**定义评估目标和评估指标体系。

② **样本抽取：**从数据集中随机抽取样本数据项。

③ **检查实施：**对每个样本数据项按照预定义的检查维度进行详细检查。

④ **数据记录：**记录每个样本数据项的检查结果和错误类型。

⑤ **结果汇总：**汇总检查结果，统计各检查维度的错误样本数。

⑥ **错误率计算：**根据计算公式计算每个检查维度的错误率。

⑦ **结果分析：**分析错误率估计结果，评估数据集的整体质量。

⑧ **报告编写：**编写评估报告，包括评估方法、过程、结果和建议。

3.2.3 综合评估方法

1. 模糊综合评价法（FCE）

模糊综合评价法（Fuzzy Comprehensive Evaluation，FCE）是一种基于模糊数学的评价方法，用于处理涉及不确定性和主观性的复杂系统评估问题。在数据质量评估中，FCE 可以帮助我们综合多个评价指标，给出数据集的整体质量评价。数据质量指标评分表示例见表 3-16、模糊评价值转换表示例见表 3-17。

（1）评估表格设计

表 3-16　数据质量指标评分表示例

指标序号	指标名称	指标权重（w_i）	评分等级（A）	模糊评价值（r_j）
1	准确性	w_1	A_1	r_{1j}
2	完整性	w_2	A_2	r_{2j}
3	一致性	w_3	A_3	r_{3j}
…	…	…	…	…
n	可访问性	w_n	A_n	r_{nj}

表 3-17　模糊评价值转换表示例

评分等级	模糊评价值（r_j）
非常好	0.9 ～ 1.0
好	0.7 ～ 0.8
一般	0.5 ～ 0.6
差	0.3 ～ 0.4
非常差	0.0 ～ 0.2

（2）计算公式

① **模糊评价矩阵：**

$$\boldsymbol{R}=\begin{bmatrix} r_{11} & r_{12} & \cdots & r_{1n} \\ r_{21} & r_{22} & \cdots & r_{2n} \\ \vdots & \vdots & \ddots & \vdots \\ r_{m1} & r_{m2} & \cdots & r_{mn} \end{bmatrix}$$

② **权重向量：**

$$\boldsymbol{W}=\begin{bmatrix} w_1 \\ w_2 \\ \vdots \\ w_n \end{bmatrix}$$

③ **综合评价向量：**

$$\boldsymbol{B}=\boldsymbol{R}\times\boldsymbol{W}$$

其中，$\boldsymbol{B}$ 是综合评价向量，$\boldsymbol{R}$ 是模糊评价矩阵，$\boldsymbol{W}$ 是权重向量。

④ **综合得分：**

$$\boldsymbol{B}=\sum_{j=1}^{n}\boldsymbol{W}_j\times r_{ij}$$

其中，$\boldsymbol{B}$ 是综合得分，W_j 是第 j 个指标的权重，r_{ij} 是第 i 个指标对应的模糊评价值。

（3）评估流程

① **确定评估指标：**确定数据质量评估的关键指标。

② **设计评分表：**为每个指标定义评分等级和模糊评价值。

③ **分配权重：**确定每个指标的权重，反映其在数据质量评估中的相对重要性。

④ **进行模糊评价：**对每个指标进行模糊评价，赋予其相应的模糊评价值。

⑤ **构建模糊评价矩阵：**将所有指标的模糊评价值整合到模糊评价矩阵 $\boldsymbol{R}$ 中。

⑥ **计算综合评价向量：**将模糊评价矩阵 $\boldsymbol{R}$ 与权重向量 $\boldsymbol{W}$ 相乘，得到综合评价向量 $\boldsymbol{B}$。

⑦ **得出综合得分：** 计算综合评价向量 $\boldsymbol{B}$ 的每个元素值，得出综合得分。

⑧ **结果分析：** 分析综合得分，评估数据集的整体质量。

⑨ **报告编写：** 编写评估报告，包括评估方法、过程、结果和建议。

2. 演绎推算方法

演绎推算方法结合了定性分析和定量分析的特点，通过逻辑规则和数学推理来验证数据的正确性。它不仅依赖于对数据内在逻辑的理解（定性分析），还需要运用数学工具和模型来进行推算（定量分析）。数据质量演绎推算评估见表 3-18。

（1）评估表格设计

表 3–18 数据质量演绎推算评估

记录编号	数据项	逻辑规则	预期结果	实际结果	推算结果	备注
1	项 A	规则 1	预期值 1	实际值 1	通过 / 不通过	
2	项 B	规则 2	预期值 2	实际值 2	通过 / 不通过	
…	…	…	…	…	…	…
N	项 N	规则 N	预期值 N	实际值 N	通过 / 不通过	

注：逻辑规则

① **规则 1—范围检查：** 如果数据项 X 的值应该在某个范围内，例如：$X \in [a, b]$，则预期结果为 True，否则为 False。

② **规则 2—唯一性检查：** 如果数据项 Y 必须是唯一的，则检查是否存在重复值。如果存在重复，则预期结果为 False。

③ **规则 3—依赖性检查：** 如果数据项 Z 的值依赖于另一个数据项 A 的值，例如：如果 $A = a$，则 $Z \in [c, d]$，然后根据 A 的值检查 Z 是否满足条件。

④ **规则 4—完整性检查：** 如果数据项 W 不应该有缺失值，则检查 W 是否存在 NULL 或空白值。如果存在，则预期结果为 False。

⑤ **规则 5—数据类型检查：** 如果数据项 V 必须符合特定的数据类型，例如：V 是整数，则验证 V 是否为整数类型。如果不是，则预期结果为 False。

⑥ **规则 6—格式一致性检查：** 如果数据项 U 需要遵循特定的格式，例如：日期格式 YYYY-MM-DD，则检查 U 是否符合该格式。

⑦ **规则 7—逻辑一致性检查：** 如果数据项 M 和 N 之间存在逻辑关系，例如：如果 $M > N$，则预期结果为 False，除非 M 确实大于 N。

⑧ **规则 8—关联性检查：** 如果数据项 O 和 P 之间存在关联关系，例如：O 的存在依赖于 P 的特定值，则检查这种依赖关系是否得到满足。

⑨ **规则 9—必要性检查：** 如果数据项 Q 是记录的必要字段，则检查 Q 是否存在。如果 Q 缺失，则预期结果为 False。

⑩ **规则 10—合规性检查**：如果数据项 R 需要遵守特定的合规性要求，例如：遵守《中华人民共和国数据安全法》《中华人民共和国个人信息保护法》，以及《中华人民共和国网络安全法》等规定，则验证 R 是否符合这些要求。

（2）计算公式：

① **错误记录数**：

$$E=\sum_{i=1}^{n}1_{\text{error}}\left(x_i\right)$$

其中，E 表示错误记录的数量。

x_i 表示第 i 条数据记录。

$1_{\text{error}}(x_i)$ 是指示函数，如果记录 x_i 未通过检查，则为 1；否则为 0。

② **错误率**：

$$E_R=\frac{E}{n}$$

其中，E_R 表示错误率。

n 表示评估的总记录数。

③ **数据质量评分**：

$$\text{DQS}=(1-E_R)\times 100$$

其中，DQS 指数据质量评分。

E_R 表示根据错误记录数计算出的错误率。

④ **逻辑规则验证结果**：

$$V=\begin{cases}1,\text{如果}x_i\text{满足规则}r_i\\ 0,\text{否则}0\end{cases}$$

其中，V_i 表示第 i 条记录对第 r_i 个逻辑规则的验证结果。

⑤ **综合评估结果**：

$$O_C=\frac{\sum_{i=1}^{m}V_i}{m}$$

其中，O_C 表示综合评估结果。

V_i 表示第 i 条记录对所有逻辑规则的验证结果。

m 表示逻辑规则的总数。

⑥ **示例**：

假设有 5 条记录和 3 个逻辑规则，每条记录 x_i 通过逻辑规则 r_i 的验证结果 V_i 如下：

$V_1=[1, 0, 1]$（第 1 条记录通过了第 1 个和第 3 个规则）

$V_2=[1, 1, 0]$（第 2 条记录通过了第 1 个和第 2 个规则）

$V_3=[0, 1, 1]$（第 3 条记录通过了第 2 个和第 3 个规则）

$V_4 = [1, 1, 1]$（第 4 条记录通过了所有规则）

$V_5 = [0, 0, 0]$（第 5 条记录没有通过任何规则）

根据上述结果，可以计算综合评估结果：

$$O_C = \frac{1+1+0+1+0}{5\times3} = \frac{3}{15} = 0.20$$

表示在所有记录和规则中，平均有 20% 的记录通过了验证。

（3）评估流程

① **准备阶段**：定义评估目标，明确数据质量评估的范围和目的。

② **规则定义**：根据业务逻辑和数据内在逻辑定义演绎推算的逻辑规则。

③ **数据收集**：收集需要评估的数据记录。

④ **逻辑规则应用**：对数据记录应用逻辑规则，确定预期结果。

⑤ **演绎推算**：对每个数据项进行演绎推算，比较预期结果和实际结果。

⑥ **结果记录**：记录每个数据项的演绎推算结果。

⑦ **错误率计算**：计算错误率，确定数据集中的错误分布。

⑧ **数据质量评分**：根据错误率计算数据质量评分。

⑨ **结果分析**：分析评估结果，识别数据质量的关键问题。

⑩ **报告编写**：编写评估报告，包括评估方法、过程、结果和建议。

3.3 数据质量评估工具与技术

3.3.1 数据质量评估软件工具

数据质量评估是确保数据准确性、完整性、一致性、时效性和可靠性的关键步骤。为了实现这一目标，市场上涌现出多种数据质量评估软件工具，以下是一些常见的工具介绍。

1. Apache Griffin

① **概述**：Apache Griffin 是一个由 eBay 开源的数据质量解决方案，支持批处理和流模式两种数据质量检测方式。

② **功能**：提供全面的框架来处理不同的任务，例如定义数据质量模型、执行数据质量测量、自动化数据分析和验证，以及跨多个数据系统的统一数据质量可视化。

2. Data Cleaner

① **概述**：Data Cleaner 是一个开源的数据质量管理工具，专注于数据清洗、数据集成和数据验证。

② **功能**：提供数据分析、数据规则、数据清洗和数据质量报告等功能，支持多种数据源和数据类型。

3. Talend Data Quality

① **概述**：作为 Talend 开源数据集成平台的一部分，Talend Data Quality 提供了数据质量分析、数据清洗、数据规则和数据质量报告等功能。

② **特点**：支持多种数据源和数据类型，并提供了可视化的界面和自动化的工作流程。

4. Deequ

① **概述**：Deequ 是亚马逊开源的一个构建在 Apache Spark 上的库，用于定义"数据单元测试"，以测量大型数据集中的数据质量。

② **功能**：提供了 Python 接口 PyDeequ，使其能够与许多数据科学库一起使用，并支持 Pandas DataFrames 的流畅接口。

5. Qualitis

① **概述**：Qualitis 是一个支持多种异构数据源的质量校验、通知、管理服务的数据质量管理平台。

② **特点**：基于 Spring Boot，提供数据质量模型构建、执行、任务管理、异常数据发现保存，以及数据质量报表生成等功能，具备高并发、高性能、高可用的大数据质量管理能力。

6. Soda Core

① **概述**：Soda Core 是一个 Python 开发的开源数据质量工具，旨在确保数据平台中的数据可靠性。

② **功能**：支持 Soda CL（Soda Checks Language），可以连接到数据源和工作流，确保数据在管道内或管道外都能被检测到。支持广泛的数据源、连接器和测试类型。

7. Informatica Data Quality

① **概述**：Informatica Data Quality 是由 Informatica 公司提供的一款数据质量管理软件，它提供了一套全面的工具，用于识别和纠正不准确的数据。

② **功能**：包括数据清洗、匹配、合并和质量打分卡等功能，并支持多种数据源和自定义逻辑。

8. SAS Data Management

① **概述**：SAS Data Management 是 SAS 公司提供的一种数据质量管理解决方案，支持数据质量和数据整合的全过程。

② **特点**：提供数据剖析、清洗、标准化和监控等功能，并能够处理大规模数据集。

9. IBM InfoSphere Quality Stage

① **概述**：IBM InfoSphere Quality Stage 是 IBM 公司的一款数据质量工具，提供了一种端到端的数据质量解决方案。

② **功能**：包括数据剖析、清洗、匹配、标准化和质量报告等功能，并支持多种数据源。

这些工具适用于不同的数据质量评估场景，企业可以根据自身情况选择合适的工具，提升数据质量管理的效率和效果。

3.3.2 自动化与人工智能在数据质量评估中的应用

自动化与人工智能在数据质量评估中的应用日益广泛，它们能够显著提高评估的效率和准确性。这些技术的核心优势在于它们能够处理大量数据，并且提供了比传统手工处理数据方法更快、更精确的评估结果。以下是这些技术在数据质量评估中的关键应用。

1. 自动化评估

自动化评估通过预设的规则和算法，能够自动执行数据质量评估任务，减少人工干预，提高评估效率。这种自动化评估可以通过定期的批处理作业来实现，也可以通过实时监测数据流来完成。自动化工具能够持续监测数据源，对新生成或更新的数据进行质量检查，确保数据质量问题能被及时发现和处理。这些工具通常具备警报系统，当数据质量问题被检测到时，可以立即通知相关人员。

2. 人工智能辅助评估

人工智能技术，特别是机器学习和深度学习，为数据质量评估提供了新的维度。这些技术使系统能够自学习和自适应，从而更准确地评估数据质量。例如，机器学习模型可以训练识别特定的数据模式和异常，然后应用于新的数据集上，以识别类似的问题。深度学习可以用于处理非结构化数据，例如文本和图像，提取质量指标。结合大数据分析技术，人工智能可以处理和分析海量数据，识别复杂的数据质量问题，提高评估的效率和准确性。

3. 多维度评估

自动化与人工智能技术支持对数据进行多维度评估，包括数据的准确性、完整性、一致性、时效性和可靠性等方面。这种综合评估能够提供更全面的数据质量视图，帮助组织更好地理解其数据集的状态。通过对各个维度的数据质量指标进行持续监测和分析，组织可以识别数据质量的趋势和模式，并采取相应的改进措施。

4. 智能预警与修复

结合自动化和人工智能技术，数据质量评估系统可以实现对数据质量问题的智能预警和自动修复。当系统检测到数据质量问题时，可以自动触发预警机制，并通知相关人员或系统。此外，一些高级系统还能够尝试使用预设的修复策略来自动解决问题，例如通过推荐修正数据、删除错误数据或提供数据质量改进的建议。这种自动化修复减少了人工干预的需求，降低了修复成本，并提高了数据处理的速度。

自动化与人工智能技术在数据质量评估中的应用具有显著的优势。随着这些技术的不断发展和完善，它们将在数据质量管理领域发挥更加重要的作用。组织可以利用这些技术来增强其数据质量评估能力，确保数据的准确性和可靠性，从而支持更好的业务决策并提高运营效率。

第 4 章　数据资产价值评估

数据资产价值评估是数据资产评估的一个关键环节。本章将深入探讨数据资产价值评估的方法，从基础理论到实践应用，为读者提供一套系统的评估框架。

本章通过梳理数据资产与传统资产的区别、数据资产价值评估的难点，以及数据资产价值评估的三大基础方法及选择，明确当前数据资产价值基础评估方法应用的关键和存在的问题，提出了成本法、市场法、收益法、多期超级收益法和分成率等多种数据资产评估方法，为读者提供了一套科学、系统的数据资产价值评估工具。

4.1 数据资产价值评估方法基础

4.1.1　数据资产与传统资产的区别

数据资产与传统资产的区别主要体现在以下 6 个方面。

第一，性质上存在显著差异。数据资产是无形的，不依赖于物理形态而存在，而传统资产（如房地产、设备等）则具有实体形态。这种无形性使数据资产在管理、存储和转移方面具有更高的灵活性，但同时也带来了更高的管理复杂性。

第二，数据资产的价值具有动态性和不确定性。数据的价值随着时间、环境和使用方式的变化而变化，而传统资产（如黄金、货币等）的价值相对稳定。因此，数据资产价值评估需要考虑其在特定应用场景中的潜力和实际应用效果。

第三，数据资产具有可复制性和共享性。与传统资产不同，数据资产可以被无限复制和共享，而不影响其原始价值。这种特性使数据资产在传播和利用上具有极大的潜力，但同时也带来了版权和隐私保护等挑战。

第四，数据资产的增长和累积方式与传统资产不同。数据资产的增长往往依赖于数据的收集、整合和分析，而不是通过物理扩展或增加。因此，数据资产的累积速度非常快，同时也需要持续的技术创新和数据管理支持。

第五，数据资产的管理和评估方法与传统资产有所不同。数据资产的评估需要考虑数据的准确性、完整性、可用性和合规性等多个维度，而传统资产的评估则更多依赖于市场价值和物理状况。数据资产的管理和评估需要更先进的技术和方法，例如数据挖掘、机器学习和人工智能等。

第六，与传统资产相比，数据资产的法律保护和监管政策更为复杂，涉及数据所有权、隐私保护和跨境数据流动等多个方面。企业在管理数据资产时需要密切关注相关法律法规的变化，并确保其合规。

数据资产与传统资产在多个方面存在显著差别，决定了数据资产评估需要创新的评估和管理方法与技术。

4.1.2 数据资产价值评估的难点

随着数字经济的不断发展，数据资产的价值评估已经成为一种必然，但在估值过程中存在诸多问题。估值过程中存在的问题主要包括：数据资产的范围难以界定、数据资产的分类不明确、测量方法不统一。有形资产的评估方法相对完善，主要包括收入现值的计算方法、重置成本的计算方法、当前市场价值的计算方法和清算价格的计算方法。无形资产的评估方法主要包括成本法、市场法和收益法。这些方法既可以帮助评估人员准确地描述数据资产价值，又可以帮助投资者做出正确决策。但是，这些方法不能完全应用于数据资产的价值评估。因此，为了准确评估数据资产的价值，需要从不同的角度进行考虑，包括对数据资产的分类、衡量标准和评估方法等。数据资产价值评估的难点具体如下。

1. 对数据资产的价值没有准确定义

由于缺乏对数据资产价值的共同定义，人们对数据资产价值的认知不同。为了建立一个数据资产价值评估系统，首先有必要厘清数据资产价值的定义。一般来说，在学术界，对于数据资产有一个共同的定义，即以技术特征为基础的分类体系。例如根据数据资产的表现方式进行分类，数据资产可以分为文本数据、图片数据等。此外，还可以根据技术特征对数据资产进行分类，例如，文本数据可以分为文档类型、结构类型等；图片数据可以分为人物图像、地理图像等。总之，随着对数据资产的研究逐渐深入，数据资产的分类类型将逐渐趋于多样化，根据不同特征对数据资产进行分类将得到不同的评估结果。

2. 没有权威的数据资产价值评估模型或参考模型

虽然数据资产价值评估领域的学术研究在不断深入，但依然未能找到非常合适的方法。目前，数据资产价值评估方法主要采用市场法、收益法和成本法，以及 3 种传统方法的改进方法。一是要考虑技术特征对数据资产分类造成的影响；二是要考虑不同类型的数据资产之间存在不同表现方式时带来的影响；三是要考虑不同维度对数据资产价值带来的影响。

3. 不同维度对数据资产的价值进行不同度量

不同维度对应不同的评价标准。例如，如果数据资产的使用方案不能公开，或者其价值主要来自高价值，则需要评估高价值是如何反映的。在数据资产价值评估中，可以参考其他类型的资产进行评估，但评估对象和衡量方法不同，从而影响数据资产价值评估结果。数据资产价值评估领域的学术研究逐渐深入，但没有找到适合数据资产价值评估的方法，使用不同评价方法会不可避免地导致不同的评价结果。

4. 没有具体的量化基准来评估数据资产

随着越来越多的企业积累了大量数据，这一部分数据资产已经在企业经营中发挥了作用，产生了价值。数据资产的价值由 3 个部分组成：一是通过数据挖掘分析得出的价值，包括发现新的商业机会、创造新产品、为企业带来新客户等；二是基于对过去经验和数据积累进行分析而得到的价值，包括提升决策能力、优化内部流程、提升业务效率等；三是企业拥有或控制的一部分数据资产带来的价值，包括通过购买或租赁方式获得数据资产或进行内部管控等。对于这 3 个部分价值，目前尚没有统一有效的评估方法和标准。数据资产的估值是数据资产价值应用的基础，数据资产价值评估工作对于提高数据增值功能至关重要。

4.1.3　数据资产基础评估方法适用性分析

1. 数据资产成本法适用性分析

成本法是基于价值补偿原理，将被评估资产置于重置资产角度进行价值分析。成本法以历史成本为依据，操作相对简单。对于以外购形式获取的数据资产，可以通过初始入账价值等会计资料确定其重置成本；对于内部研发的数据资产，可以通过会计报表直接获取资本化的数据资产成本，以及通过查找费用类科目获取费用化的数据资产成本，由于数据资产并未进表，评估人员较难准确掌握其成本价值。此外，由于数据资产属于广义无形资产范畴，其成本与价值具有弱对应性，成本法的使用受到一定程度的限制，但对于特定的数据资产（例如在技术挖掘阶段和信息提取阶段已经形成的数据资产）具有一定的适用性。故采用成本法评估数据资产价值具有一定的合理性。

2. 数据资产市场法适用性分析

市场法依据替代原则将被评估的数据资产与市场中的可比数据资产相联系。其中，可比数据资产价格是市场均衡的结果，故应用市场法评估的数据资产价值，在理论上与市场均衡价格最接近，实务中容易被各方认可。但市场法要求数据市场是活跃的、公开的。当前，我国数据交易市场的建设处于初期，市场上较难找到可参照的数据资产，且数据资产异质性较大，修正因素的量化和调整较为困难，故市场法适用于交易活跃的具体某一领域（如广告精准营销领域、在线云存储领域等）。随着数据市场的发展与完善，市场法在数据资产价值评估领域的使用范围将不断扩大。

3. 数据资产收益法适用性分析

基于数据资产特征，收益法模型中的各参数较难确定。因此，评估参数的确定成为采用收益法进行评估的关键。收益额的确定需以市场条件为基础，结合数据资产的特点、数据资产价值形成的阶段和未来使用场景，必要时应分阶段有效量化被评估数据资产的未来收益。此外，由于数据资产不同形成阶段的风险不同，对未来预期收益进行折现时，评估人员应考虑数据资产化阶段、数据市场成熟程度、数字技术应用情况等多元化的风险因素，以及数字技术迭代、数据市场、相关政策等因素影响下的数据资产全生命周期，确定收益期限。若收益法的评估参数可确定，收益法适用于绝大多数数据资产价值评估。原因在于收益法将数据资产价值与未来预期收入联系起来，突出了数据资产对持有主体的收益增量和成本减量的贡献，符合数据资产持有主体“降本逐利”的理性决策思维，并考虑了货币时间价值因素，故收益法较易被持有主体及数据资产交易各方接受。数据资产价值基础评估方法对比见表 4-1。

表 4–1　数据资产价值基础评估方法对比

比较项目	成本法	市场法	收益法
评估原理	价值补偿原理	替代原则、市场均衡原理	资产“降本逐利”角度、效用论原理
价值尺度	数据资产重置成本	数据资产现行市场价格	数据资产未来预期总收益的折现值
前提条件	被评估数据资产与假设重置具有可比性、数据资产可再生性	公开活跃的数据市场、可比数据资产	数据资产的收益额、风险、使用年限可计量
适用范围	企业新近研发的内部用数据资产（无市场参照物和营销记录）；新近外购的数据资产	以市场价为基础的数据资产（多用于数据资产转让、租赁等）	能够独立测算收益额的单项数据资产或数据资产组（多用于企业内部研发数据资产）
优点	基于报表，历史数据容易获取，评价结果客观	原理简单、计算容易、易被接受	充分考虑货币时间价值和预期收益情况
缺点	计算量大，贬值参数不易全面计算、与数据资产未来使用效益脱节	对市场活跃度要求大，当前参照物及修正因素较难确定，主观性强	对收益额、折现率等参数的预测难度较大

4.1.4　数据资产价值评估方法的选择原则

对于数据资产价值评估方法的选择一般分为 3 个层次：一是数据资产评估思路的选择，即三大基础方法对被评估数据资产的适用性分析；二是选择合适地评估数据资产价值的具体方法；三是确定具体评估方法所涉及的参数。因此，数据资产价值评估方法的选择是评估方法适用性、具体实现价值评估的方法及所选方法所涉及的具体参数选择三者的统一。

数据资产价值评估方法的选择受到数据资产价值理论和评估基础要素的影响。此外，评估方法的选择还受到可获取评估材料的限制。具体而言，在选择数据资产价值评估方法时，应当遵循以下原则。

一是数据资产价值评估方法的选择需与具体评估目的、被评估数据资产所处的市场条件的评估假设、由此与确定的价值类型相适应，以及其他评估要素。资产评估的目的说明“为何评”，即评估业务要实现的目标；资产评估价值类型说明“评什么”，即价值的质的规定，对评估方法具有约束性；资产评估方法说明“如何评”是价值的量的规定，且评估方法具有多样性，服务于以上评估要素。

二是评估方法的选择需要基于数据资产特征。被评估数据资产的特点是评估方法选择需要考虑的重要因素，评估方法的选择受数据资产类型、状态等因素制约。不同被评估数据资产之间，以及同一数据资产价值的不同形成阶段差异较大，对评估方法的选取要求不同。

三是数据资产价值评估方法的选择受可获取资料的限制。任何一个评估方法的选择，均需确定相关参数，这需要充足的数据资料支撑。若在某一时间，某项数据资产具体基础评估方法所需资料收集困难，则该具体评估方法的选择不适合这类情况。此时，评估人员需应用替代性原理，选取该基础评估方法的衍生方法、相似方法，或者选择替代性资料补充进行评估。例如，某项企业内部新研发的数据资产既无市场参照物，也无营销记录，则市场法和收益法不适合此类情况，此时则选取成本法较为适宜。

综上所述，数据资产评估方法的选择需统筹规划。三大基础评估方法各有特点及其适用条件，这同时界定了其适用范围。在选取数据价值评估方法时，评估人员应保证评估方法在理论逻辑上的一致性。数据资产价值评估方法选择原则如图 4-1 所示。

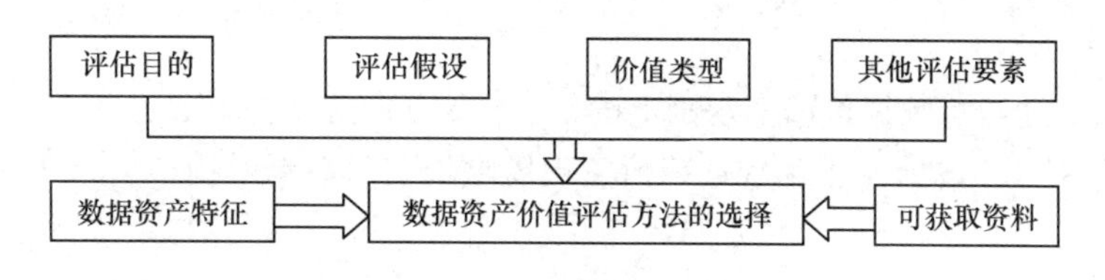

图4-1　数据资产价值评估方法选择原则

4.2 基于成本法的数据资产价值评估

成本法的原理是基于产生数据资产所需花费的成本进行评价，在此基础上扣除各种贬值因素，并考虑数据资产的预期使用溢价，加入数据质量、数据基数、数据流通，以及数据价值实现风险等数据资产价值影响因素进行修正，从而估算出标的数据资产价值。

4.2.1 成本法的适用范围

成本法的适用前提需要满足：① 被评估对象处于持续使用的状态；② 被评估对象可以

通过重置途径获得重置成本；③ 被评估资产的实体性贬值、功能性贬值和经济性贬值能够被合理测算。

4.2.2 成本法的计算公式与步骤

数据资产的价值由该资产的重置成本扣减各项贬值确定。在传统无形资产成本法的基础上，还需综合考虑数据资产的成本与预期使用溢价，加入数据资产价值影响因素对资产价值进行修正，得出数据资产价值评估成本法模型表达式。

$$P=\mathrm{TC}\times(1+R)\times U$$

其中：

P——标的数据资产价值；

TC——数据资产从产生到评估基准日所发生的总成本；数据资产总成本可以通过系统开发委托合同和实际支出进行计算，主要包括建设成本、运维成本和管理成本3类，并且不同的数据资产所包含的建设成本和运维成本的比例是不同的，其中建设成本是指数据规划、采集获取、数据确认、数据描述等方面的内容；运维成本包含数据存储、数据整合、知识发现等评价指标；管理成本主要由人力成本、间接成本及服务外包成本构成。

R——数据资产成本投资回报率；

U——数据效用。

数据效用 U 是影响数据价值实现因素的集合，用于修正数据资产成本投资回报率 R。数据质量、数据基数、数据流通及数据价值实现风险均会对数据效用 U 产生影响。数据效用的表达式如下。

$$U=\alpha\beta(1+l)(1-r)$$

其中：

α——数据质量系数；

β——数据流通系数；

l——数据垄断系数；

r——数据价值实现风险系数。

4.2.3 具体参数评估

1. 数据质量系数 α

数据质量指数据固有的质量属性，从统计学角度来看，数据质量为满足要求的数据在数据系统中所占的百分比。数据质量系数指数据质量因素调整系数，计算详见第3章数据质量评估。

2. 数据流通系数 β

数据流通系数用于描述数据流通效率，可以从数据对外开放共享程度和对数据接受者影响范围，即传播系数两个方面考虑。数据资产按流通类型可以分为开放数据、公开数据、共享数据和非共享数据 4 类，可通过可流通数据量占总数据量的比重确定数据对外开放共享程度。传播系数是指数据的传播广度，即数据在网络中被他人接受的总人次，可以通过查看系统访问量、网站访问量获得。因此数据流通系数可表示为下式。

数据流通系数=（传播系数×可流通的数据量）/总数据量

=（a×开放数据量+ b×公开数据量+ c×共享数据量）/总数据量

其中，a、b、c 分别为开放、公开和共享 3 种数据流通类型的传播系数，非共享数据流通限制过强，对整体流通效率的影响可忽略不计。

3. 数据垄断系数 l

数据资产的垄断程度由数据基数决定，即该数据资产所拥有的数据量占该类型数据总量的比例，可以通过某类别数据在整个行业领域内的数据占比衡量，即通过比较同类数据总量来确定。

数据垄断系数表示为：

数据垄断系数=系统数据量/行业总数据量。

数据的垄断性不仅受限于所属行业，还可能与其所处的地域相关。

4. 数据价值实现风险系数 r

在数据价值链上的各个环节都存在影响数据价值实现的风险。数据价值实现风险的类型详见第 5 章数据资产风险评估中的风险源分类。可采用专家打分法与层次分析法获得其风险系数 r，过程如下。

（1）构造层次结构模型

根据第 5 章数据资产风险评估中的风险源分类，构建数据价值实现风险评估的层次结构模型，包含目标层（O）、准则层（C）和指标层（P）。数据价值实现风险评估的层次结构模型见表 4-2。

表 4–2 数据价值实现风险评估的层次结构模型

目标层（O）	准则层（C）	指标层（P）
数据价值实现风险评估	数据管理风险（C_1）	数据不可访问（P_1）
		数据描述不当（P_2）
		数据治理策略缺乏（P_3）
	数据流通风险（C_2）	系统不兼容（P_4）
		法律和合规风险（P_5）

续表

目标层（O）	准则层（C）	指标层（P）
数据价值实现风险评估	数据流通风险（C_2）	应用需求（P_6）
	增值开发风险（C_3）	数据开发水平（P_7）
		技术过时风险（P_8）
		数据创新能力（P_9）
	数据安全风险（C_4）	软件漏洞（P_{10}）
		数据损坏（P_{11}）
		网络安全（P_{12}）
	环境风险（C_5）	物理基础设施损坏（P_{13}）
		物理安全威胁（P_{14}）
		第三方服务失败（P_{15}）

（2）构建准则层和指标层的判断矩阵

构建准则层和指标层的判断矩阵：对准则层中的每个准则进行成对比较，确定它们相较于目标的重要性；对指标层中的每个指标进行成对比较，确定它们和其准则的相对重要性。通常使用1-9标度法进行评分。

① 构造准则层成对比较矩阵

对准则层中的各元素两两比较，构造判断矩阵，确定它们相对于目标的相对重要性。采用Thomas L. Saaty教授提出的标度法，判断矩阵的比较标度见表4-3。

表4–3　判断矩阵的比较标度

准则	内容
1	同样重要两个因素比较，具有同样重要性
3	稍微重要两个因素比较，一个因素比另一个稍微重要
5	明显重要两个因素比较，一个因素比另一个明显重要
7	重要得多两个因素比较，一个因素比另一个重要得多
9	极端重要两个因素比较，一个因素比另一个极端重要

2、4、6、8为上述相邻判断的中间值。

设对于某一准则X，几个比较因素构成了一个两两判断矩阵：

$$A=\left(a_{ij}\right)_{n\times n}$$

式中 a_{ij} 为因素 A_i 与 A_j 相对于X的重要性的比例标度，且 a_{ij}=1。

组织专家对准则层和指标层的元素进行成对比较，并给出相对重要性的打分，形成成对比较矩阵（判别矩阵）。

判别矩阵的一般形式为：

$$A=\left[a_{ij}\right]_{n\times n}=\begin{bmatrix} a_{11} & a_{12} & \cdots & a_{1n} \\ a_{21} & a_{22} & \cdots & a_{2n} \\ \cdots & \cdots & \cdots & \cdots \\ a_{n1} & a_{n1} & \cdots & a_{nn} \end{bmatrix} a_{ij}=\frac{1}{a_{ji}},\ a_{ij}>0$$

式中：$a_{ij}=\dfrac{1}{a_{ji}}$，ij=1,2,3,4；$i\neq j$。

变量 a_{ij} 表示准则 i 相对于准则 j 的重要性评分。

准则层判断矩阵见表 4-4。

表 4–4 准则层判断矩阵

规则	C_1	C_2	C_3	C_4	C_5
C_1	1	a_{12}	a_{13}	a_{14}	a_{15}
C_2	$1/a_{21}$	1	a_{23}	a_{24}	a_{25}
C_3	$1/a_{31}$	$1/a_{32}$	1	a_{34}	a_{35}
C_4	$1/a_{41}$	$1/a_{42}$	$1/a_{43}$	1	$1/a_{45}$
C_5	$1/a_{51}$	$1/a_{52}$	$1/a_{53}$	$1/a_{54}$	1

a_{ij} 表示准则 i 和准则 j 的重要性评分。

在矩阵中，a_{ij} 表示准则 i 相对于准则 j 的相对重要性评分，且 a_{ij} 的取值范围是 1 到 9，或者使用其倒数表示相对次要性。当两个准则同等重要时，$a_{ij}=a_{ji}=1$

例如，如果认为数据管理风险（C_1）相对于数据流通风险（C_2）是稍微重要的，可以给 a_{12} 赋值为 3，这意味着 a_{21} 是 1/3。

② 构造指标层成对比较矩阵

类似的，构建每个准则层的指标判断矩阵，对指标层中各元素成对比较，构造判断矩阵，确定它们和准则的相对重要性。

准则层 C_1：数据管理风险指标判断矩阵见表 4-5。

表 4–5 数据管理风险指标判断矩阵

指标	P_1（数据不可访问）	P_2（数据描述不当）	P_3（数据治理策略缺乏）
P_1	1	b_{12}	b_{13}
P_2	$1/b_{12}$	1	b_{23}
P_3	$1/b_{13}$	$1/b_{23}$	1

准则层 C_2：数据流通风险见表 4-6。

表 4-6　数据流通风险

指标	P_4（系统不兼容）	P_5（法律和合规风险）	P_6（应用需求）
P_4	1	b_{45}	b_{46}
P_5	$1/b_{45}$	1	B_{56}
P_6	$1/b_{46}$	$1/b_{56}$	1

准则层 C_3：增值开发风险见表 4-7。

表 4-7　增值开发风险

指标	P_7（数据开发水平）	P_8（技术过时风险）	P_9（数据创新能力）
P_7	1	b_{78}	b_{79}
P_8	$1/b_{78}$	1	b_{89}
P_9	$1/b_{79}$	$1/b_{89}$	1

准则层 C_4：数据安全风险见表 4-8。

表 4-8　数据安全风险

指标	P_{10}（软件漏洞）	P_{11}（数据损坏）	P_{12}（网络安全）
P_{10}	1	b_{1011}	b_{1012}
P_{11}	$1/b_{1011}$	1	b_{1112}
P_{12}	$1/b_{1012}$	$1/b_{1112}$	1

准则层 C5：环境风险见表 4-9。

表 4-9　环境风险

指标	P_{13}（物理基础设施损坏）	P_{14}（物理安全威胁）	P_{15}（第三方服务失败）
P_{13}	1	b_{1314}	b_{1315}
P_{14}	$1/b_{1413}$	1	b_{1415}
P_{15}	$1/b_{1513}$	$1/b_{1514}$	1

（3）计算各层中因素的权重（权向量）并进行一致性检验

以准则层判断矩阵 $\boldsymbol{A}$ 为例计算权向量及一致性检验。

- 准则层判断矩阵 $\boldsymbol{A}$，将 $\boldsymbol{A}$ 对应于最大特征根 $\lambda_{\max}$ 的特征向量作为权向量 $\boldsymbol{w}$，即求 $\boldsymbol{A}\boldsymbol{w}_C=\lambda \boldsymbol{w}_C$ 的最大特征对应的特征向量。准则层判断矩阵 $\boldsymbol{A}$，可使用线性代数软件或计算工具求得矩阵 $\boldsymbol{A}$ 的最大特征值 $\lambda_{\max}$ 和相应的特征向量 $\boldsymbol{w}_C$。

$$\text{特征值方程式：}\det(\boldsymbol{A}_C-\lambda \boldsymbol{I})=0$$

计算最大特征值 $\lambda_{\max}$：$\lambda_{\max}=\frac{1}{n}\sum_{i=1}^{n}\frac{\boldsymbol{A}\boldsymbol{W}_i}{\boldsymbol{w}_i}$

- 计算权重向量

设（$\boldsymbol{w}=[w_1,w_2,w_3,w_4]^{\mathrm{T}}$）为归一化的权重向量。权重向量 $\boldsymbol{w}$ 计算公式如下。

$$\boldsymbol{w}=\frac{\boldsymbol{w}_C}{\sum_{i=1}^{n}\boldsymbol{w}_{C_i}}$$

其中，$\boldsymbol{w}_C$ 是 $\lambda_{\max}$ 对应的特征向量，n 是矩阵的阶数。

- 一致性检验

计算一致性比率（CR）以检验判断矩阵的一致性。

计算一致性指标（CI）公式如下。

$$CI=\frac{\lambda_{\max}-n}{n-1}$$

CI 越大，不一致越严重；准则层一致性指标：$CI_C=\frac{\lambda_{\max,C}-4}{4-1}$；

计算一致性比率（CR）公式如下。

$$CR=\frac{CI}{RI}$$

其中，RI 是平均随机一致性指标，根据判断矩阵的阶数 n 查表得到。平均随机一致性指标取值见表 4-10。

表 4-10 平均随机一致性指标取值

阶数（n）	1	2	3	4	5	6	7	8	9	10
RI	0	0	0.58	0.9	1.12	1.24	1.32	1.41	1.45	1.49

准则层一致性指标：$CR_C=\frac{CI_C}{RI_C}$；当 $CR<0.1$ 时，通过一致性检验。

- 计算指标层权向量和一致性检验。过程和准则层类似，不再赘述。
- 合成总排序。

在计算出各级指标的重要性之后，沿层级结构逐步求出各级指标在目标总体中的综合权向量 $\boldsymbol{w}_{\text{total}}$，以及价值实现风险系数 r。

成本法的原理是根据产生数据资产所需花费的成本进行评价，在此基础上扣除各种贬值因素，并考虑数据资产的预期使用溢价，加入数据质量、数据基数、数据流通，以及数据价值实现风险等数据资产价值影响因素进行修正，从而估算出标的数据资产的价值。

4.3 基于市场法的数据资产价值评估

市场法主要通过比较目标数据资产与近期市场上类似数据资产的差异，并依据替代原则可参考类似数据资产的交易价格进行修正调整，从而得出评估对象在评估基准日的价值。

4.3.1　市场法的适用范围

市场法适用于有成熟的市场、交易比较活跃的数据资产评估。一般而言，使用市场法必须满足两个前提条件：一是需要有一个充分发育的、活跃的、公平的资产交易市场；二是被评估数据资产市场参照物及其相比较的指标、技术参数等资料是可以被搜集到的。

而在下列情况下，市场法往往难以适用：一是没有发生数据资产交易或在数据资产交易发生较少的地区；二是某些类型很少见的数据资产或交易实例较少的数据资产。

数据资产价值评估的市场法模型的结果计算简单、说服力强，随着大数据交易场所的建立，市场法的应用条件将趋于成熟。

4.3.2　市场法的计算公式

用市场法评估数据资产价格的基本计算公式如下所示。

$$V = V_i \cdot X_1 \cdot X_2 \cdot X_3 \cdot X_4 \cdot X_5$$

式中：

V——数据资产价值；

V_i——第 i 个可比数据资产的交易价格；

X_1——表示技术修正系数；

X_2——表示价值密度修正系数；

X_3——表示期日修正系数；

X_4——容量修正系数；

X_5——其他修正系数。

4.3.3　市场法的评估程序

1. 对评估对象进行勘查，获取评估对象的基本资料

使用市场法进行数据资产评估业务时，在充分了解被评估数据资产的情况后，需要搜集类似数据资产交易案例相关信息，包括交易价格、交易时间、交易条件等信息，并从中选取可对比的案例。

2. 进行市场调查，选取市场参照物

主要以同类数据资产在二手市场交易记录中的价格来确定可比案例成交价格。为了减少主观因素产生的误差，所选择的参照物应尽可能与评估对象相似。通常来说，选取的可比案例数量在 3 个或 3 个以上。

3. 确定适当的比较因素，进行差异调整

（1）比较因素分析

对于类似数据资产，可以从相近数据类型和相近数据用途两个方面获取。目前比较常见的数据类型包括用户关系数据、基于用户关系产生的社交数据、交易数据、信用数据、移动数据、用户搜索表征的需求数据等。目前比较常见的数据用途包括精准化营销、产品销售预测和需求管理、客户关系管理、风险管控等。

（2）对可比案例进行差异修正

根据数据资产特性对交易信息进行必要的调整，调整参数一般可以包括技术修正系数、期日修正系数、容量修正系数、价值密度修正系数、其他修正系数。

① **技术修正系数**：技术修正系数主要考虑技术因素带来的数据资产价值差异，通常包括数据获取、数据存储、数据加工、数据挖掘、数据保护、数据共享等因素。

② **期日修正系数**：期日修正系数主要考虑评估基准日与可比案例交易日期的不同带来的数据资产价值差异。一般来说，离评估基准日越近，越能反映相近商业环境下的成交价，其价值差异越小。期日修正系数的基本公式为：期日修正系数 = 评估基准日价格指数 / 可比案例交易日价格指数。

③ **容量修正系数**：容量修正系数主要考虑不同数据容量带来的数据资产价值差异，其基本逻辑为：一般情况下，价值密度越接近，容量越大，数据资产总价值越高。容量修正系数的基本公式为：容量修正系数 = 评估对象的容量 / 可比案例的容量。

④ **价值密度修正系数**：当评估对象和可比案例的价值密度相同或相近时，一般只需要考虑数据容量对资产价值的影响；当评估对象和可比案例的价值密度差异较大时，除了需要考虑数据容量，还需要考虑价值密度对资产价值的影响。

价值密度修正系数主要考虑有效数据占总体数据比例不同带来的数据资产价值差异。价值密度用单位数据的价值来衡量，价值密度修正系数的逻辑为有效数据（指在总体数据中对整体价值有贡献的数据）占总体数据量比重越大，则数据资产总价值越高。如果一项数据资产可以进一步拆分为多项子数据资产，由于每一项子数据资产可能具有不同的价值密度，那么总体的价值密度应当考虑每个子数据资产的价值密度。

⑤ **其他修正系数**：其他修正系数主要考虑在数据资产评估实务中，根据数据资产的具体情况和影响数据资产价值差异的其他因素（例如，市场供需状况差异），选择修正系数。

（3）计算评估值

在以上参数的基础上，求出参照物价格，并综合各参照物价格求出最终数据资产评估价格。下面将通过一个案例阐述应用市场法对某公司数据资产进行评估的过程和步骤。

① 评估人员首先对被评估对象进行鉴定，基本情况如下。

案例 A 涉及一家领先的电子商务公司，该公司希望评估其用户交易数据资产的市场价值。这些数据资产包括用户的购买历史、浏览行为、用户个人信息和反馈数据。

- **数据类型**：用户交易数据，包括购买记录和浏览历史。
- **数据容量**：数据集包含 5000 万条记录，存储容量为 2TB。
- **数据质量**：数据准确、完整，定期进行清洗和更新。
- **数据来源**：第一方数据，由公司网站和移动应用收集。
- **使用限制**：遵守数据保护法规，限制数据共享和再销售。

② 评估人员对市场进行调研，搜集了市场上 5 个类似数据资产的交易案例，筛选出 3 个与被评估对象较为接近的市场参照物，见表 4-11。

表 4-11　3 个市场参照物

因素名称	评估对象	参照物 1	参照物 2	参照物 3
数据类型	用户交易数据	用户交易数据	用户交易数据	用户交易数据
数据容量（记录数）	5000 万条	4500 万条	6000 万条	5500 万条
数据时效性	最近 12 个月	最近 18 个月	最近 12 个月	最近 15 个月
数据覆盖度	全国范围	全国范围	全国范围	全国范围
数据质量（准确性、完整性）	高（定期清洗）	中（偶尔清洗）	高（定期清洗）	中高（定期清洗）
数据用途	市场分析、个性化推荐	市场分析	用户行为研究	风险评估
数据稀缺性	稀缺（包含用户反馈）	一般	稀缺	一般
技术平台	云存储、大数据技术	本地服务器	云存储	混合云
数据共享与传输协议	严格限制	较宽松	严格限制	较宽松
交易日期	2024 年 8 月	2024 年 8 月	2024 年 8 月	2024 年 8 月
交易价格 / 元	—	100000	120000	115000

③ 差异调整

技术修正系数（X_1）

参照物 1：使用本地服务器，技术相对落后，调整 -5%。

参照物 2：使用云存储，技术与案例 A 相当，不进行调整。

参照物 3：使用混合云，技术相对落后，调整 -3%。

价值密度修正系数（X_2）

参照物 1：数据中用户反馈较少，价值密度较低，调整 -2%。

参照物 2：数据稀缺，价值密度与案例 A 相当，不进行调整。

参照物3：数据中用户反馈一般，价值密度较低，调整-1%。

期日修正系数（X_3）

参照物A、B、C的交易时间接近，无须调整。

容量修正系数（X_4）

根据数据容量与案例A的差值来调整，实验修正调整比率计算过程见表4-12。

参照物1：数据容量少于案例A，调整+11%。

参照物2：数据容量多于案例A，调整-16%。

参照物3：数据容量略少于案例A，调整-9%。

表4-12 实验修正调整比率计算过程

参照物	调整比例
1	[(5000-4500)/4500]×100%≈11%
2	[(5000-6000)/6000]×100%≈-16%
3	[(5000-5500)/5500]×100%≈-9%

其他修正系数（X_5）

参照物1：市场需求较低，调整-4%。

参照物2：市场需求与案例A相当，不进行调整。

参照物3：市场需求一般，调整-2%。

④ 计算评估值

计算评估值见表4-13。

表4-13 计算评估值

参照物	技术修正系数（X_1）	价值密度修正系数（X_2）	期日修正系数（X_3）	容量修正系数（X_4）	其他修正系数（X_5）	调整比例	原始交易价格（元）	调整后价格（元）
1	-5%	-2%	0	-11%	-4%	11%	100000	82542
2	0	0	0	16%	0	-16%	120000	139200
3	-3%	-1%	0	-9%	-2%	-9%	115000	102514

评估值计算：$V=(82542+139200+102514)/3\approx 108085$（元）

4.4 基于收益法的数据资产价值评估

收益法作为一种评估方法，适用于能够直接或间接产生收益的数据资产。收益法通过对数据资产投入使用后的预期收益能力进行评价，并考虑资金的时间价值，将未来各期收益进行加总，从而估算出标的数据资产的价值。

4.4.1 收益法的适用范围

收益法的适用性取决于数据资产是否能够产生稳定的现金流或经济收益，需要满足以下前提条件。一是被评估数据资产未来预期收益可以预测并可用货币衡量；二是数据资产实际控制者（或持有人）为获得预期收益所承担的风险可以预测并可用货币衡量；三是被评估数据资产的预期获利年限可以预测。

4.4.2 收益法的计算公式

收益法的核心是通过计算数据资产未来收益的现值来确定其价值，基本模型如下所示。

$$V=\sum_{t=1}^{n}\frac{R_t}{(1+r)^t}$$

其中：

V——被评估数据资产价值。

r——折现率或资本化率。可以通过分析评估基准日的利率、投资回报率，以及数据资产权利实施过程中的技术、经营、市场、资金等因素确定。数据资产折现率可以采用无风险报酬率加风险报酬率的方式确定。数据资产折现率与预期收益的口径保持一致。

n——被评估数据资产的预期剩余经济寿命期；使用收益法执行数据资产评估业务时，需要综合考虑法律保护期限、相关合同约定期限、数据资产的产生时间、数据资产的更新时间、数据资产的时效性，以及数据资产的权利状况等因素确定收益期限。收益期限不得超出产品或者服务的合理收益期。

R_t——被评估数据资产第 t 年的预期收益额。

t——时间（年）。

4.4.3 收益法的评估程序

确定收益期限：基于数据资产的预期使用寿命或相关合同期限确定未来收益预测的时间范围。

预测未来收益：对数据资产在预测期间内每一年的预期收益进行估算。

确定折现率：基于数据资产的风险特性和市场条件选择或计算适当的折现率。

计算每年收益的现值：将每年的预期收益折现到当前时点，得到各年收益的现值。

汇总现值：将所有年份的收益现值相加，得出数据资产的总评估价值。

下面将通过一个案例阐述应用收益法对某公司数据资产进行评估的过程和步骤。

某在线教育平台（以下简称为“平台 A”）积累了大量用户学习行为数据。这些数据资产通过提供个性化推荐服务，有效提升了用户体验和课程购买转化率，从而为平台带来了额外的课程销售收入。

① 评估人员首先对被评估对象进行分析，基本情况如下。

数据类型：用户学习行为数据。

数据规模：包含过去 3 年共 500 万用户的学习记录。

数据质量：数据准确、完整，定期更新。

数据应用：用于个性化推荐服务，提高课程销售收入。

② 收益预测

基于平台 A 过去 3 年的财务数据和市场趋势分析，预测未来 5 年由数据资产带来的收益。假设过去 3 年的平均年收益为 100 万元，预计未来 5 年的年收益增长率分别为 5%、6%、7%、8%、9%。

③ 折现率确定

考虑到在线教育行业的平均回报率及数据资产的特定风险，确定折现率为 10%。

④ 现值计算

使用收益法基本公式计算每年收益的现值。公式如下。

$$PV = \frac{R_t}{(1+r)^t}$$

其中：

PV——现值；

R_t——第 t 年的预期收益；

r——折现率；

t——时间（年）。

预期收益和现值计算结果见表 4-14。

表 4-14　预期收益和现值计算结果

年份	第 1 年	第 2 年	第 3 年	第 4 年	第 5 年
预期收益增长率	5%	6%	7%	8%	9%
预期收益 / 万元	105	111.3	118.81	128.17	139.35
现值系数 / $(Hr)^t$	0.9091	0.8264	0.7513	0.683	0.6209
现值 / 万元	95.45	91.76	89.22	87.63	86.58

⑤ 评估结果

将上述计算得到的现值汇总，得出数据资产的评估价值。

$V = 95.45 + 87.08 + 80.04 + 73.96 + 68.71 = 405.24$（万元）

4.5 基于多期超额收益法的数据资产价值评估

多期超额收益法适用于互联网企业等新兴行业的数据资产价值评估，该方法通过分析和预测归属于目标资产的各期预期超额收益，并将其折现到评估基准日，最终计算出该资产的价值。

4.5.1 多期超额收益法的思路与计算公式

超额收益法最早由美国评估基金会提出，认为企业整体收益是由内部各单项资产共同作用而创造的，因此单项资产的超额收益应基于企业整体收益来计算。超额收益法评估思路是先测算企业整体收益，然后从企业整体收益中减去被评估资产以外的其他资产的贡献值，得到被评估资产的超额收益，最后采用合适的收益率对被评估资产的超额收益进行折现，得到单项资产价值。因此，当评估数据资产时，多期超额收益法的总体思路如下。首先通过企业的财务报表计算出企业现金流量。然后，将各个资产对应部分的收益扣减，得到数据资产产生的现金流量数值。最后将这些数值折现，得到评估基准日数据资产的价值。计算公式如下。

$$V=\sum_{t=1}^{n}\left(E-E_{f}-E_{c}-E_{i}\right)\times\left(1+i\right)^{-t}$$

其中：

V——待估数据资产的价值；

E——自由现金流；

E_{f}——固定资产的贡献值；

E_{c}——流动资产的贡献值；

E_{i}——除数据资产外其他无形资产的贡献值（包括表内无形资产贡献值和表外其他无形资产贡献值）；

i——折现率；

n——收益期限。

4.5.2 具体参数评估

数据资产贡献值见表 4-15。

表 4-15 数据资产贡献值

要素	描述	计算公式
自由现金流	企业在维持持续运营能力后剩余的现金流量	自由现金流量 = 营业收入 – 营业成本 – 各项期间费用 – 所得税费用 + 折旧及摊销 – 资本性支出 – 营运资本增加

续表

要素	描述	计算公式
固定资产贡献额预测	固定资产的贡献额是其投资回报额与补偿回报额之和	固定资产的贡献值 = 固定资产平均余额 × 投资回报率 + 折旧金额；投资回报率采用中国人民银行 5 年期的贷款利率
流动资产贡献额预测	流动资产指一个经营周期之内会被经营者收回的资产	以流动资产的投资回报额作为流动资产贡献值进行计量；流动资产的贡献值 = 流动资产平均余额 × 流动资产回报率；使用中央银行贷款利率计算
表内无形资产贡献额预测	在表内可确指的无形资产的摊销补偿和投资回报相加得到其贡献额	投资回报率采用中国人民银行 5 年期的贷款利率计算。其他无形资产贡献值 = 无形资产摊销补偿 + 无形资产投资回报 + 应付职工薪酬 × 人才贡献率
表外无形资产贡献额预测	例如商誉、劳动力资源等表外无形资产	组合劳动力的贡献值 = 劳动力年投入额 × 劳动力贡献率；具体公式如下：其他无形资产贡献值 = 无形资产摊销补偿 + 无形资产投资回报 + 应付职工薪酬人才贡献率。将公司年度报表中的“职工薪金”作为劳动力资源年投入额，算出劳动力资源占营业收入的比重平均值
表外资产贡献额	表外资产对企业现金流的间接贡献	通常根据表外资产的特性和相关合同条款进行估算
数据资产贡献额	数据资产对企业现金流的净贡献	自由现金流减去上述所有其他资产的贡献额

4.5.3 多期超额收益法的评估步骤

1. 评估基准日与收益期限的确定

在进行数据资产评估时，首先需要明确评估的基准日期，同时，界定数据资产的预期收益期限，即资产预期为企业带来经济利益的持续时间。确定数据资产的收益期限时，应深入考虑资产的独特性质和类别，以及其所处的发展阶段。与有形资产不同，数据资产的价值强烈依赖于其时效性，且往往不具备永久收益的能力。因此，确定数据资产预期收益期限是评估过程中不可忽视的关键因素。企业也需要定期更新和维护数据集，确保数据的时效性、准确性和完整性，以维持数据资产的价值。

2. 预测企业自由现金流（Free Cash Flow，FCF）

基于历史数据和市场趋势，预测企业未来各期的自由现金流。

FCF=营业收入−营业成本−营业税金及附加−销售费用−管理费用

−财务费用−资本性支出+固定资产折旧+无形资产摊销

3. 计算其他资产的贡献

分别计算固定资产、流动资产和其他无形资产对现金流的贡献。

① 计算固定资产贡献值（CF_f）：根据固定资产平均余额、投资回报率和折旧金额来计算其贡献值。

CF_f=固定资产平均余额×投资回报率+折旧金额

② 计算流动资产贡献值（CF_c）：预测流动资产平均余额和流动资产回报率，并计算其贡献值。

CF_c=流动资产平均余额×流动资产回报率

③ 计算无形资产贡献值（CF_i）：预测表内无形资产的平均余额、摊销和投资回报率，并计算无形资产的贡献值。

CF_i=无形资产平均余额×无形资产回报率

表外其他无形资产贡献值：主要考虑人力资本贡献值（CF_h），预测人力资本的投入和回报率，并计算其贡献值。

CF_h=人力资本投入×回报率

④ 计算超额收益：从企业整体收益中减去其他各项资产贡献值，得到数据资产的超额收益。

$$SE_t=\left(FCF_t-CF_{c_t}-CF_{ft}-CF_{it}-CF_{ht}\right)$$

⑤ 确定折现率：采用加权平均资本成本（Weighted Average Cost of Capital，WACC），作为未来现金流的折现率。

$$WACC=\frac{Ke\times E+Kd\times D}{E+D\times(1-T)}$$

其中，E 表示公司股权的市场价值；D 表示公司债务的市场价值；Kd 为债务资本成本；T 为所得税税率；Ke 表示股权成本，用资本资产定价模型（Capital Asset Pricing Model，CAPM）计算得出。

$$Ke=Rf+\beta\times(Rm-Rf)$$

其中，Rf 为无风险利率；Rm 为市场的预期回报率；$(Rm-Rf)$ 为市场风险溢价；β 为公司的贝塔系数。

⑥ 计算数据资产价值（V）

使用 $WACC$ 作为折现率，将未来每年的超额收益折现到当前价值，并求和得到数据资产的总价值。

$$V=\sum_{t=1}^{N}\frac{SE_t}{(1+WACC)^t}$$

4.5.4 多期超额收益法的案例分析

某教育科技有限公司B（以下简称“科技公司B”）是一家领先的在线教育服务提供商，

专注于为用户提供高质量的个性化学习体验。科技公司B拥有庞大的数据资产库，这些数据资产是其最宝贵的资源之一。这些数据包括但不限于用户的注册信息、学习行为日志、成绩记录、用户反馈及互动交流数据。这些信息以电子形式存储，不仅反映了用户的学习习惯和偏好，还记录了课程效果和市场反馈，为科技公司B提供了深度了解用户和持续优化服务的依据。科技公司B的数据资产管理严格遵循法律法规和行业标准，确保数据的安全性和隐私性。此外，科技公司B定期对数据资产进行更新和维护，以保证数据的时效性和准确性，从而维持数据资产的持续增值能力。

① 评估基准日与收益期限的确定

评估基准日：2024年3月1日。

收益期限：考虑到数据资产的时效性和更新频率，设定为5年。

② 预测企业FCF

自由现金流见表4-16。

表4-16 自由现金流

项目	2025年	2026年	2027年	2028年	2029年
营业收入/万元	8000	8500	9000	9500	10000
减：营业成本/万元	4000	4200	4400	4600	4800
营业税金及附加/万元	100	110	120	130	140
销售费用/万元	500	550	600	650	700
管理费用/万元	300	330	360	390	420
财务费用/万元	100	110	120	130	140
减：资本性支出/万元	1000	1100	1200	1300	1400
加：折旧和摊销/万元	800	860	920	980	1040
FCF预测/万元	2800	2960	3120	3280	3440

③ 计算其他资产的贡献

其他资产的贡献见表4-17。

表4-17 其他资产的贡献

贡献类别	2025年	2026年	2027年	2028年	2029年
固定资产贡献/万元	550	561	572	583	595
流动资产贡献/万元	120	128	136	144	152
无形资产贡献/万元	100	104	108	112	116

续表

贡献类别	2025 年	2026 年	2027 年	2028 年	2029 年
人力资本贡献 / 万元	80	85	90	95	100

④ 计算超额收益

超额收益见表 4-18。

表 4–18　超额收益

项目	2025 年	2026 年	2027 年	2028 年	2029 年
FCF 预测 / 万元	2800	2960	3120	3280	3440
固定资产贡献 / 万元	550	561	572	583	595
流动资产贡献 / 万元	120	128	136	144	152
无形资产贡献 / 万元	100	104	108	112	116
人力资本贡献 / 万元	80	85	90	95	100
超额收益 / 万元	1950	2082	2214	2346	2447

⑤ 确定 *WACC*

无风险利率 R_f= 2.5%；

市场预期回报率 = 7%；

债务资本成本 *kd* = 5 ；

公司 β 系数 = 1.2；

税率 *T*= 25%；

股权市场价值 *E*=5000 万元；

债务市场价值 *D*=2500 万元。

$$WACC = \frac{\left[0.025 + 1.2 \times \left(0.07 - 0.025\right)\right] \times 5000 + 0.05 \times 2500 \times \left(1 - 0.25\right)}{5000 + 2500} = 6.52\%$$

⑥ 计算数据资产价值（V）

数据资产价值见表 4-19。

表 4–19　数据资产价值

年份	2025 年	2026 年	2027 年	2028 年	2029
超额收益 / 万元	1950	2082	2214	2346	2477
折现后超额收益 / 万元	1831	1835	1832	1822	1806

2025—2029 年，累计折现后超额收益为 9126 万元。

根据上述计算，科技公司 B 的数据资产在评估基准日 2024 年 3 月 1 日的总评估价值为

9126万元。

4.6 基于层次分析法的改进多期超额收益法

1. 总体思路

在传统的多期超额收益法中，利用企业现金流扣除营运资金、固定资产和无形资产等传统资产所产生的贡献，得到数据资产的贡献。多期超额收益模型如下。

$$E_d=\sum_{t=1}^{n}\left[\left(E-E_w-E_f-E_i\right)/\left(1+i\right)^t\right]$$

其中：

E_d——剩余组合无形资产贡献值；

E——企业总体自由现金流量值；

E_f——固定资产贡献值；

E_w——流动资产贡献值；

E_i——无形资产贡献值；

i——折现率；

t——收益期。

然而，这种方法可能不能充分剥离数据资产的收益，因为剩余收益可能包含其他未明确归属的资产或因素的贡献，这种不完全的剥离可能导致数据资产价值的评估出现偏差。为了提高评估的精确度，需要对表外资产的价值因素进行更细致的分析和剥离，以便真实地捕捉数据资产对企业现金流的实际贡献。

在本节中，我们将探讨如何应用AHP来确定表外资产价值因素的权重。通过对表外资产价值因素权重更深入地量化分析，提供一个更为精确的数据资产价值分成率评估框架。

该方法总体思路如下。首先，确定评估基准日，并结合企业实际情况确定数据资产对应的收益期。其次，对企业在收益期内的整体超额收益进行计算。其次，剥离表内其他资产所贡献的超额收益值，留下的就是包括数据资产所贡献的收益值在内的所有表外资产贡献值。最后，将其他表外资产贡献值剥离，得出数据资产价值。具体来说该方法运用层次分析法，将排除流动资产、固定资产、无形资产等表内资产的贡献值后的表外资产超额收益，结合企业情况，以及数据资产、商誉、表外资产、品牌价值等表外资产进行二次分配，确定表外资产价值因素的权重，最终得出较为准确、合理的数据资产价值。

2. 基于层次分析法的数据资产分成率确定方法与步骤

层次分析法，是指将一个复杂决策问题的目标作为一个系统，通过目标分解，进行定性和定量分析的决策方法。利用层次分析法确定表外资产价值因素权重的步骤如下。

（1）构建表外资产贡献评价指标体系

在表外资产贡献值的计算中，考虑到影响企业价值的其他表外资产指标，构建包括品牌价值、客户关系、企业文化、数据资产、技术壁垒、国资背景等因素的表外资产价值构成层次结构模型。表外资产价值构成层次结构模型见表 4-20。

表 4-20　表外资产价值构成层次结构模型

目标层（O）	指标层（C）	指标层（P）
表外资产价值构成因素	品牌价值（C_1）	宣传费用（P_1）
		社会影响力（P_2）
		信用等级（P_3）
	客户关系（C_2）	客户满意度（P_4）
		客户忠诚度（P_5）
		客户获取度（P_6）
	企业文化（C_3）	规章制度（P_7）
		公司凝聚力（P_8）
		员工满意度（P_9）
	数据资产（C_4）	数据质量（P_{10}）
		数据活跃性（P_{11}）
		数据多元性（P_{12}）
		数据规模性（P_{13}）
		数据关联性（P_{14}）
	技术壁垒（C_5）	技术领先度（P_{15}）
		技术保护（P_{16}）
		技术标准程度（P_{17}）
	国资背景（C_6）	国有背景（P_{18}）

（2）采用专家打分方法构造标度表，计算因素的权重

准则层判断矩阵见表 4-21，根据表 4-21 的构成因素，进行两两比较打分，每次打分都会构成比较矩阵的元素 a_{ij}，表示的是第 i 个指标对于第 j 个指标的比较结果，该矩阵称为“判断矩阵”。

表 4-21　准则层判断矩阵

元素	C_1	C_2	……	C_7
C_1	1	a_{12}	……	a_{14}

续表

元素	C_1	C_2	……	C_7
C_2	$1/a_{12}$	1	……	a_{24}
……	……	……	……	……
C_7	$1/a_{17}$	$1/a_{27}$	……	1

3. 构造指标层成对比较矩阵

类似的，构建每个准则层的指标判断矩阵，对指标层中各元素进行两两比较，构造判断矩阵，确定它们对于准则的相对重要性。准则层 C_1：品牌价值判断矩阵见表 4-22，准则层 C_2：客户关系见表 4-23，准则层 C_3：企业文化见表 4-24。

表 4-22　准则层 C_1：品牌价值判断矩阵

指标	宣传费用（P_1）	社会影响力（P_2）	信用等级（P_3）
P_1	1	b_{12}	b_{13}
P_2	$1/b_{12}$	1	b_{23}
P_3	$1/b_{13}$	$1/b_{23}$	1

表 4-23　准则层 C_2：客户关系

指标	客户满意度（P_4）	客户忠诚度（P_5）	客户获取度（P_6）
P_4	1	b_{45}	b_{46}
P_5	$1/b_{45}$	1	b_{56}
P_6	$1/b_{46}$	$1/b_{46}$	1

表 4-24　准则层 C_3：企业文化

指标	规章制度（P_7）	公司凝聚力（P_8）	员工满意度（P_9）
P_7	1	b_{78}	b_{79}
P_8	$1/b_{78}$	1	b_{89}
P_9	$1/ b_{79}$	$1/ b_{89}$	1

依次给出每一个准则层判别矩阵，AHP 评分标度见表 4-25。

表 4-25　AHP 评分标度

重要程度	含义
1	同等重要
3	稍微重要
5	明显重要

续表

重要程度	含义
7	强烈重要
9	极其重要
2, 4, 6, 8	上述相邻判断的中间值

4. 判断矩阵进行一致性检验

如果矩阵中的每个元素均大于 0 且满足 $a_{ij}=1/a_{ji}$，则矩阵为正互反矩阵，进而检验矩阵是否为一致性矩阵。具体检验步骤如下。

① 计算最大特征值 λ_{max}：$\lambda_{max}=\frac{1}{n}\sum_{i=1}^{n}\frac{AW_i}{W_i}$

② 计算一致性指标 CI：$CI=(\lambda_{max}(A)-n)/(n-1)$

当 CI=0 时，说明 A 一致；CI 的值越大，说明判断矩阵的不一致性程度越严重。

5. 层次总排序

对于所构造出的判断矩阵中的指标，计算得出各指标权重。在计算出各级指标的重要性程度之后，沿层级结构逐步求出各级指标在目标总体中的综合重要性，即进行层次总排序。最终可求得数据资产在表外资产中所占权重。

6. 计算数据资产价值

数据资产作为企业一项重要的表外资产，已经成为企业超额收益创造的重要驱动因素。根据多期超额收益法下分割法的计算路径，通过对企业超额收益的切割，将企业超额收益扣除流动资产贡献值、固定资产贡献值、表内无形资产贡献值后，再利用层次分析法对剩余表外资产进行分割，求得数据资产贡献值，即数据资产分成率。最终求得数据资产价值，公式如下。

$$V_d=\sum_{t=1}^{n}\left[\left(E-E_f-E_c-E_i\right)\times C/\left(1+i\right)^t\right]$$

其中：

V_d——数据资产价值；

E——企业的整体收益；

C——数据资产分成率；

E_f——企业固定资产的贡献值；

E_c——企业流动资产的贡献值；

E_i——企业表内无形资产的贡献值；

i——折现率；

n——企业数据资产的收益期。

 基于柯布—道格拉斯生产函数模型的数据资产价值评估方法

1. 柯布—道格拉斯生产函数

柯布—道格拉斯生产函数是一个广泛应用的经济模型，用于描述生产过程中投入与产出的关系，目前广泛使用的柯布—道格拉斯生产函数的模型如下。

$$Y = A \cdot K^{\alpha} \cdot L^{\beta}$$

其中：

Y——总产出；

A——与技术水平相关的常数；

K——资本；

L——劳动的投入；

α——资本对应的产出弹性系数；

β——劳动对应的产出弹性系数。

为便于计算，取对数形式的模型如下所示。

$$\ln Y = \ln A + \alpha \cdot \ln K + \beta \cdot \ln L$$

2. 柯布—道格拉斯生产函数评估数据资产分成率的适用性分析

柯布—道格拉斯生产函数是一个在经济领域广泛采用的模型，它基于新古典经济增长理论，将产出与多种投入要素联系起来，提供了一个分析生产效率和要素贡献的理论框架。该模型全面考虑了多种生产要素对产出的影响，将企业的产出与多种投入要素联系起来，不仅涵盖传统的资本和劳动要素，也纳入了在现代经济中至关重要的数据资产等无形资源要素。模型中的产出弹性系数，能够量化各要素对产出的相对重要性，从而为数据资产分成率的确定提供了一种直接的量化方法。

使用柯布—道格拉斯生产函数评估数据资产对公司主营业务收入的贡献的原因在于，该函数能够将企业运营中的各类要素资产与主营业务收入相关联，明确了各要素资产对收入的贡献度。数据资产，作为经由数据技术手段采集与处理后形成的各类信息资源及与之相关的资源，构成了一种新兴的关键要素资产。在企业运营中，数据资产发挥着核心作用，它能够提供丰富的价值信息，有助于增强企业的经济效益。基于此，将数据资产纳入柯布—道格拉斯模型作为关键投入要素，来衡量其对公司主营业务收入的贡献，具有合理性。

3. 基于柯布—道格拉斯生产函数的数据资产分成率计算方法

（1）模型设定：参照柯布—道格拉斯生产函数思路，确定基本模型形式如下所示。

$$Y = Ae^{rt} X_1^{a_1} X_2^{a_2} \cdots\cdots X_n^{a_n}$$

或以对数形式表示。

$$\ln(Y) = \ln(A) + rt + \sum_{i=1}^{n} a_i \ln(X_i)$$

其中：

Y——企业产出；

A——技术水平或全要素生产率；

X_i——不同的投入要素；

a_i——投入要素 i 对应的产出弹性系数。

（2）要素指标选取：以主营业务的收入来衡量产出，选取数据资产价值（Data Asset Value，DAV）、人力资源资产价值（Human Resource Value，HRV）、固定资产（Fixed Asset，FA）、管理费用（Administrative Expenses，AE）、主营业务成本（Prime Operating Cost，POC）、研发费用（Research and Experimental Development，RD）、信用评级（Credit Rating，CR）和国资背景（State-Owned Enterprise，SOE）作为柯布—道格拉斯生产函数的投入要素指标，分析各投入要素对于产出要素的贡献程度。要素选取的理由如下所述。

① DAV：数据资产是企业在数字时代的一种新型资产，在企业决策、客户洞察和市场预测等方面具有重要价值。因此，数据资产作为模型的一个创新要素，用以衡量其在企业产出中的新兴贡献。

② HRV：人力资源是企业最宝贵的资产之一，员工的知识、技能和经验对企业的创新能力、生产效率和服务质量有着决定性的影响，人力资源投入可作为模型的一个关键要素。

③ FA：固定资产包括企业为生产商品或提供劳务所持有的长期使用的资产，例如建筑物、机器设备等，这些资产为企业提供了必要的物质基础，是企业生产能力的重要组成部分。

④ AE：管理费用涵盖了企业管理层在组织、协调和监督企业日常运营中的支出，涉及企业管理层的运营成本，对产出效率有重要影响。

⑤ POC：主营业务成本直接关系到产品或服务的生产过程中的各种成本，包括原材料、直接人工等，是衡量企业生产效率和成本控制能力的重要指标，可以作为模型的一个关键投入要素。

⑥ RD：研发费用代表了企业对技术创新和产品开发的投资，是企业持续发展和保持竞争力的关键，持续的研发投入有助于企业开拓新技术、新产品和新市场，是关键影响要素。

⑦ CR：企业的信用评级是衡量其信用状况和偿债能力的重要指标，直接影响企业的融资成本和市场信誉。良好的信用评级可以降低融资成本，提高企业在市场上的竞争力。因此，信用评级是模型的一个关键要素。

⑧ SOE：国资背景反映了企业所有权结构和政策支持情况。国有企业或有国家有资本参与的企业可能享有政府支持和市场优势。因此，国资背景作为模型的一个特色要素，可

以体现其对企业产生的特殊影响。

(3)对传统柯布—道格拉斯生产函数进行扩展，纳入数据资产及其他现代生产要素，得到基于柯布—道格拉斯生产函数的数据资产分成率模型如下。

$$\ln(Y)=\ln(A)+\sum_{i=1}^{n}a_i\ln(X_i)$$

其中：

Y——企业产出；

A——技术水平或全要素生产率；

X_i——不同的投入要素；

a_i——投入要素，即对应的产出弹性系数。

(4)对数线性化：将模型对数化以满足线性回归分析的要求。

$$\ln(Y)=\ln(Y)+a_1\ln(\mathrm{HRV})+a_2\ln(\mathrm{DAV})+a_3\ln(\mathrm{FA})+a_4\ln(\mathrm{AE})+a_5\ln(\mathrm{POC})+a_6\ln(\mathrm{CR})+a_7\ln(\mathrm{RD})+a_8\ln(\mathrm{SOE})$$

(5)回归分析与数据资产分成率

通过回归分析得到各弹性系数 $a_1,a_2,\cdots\cdots,a_7$ 的估计值。数据资产分成率由 a_2 确定，即数据资产的产出弹性系数即为其贡献的分成率。

回归分析需要按照相关统计要求通过检验，以保证结果的科学性和准确性。

4. 数据资产分成率对数据资产价值评估的作用

得到企业整体价值之后，利用以上得到的数据资产分成率乘以企业整体价值，即可得到待评估数据资产的价值。数据资产价值估值公式如下。

数据资产价值=数据资产分成率×企业整体价值

第 5 章　数据资产风险评估

数据资产风险评估是一个关键过程，它涉及识别、分析和评估数据资产可能面临的各种风险，包括数据泄露、数据损坏、数据滥用、数据过时和非授权访问等。这一过程的目的在于确定数据资产的脆弱性，并评估这些风险对组织的潜在影响，从而确保数据资产的安全性、完整性和可用性。通过数据资产风险评估，组织能够制定有效的风险管理和缓解策略，以降低数据相关风险对业务运营和战略目标的负面影响，进而保护组织的重要信息资源，支持可持续的业务发展和合规性。此外，数据资产风险评估还有助于提高组织对数据价值的认识，优化数据资产的投资和管理决策。

5.1 数据资产风险识别

5.1.1 风险源分类

风险源分类是风险识别的关键步骤，它可以帮助组织系统地理解和分析可能威胁数据资产的因素。数据资产风险评估风险源指标体系见表 5-1。

表 5-1　数据资产风险评估风险源指标体系

一级指标	二级指标	三级指标	四级指标	备注
数据安全风险	软件漏洞	操作系统和应用程序漏洞	密码攻击漏洞	强化系统安全，使用最新的安全补丁和加密技术
		第三方库的安全漏洞	有漏洞的库	定期监控和更新第三方库，确保来源可靠
	数据损坏	数据丢失	意外删除	建立严格的数据删除审批流程和审计机制
		存储介质损坏	存储卡损坏	使用高质量的存储卡，限制物理损伤风险
	网络安全	网络钓鱼和心理操纵	假冒通信	提高员工安全意识，实施严格的电子邮件和链接验证策略

续表

一级指标	二级指标	三级指标	四级指标	备注
数据安全风险	网络安全	内部网络威胁	恶意内部人员	加强内部控制和监督，实现最小权限原则
数据质量风险	数据不完整性	数据丢失	数据库损坏	实施冗余存储解决方案，例如RAID[1]、备份和云存储
		数据不一致	同步问题	使用事务管理和冲突解决机制来保持数据一致性
数据管理风险	数据不可访问	数据不可访问性	数据中心故障	建立地理冗余的数据中心，采用灾难恢复计划
	数据描述不当	元数据不完整	缺失关键数据属性	强化元数据管理，确保数据的全面描述和可检索性
		数据理解偏差	数据解释不一致	提供统一的数据解释标准和指南
	数据治理策略缺乏	治理框架缺失	缺少明确的数据治理政策	建立和维护一个全面的治理框架，明确数据的角色、责任和流程
数据流通风险	系统不兼容	技术栈差异	不同系统使用不同技术栈导致兼容性问题	评估技术栈兼容性，考虑采用中间件或API网关进行系统集成
	法律和合规风险	非法数据处理	跨境数据传输违规	确保遵守国际数据保护法规，管理数据本地化和转移的风险
		监管遵从	不合规的数据处理活动	理解并应用相关数据保护法律法规
	应用需求	需求识别不足	需求收集不全面	建立全面的需求收集机制，确保所有利益相关者的需求被识别和记录
增值开发风险	市场风险	加密货币价格波动	加密资产价值归零	分散投资，使用金融衍生工具进行风险管理
		技术过时	数据资产的技术淘汰	跟踪区块链技术发展趋势，定期评估数据资产的技术兼容性
	数据中断对运营的影响	法律和合规风险	数据中断可能引发的法律和合规问题	确保数据中断管理符合法律法规要求
		收入损失	交易中断	设立应急支付系统，保证资金流动性
环境风险	自然灾害	物理基础设施损坏	洪水导致的数据中心损毁	采取防洪措施，建立紧急排水系统
		电力供应不稳定	供电中断	使用UPS[2]和备用发电机确保电力供应
	物理安全威胁	数据中心物理入侵	未授权访问	加强物理安全措施，例如生物识别门禁和“7×24”小时监控
	第三方服务失败	服务提供商经营问题	服务突然中断	选择信誉良好的云服务提供商并制订业务连续性计划

续表

一级指标	二级指标	三级指标	四级指标	备注
环境风险	第三方服务失败	供应链攻击	第三方组件中的安全漏洞	审查第三方供应商的安全措施，定期进行安全评估

注：1. RAID（Redundant Arrays of Independent Disks，独立磁盘冗余阵列）
2. UPS（Uninterrupted Power Supply，不间断电源）

表 5-1 涵盖了数据安全风险、数据质量风险、数据管理风险、数据流通风险、增值开发风险和环境风险六大类别，这个指标体系专为数据资产设计，可作为开发相关风险评估系统的输入参数，帮助系统更准确地识别和量化风险。这种结构化的风险指标体系有助于组织在制定风险管理策略时，能够有针对性地应对每一类特定风险。

5.1.2 风险识别方法

1. 数据审计

数据审计是一种关键的风险管理工具，它涉及定期审查数据访问日志，以便识别异常访问模式或未经授权的数据访问。通过分析数据访问和操作记录，安全团队可以发现异常行为，例如不合时宜的访问、不寻常的大量数据下载和来自不常用 IP 地址的访问。这种方法有助于及时发现内部和外部的安全威胁，从而采取相应的措施来保护数据资产。

2. 漏洞扫描

漏洞扫描是另一种重要的风险识别技术，它利用专业工具对数据库和应用程序进行系统化的检查，以发现并修复安全漏洞。这些工具能够自动检测已知的漏洞和配置错误，并提供详细的报告，以便 IT 部门能够迅速采取措施进行修复。定期进行漏洞扫描可以帮助组织保持其防御措施的最新状态，并降低被攻击的风险。

3. 风险评估问卷

风险评估问卷是一种主观但同样有效的风险识别方法。通过设计问卷，收集员工和管理层关于数据安全管理和潜在风险的看法，组织可以获取宝贵的第一手信息。这种方法可以帮助组织揭示在日常运营中可能被忽视的安全漏洞，同时也增强了员工对数据安全的意识。

4. 情景分析

情景分析是一种更为动态的风险识别方法，它涉及模拟不同的网络安全事件，并评估数据资产在这些情况下的脆弱性和风险水平。通过构建不同的攻击场景，例如分布式拒绝服务（Distributed Denial of Service，DDoS）攻击、数据泄露或内部人员滥用权限，安全团队可以测试组织的防御措施并识别潜在的弱点。这种方法有助于组织提前准备应对真实发生的安全事件。

5.1.3 风险识别工具和技术

为了有效地识别针对数据资产的风险，组织可以利用一系列先进的工具和技术。这些工具和技术能够帮助监测、分析并识别可能对数据资产造成威胁的异常行为和潜在漏洞。

1. 数据分析平台

数据分析平台（例如 Splunk 等），是监控和分析数据流动的强大工具。它们能够处理大量的日志数据，并使用高级的分析技术来识别异常数据访问行为。例如，通过监测异常的访问模式或异常的数据下载量，这些平台可以及时发出安全警报，帮助组织迅速响应潜在的数据泄露或其他安全事件。

2. 网络监控工具

网络监控工具（例如 Wireshark 和 SolarWinds 等），是捕获和分析网络流量的重要手段。它们能够提供详细的网络通信视图，帮助网络安全专家检测潜在的网络攻击，例如恶意软件传播、命令和控制流量，以及其他可疑活动。通过利用这些工具深入分析网络流量，组织能够及时发现并阻止数据资产被攻击。

3. 漏洞管理工具

漏洞管理工具（例如 Nessus 和 Qualys 等），是识别和评估 IT 环境中安全弱点的关键。这些工具定期扫描组织的系统和应用程序，来发现已知的安全漏洞和配置错误。通过自动扫描和报告，漏洞管理工具使 IT 安全团队能够快速了解他们所处的安全状况，并采取适当的措施来修复识别出的问题，从而减少被攻击的可能性。

4. 访问控制和身份验证系统

访问控制和身份验证系统是保护数据资产免受未授权访问的关键防线。这些系统确保只有经过授权的用户才能访问敏感数据，并且它们可以通过实施多因素认证、角色基础的访问控制和最小权限原则来减少内部和外部的数据泄漏风险。通过严格控制数据的访问权限，组织可以更好地保护其数据资产。

5.2 数据资产风险分析

5.2.1 风险分析方法论

风险分析是一个系统性的过程，可用于识别、评估、控制和监控组织面临的风险。在数据资产的背景下，这一过程尤为关键，因为数据是现代组织的核心资产。本节将详细介绍风险分析的基本步骤，并强调跨学科方法在全面评估数据资产风险中的重要性。

1. 风险识别

风险识别是风险分析的第一步，它涉及确定可能对组织的数据资产构成威胁的潜在风险。这些风险可能是内部的，例如员工错误或系统故障；也可能是外部的，例如网络攻击或自然灾害。风险识别的过程需要全面考虑组织的运营环境、技术架构和业务流程。

2. 风险评估

一旦识别出潜在风险，下一步就是评估这些风险的可能性和影响。这通常涉及财务分析、操作分析和 IT 安全分析。财务分析关注风险事件可能导致的经济损失，操作分析评估风险对组织日常运营的影响，而 IT 安全分析则专注于技术漏洞和数据泄露的风险。

3. 风险控制

风险控制是根据风险评估的结果制定相应的策略和措施来降低或消除风险。这可能包括实施新的安全措施、改进流程、培训员工或购买保险。风险控制的目标是将风险降低到组织可接受的水平。

4. 风险监控

风险监控是一个持续的过程，旨在关注已有风险的变化和新风险的出现。这需要定期审查组织的风险管理策略，并根据组织环境和外部环境的变化进行调整。

5.2.2 定性分析与定量分析

在风险分析领域，定性分析和定量分析是两种基本的方法，它们各自拥有独特的优势和局限性。这两种方法通常相互补充，共同为组织提供全面的风险评估。

1. 风险概率评估

定性分析在风险概率评估中发挥着重要作用。其不依赖于复杂的数学模型，因此可以更加灵活地应用于各种情况，尤其是当数据量不足或不确定性较高时。

（1）专家意见收集

在定性分析中，专家意见是评估风险概率的重要依据。通过组织焦点小组讨论或采用德尔菲法，可以从众多专家中收集到关于某个可能发生的特定风险的意见。这些专家通常具有与该风险相关的深厚知识和经验。焦点小组讨论允许专家们互动和交流，而德尔菲法则是一种匿名的、多轮的调查方法，旨在通过多轮反馈达成共识。

（2）历史数据分析

除专家意见外，历史事件数据也是定性评估风险概率的关键因素。通过分析过去发生的类似事件，可以识别出某种模式或趋势，从而预测未来风险事件的可能性。这种方法特别依赖于对历史数据的详细记录和分析，包括事件发生的频率、影响因素和后果等。

2. 风险影响评估

风险影响评估则关注如果实际发生风险，其对组织造成的负面影响的程度。这种评估同时考虑了直接影响（例如财务损失等）和间接影响（例如品牌声誉损害、客户信任下降等）。

（1）评估直接影响

直接影响通常可以通过历史数据和会计信息来量化。例如，可以通过分析过去的安全事件导致的财务损失来估计未来潜在事件的影响。这种方法的优势在于能够提供具体的数值，帮助决策者更清晰地理解风险的潜在成本。

（2）评估间接影响

间接影响的评估则更为复杂，因为它们往往涉及非财务因素，例如品牌声誉和客户信任。尽管这些因素难以直接量化，但可以通过市场调研、客户满意度调查等方式来间接评估它们的变化。例如，可以通过调查客户对数据泄露事件的反应来评估对品牌声誉的影响。

（3）量化指标的转化

为了在定量分析中使用，需要将这些影响转化为量化指标。这可以通过为不同的影响分配权重和分数来实现，例如，将财务损失以货币单位计分，将品牌声誉损害以市场份额的百分比变化计分。这样就可以实现在后续的定量分析中综合考虑各种因素的影响。

5.2.3 风险矩阵的应用

数据资产风险矩阵是一种用于评估和优先级排序风险的工具，它通常将风险的可能性（或频率）与风险的影响程度结合起来。不同风险源的影响情况和风险管理措施见表5-2。风险等级划分见表5-3。

表5-2 不同风险源的影响情况和风险管理措施

风险类别	风险源	影响程度	发生概率	风险评分	风险等级	风险管理措施
数据安全风险	软件漏洞（操作系统、应用程序）	高	中	9	高	强化系统安全，使用最新的安全补丁和加密技术
	第三方库和依赖漏洞	中	低	6	中	定期监控和更新第三方库，确保来源可靠
	数据损坏（数据丢失、存储介质损坏）	高	低	6	中	建立严格的数据删除审批流程和审计机制
网络安全风险	网络钓鱼和社交工程	中	中	6	中	提高员工安全意识，实施严格的电子邮件和链接验证策略
	内部网络威胁	高	低	4	低	加强内部控制和监督，实现最小权限原则
数据质量风险	数据不完整性	高	中	9	高	实施冗余存储解决方案，例如RAID、备份和云存储
	数据不一致	中	中	7	中	使用事务管理和冲突解决机制来保持数据一致性

续表

风险类别	风险源	影响程度	发生概率	风险评分	风险等级	风险管理措施
数据管理风险	数据不可访问	高	低	4	低	建立地理冗余的数据中心，采用灾难恢复计划
	数据描述不当	中	中	7	中	强化元数据管理，确保数据的全面描述和可检索性
	数据治理策略缺乏	高	低	5	中	建立和维护一个全面的治理框架，明确数据的角色、责任和流程
数据流通风险	系统不兼容	中	中	7	中	评估技术栈兼容性，考虑采用中间件或API 网关进行系统集成
法律和合规风险	非法数据处理	高	低	5	中	确保遵守国际数据保护法律法规，管理好数据本地化和转移的风险
	监管遵从	中	中	6	中	理解并应用相关数据保护法律法规
应用需求风险	需求识别不足	中	中	7	中	建立全面的需求收集机制，确保所有利益相关者的需求被识别和记录
增值开发风险	市场风险	高	低	4	低	分散投资，使用金融衍生工具进行风险管理
	技术过时	中	中	7	中	跟踪区块链技术发展趋势，定期评估数据资产的技术兼容性
数据中断风险	法律和合规风险	高	低	5	中	确保数据中断管理符合法律法规的要求
	收入损失	高	中	10	高	设立应急支付系统，保证资金的流动性
环境风险	自然灾害	高	低	5	中	采取防洪措施，建立紧急排水系统
	电力供应不稳定	中	中	7	中	使用不间断电源（UPS）和备用发电机确保电力供应
物理安全威胁	数据中心物理入侵	高	低	5	中	加强物理安全措施，例如生物识别门禁和“7×24”小时监控
第三方服务失败风险	服务提供商经营问题	中	中	7	中	选择信誉良好的云服务提供商并制订业务连续性计划
	供应链攻击	中	低	4	低	审查第三方供应商的安全措施，定期进行安全评估

1. 风险评分计算方法

风险评分 = 影响程度（1 ～ 10 分）× 发生概率（1 ～ 10 分）

2. 风险等级划分

① 低风险：风险评分 ≤ 4；

② 中风险：5 < 风险评分 ≤ 7；

③ 高风险：风险评分 > 7。

表 5-3　风险等级划分

风险分类	一级指标	二级指标	可能性（低 / 中 / 高）	影响程度（低 / 中 / 高）	风险级别
内部风险源	人为错误	数据输入错误、操作失误	中	高	高
	系统故障	硬件故障、软件故障、系统宕机	高	中	中
	内部网络攻击	内部人员恶意访问、内部数据泄露	低	高	高
	管理缺陷	安全政策缺失、监管不力	中	中	中
外部风险源	网络攻击	外部黑客攻击、恶意软件感染	高	高	高
	竞争对手恶意行为	商业间谍、市场破坏	中	中	中
	自然灾害	洪水、地震、台风等不可抗力因素	低	高	中
	供应商风险	供应链中断、服务不稳定	中	低	低

5.3 数据资产风险评价

5.3.1　风险评价标准

风险评价是组织风险管理框架的核心部分，专注于识别和评估数据资产可能面临的风险。这一过程不仅有助于预测和缓解潜在的负面事件，还能帮助单位制定更加强有力和有针对性的风险应对策略。针对数据资产的风险评价，需要特别关注以下标准。

1. 风险概率

通常基于历史数据分析、统计模型或专家意见，对特定风险事件发生的可能性进行评估。在数据资产的语境下，这可能涉及数据泄露、数据损坏或数据可用性问题的频率和可能性。例如，若一个单位在过去3年内发生过两次数据泄露事件，则根据历史数据，可推断其未来发生数据泄露的概率较高。

2. 风险影响

评估风险实现时对单位造成的潜在损失，包括但不限于财务损失、运营中断、声誉损害及客户信任的减少。在数据资产的情景中，还需要额外关注数据丢失或损坏对单位决策能力的影响，以及数据泄露对个人隐私和公司商业秘密的威胁。举例来说，假设一家零售公司开发了一个基于机器学习的客户购买行为预测模型，该模型能够根据历史销售数据、客户行为数据和市场趋势数据来预测未来的销售趋势。这个预测模型及其所依赖的数据构成了公司的重要数据资产。由于一次未预料到的系统升级故障，部分关键的历史销售数据被错误地覆盖和丢失了，造成一系列风险，从直接影响（例如预测准确性下降）到间接后果（例如市场份额下降和声誉损害）。

3. 风险容忍度

管理层根据企业文化、行业特点及组织的战略定位设定风险容忍度。对于依赖数据驱动决策的组织，数据完整性和可用性的容忍度可能设置得非常低。例如，一家金融机构可能对与客户交易数据相关的风险拥有极低的容忍度，因为数据的微小误差或延迟都可能造成重大的财务损失和客户的信任问题。

4. 合规要求

评估组织的数据处理和管理实践是否遵守相关的法律法规、行业标准和合同条款。随着《中华人民共和国数据安全法》等数据保护法律的实施，合规性成为企业评估数据资产风险时必须重视的关键因素。例如，违反该法律的企业可能会遭受巨额罚款，因此对于在中国运营的公司而言，确保数据处理活动符合国家法律法规是至关重要的。

5. 控制措施的有效性

评估现有的数据管理和技术安全措施在预防、检测和响应数据相关风险方面的效能。有效的控制措施包括数据加密、访问控制、备份和灾难恢复计划等。以数据备份为例，如果一个组织没有实施定期的数据备份计划，那么在发生系统故障或恶意软件攻击的情况下，可能会导致大量关键数据的永久丢失，从而对企业造成重大影响。

5.3.2 风险等级划分

在完成针对数据资产的风险评价之后，风险通常根据其潜在的影响和发生的概率被划分为不同的等级。这一过程对于指导组织制定有效的风险管理策略是至关重要的。通常情况下，风险被分为低、中和高 3 个等级。每个等级都与特定的管理策略相匹配，以确保资源的有效分配，同时最大限度地减少风险的潜在影响。

① 低风险：这类风险对组织的影响相对较小，并且发生的概率也较低。其可能包括非关键数据的临时不可用或轻微的数据不一致问题。对于这些风险，组织可能选择接受它们作为日常运营的一部分，或者实施相对简单的措施来管理它们，例如例行的数据清理和维护程序。

② 中风险：这些风险对组织有显著的影响，但其发生的概率处于中等水平。例如，关键数据的意外泄露或业务流程中的数据瓶颈可能被视为中风险。对于这类风险，组织需要采取更主动的措施来降低其影响，可能包括改进数据加密措施、优化数据处理流程或进行员工培训以增强数据安全的意识。

③ 高风险：高风险是指那些可能发生并对组织造成严重负面影响的风险。这包括但不限于大规模的数据泄露事件、关键业务系统的数据损坏或长时间的数据不可用。面对高风

险，组织需要立即采取行动来减轻或消除其威胁。这可能涉及全面的安全审计、紧急的数据恢复操作或根本性的系统重建。

通过这种方式对风险进行分类和优先级排序，组织能够确保将有限的资源集中用于最关键的风险点。这种策略不仅有助于提前防范潜在的问题，还使组织能够快速响应和适应不断变化的风险环境，从而保护其数据资产免受潜在威胁的侵害。

5.3.3 风险评价的挑战和策略

在进行数据资产的风险评价时，组织面临一系列挑战，这些挑战需要通过采取有效的策略来克服。

1. 挑战

① **数据质量和可用性**：高质量、可靠的数据是进行准确风险评估的基础。不幸的是，数据可能会受到多种原因影响而出现损坏、不完整或不准确的问题，例如错误的数据输入、过时的信息或数据丢失等。此外，对于新的风险因素，可能缺乏足够的历史数据来进行可靠的分析。

② **主观性和偏见**：风险评估往往依赖于专家的意见和经验判断。然而，个人的认知偏差和主观性可能使风险评估偏离客观现实。

③ **变化的环境和新兴风险**：随着技术的快速进步和市场环境的不断变化，新的风险源不断出现。这要求组织能够快速适应并对新兴风险进行有效评估。

④ **资源限制**：时间和预算的限制常常影响风险评估的深度和广度。在资源有限的情况下，进行全面的风险评估显得尤为困难。

2. 策略

① 组织可以实施数据管理最佳实践，包括数据清洗、验证和持续监控，以确保数据的质量和完整性。使用先进的数据分析工具和技术（例如机器学习和人工智能），可以提高数据分析的准确性和预测能力，即使在数据不完整的情况下也能提供洞察力。

② 为了减少主观性和偏见，组织应采用结构化和系统化的风险评估方法，结合跨职能团队的专业知识和视角。同时，使用定量方法和客观的数据分析可以帮助平衡主观判断，并提高评估的准确性。

③ 建立一个动态的风险评估框架，能够及时纳入新的风险因素和趋势。进行定期的环境扫描和趋势分析，以识别潜在的新兴风险。加强与行业内外的合作和信息共享，也有助于提前发现并应对新的风险。

④ 优先处理和评估那些对组织最关键和潜在风险最大的领域。利用技术和自动化工具来提高效率和降低成本，同时确保风险评估过程的质量不受影响。

5.4 数据资产风险评估模型

5.4.1 风险评估模型的构建

在构建数据资产风险评估模型的过程中，建立风险评级系统和开发预测未来风险发生的算法模型是两个关键步骤。这两个步骤不仅有助于识别和量化风险，也为制定有效的风险管理策略提供了必要的支持。

1. 建立风险评级系统

建立风险评级系统需要根据风险发生的概率和潜在影响对风险进行分类。建立风险评级系统通常包括以下3个步骤。

① **确定评级标准**：首先，需要确定用于评估风险概率和影响的标准。这可以通过分析历史数据、行业经验和组织的整体风险容忍度来完成。例如，风险影响可以根据对业务运营、财务状况和声誉损害的程度来评估。

② **分配风险等级**：基于确定的评级标准，将风险分为不同的等级。常见的做法是将风险分为3级：高风险、中风险、低风险（一般/轻微/建议）。高风险指的是那些可能对组织造成极端严重后果的风险，严重威胁组织生存或造成不可逆转的损害。中风险则可能对组织造成重大影响，尽管其后果不及高风险那样灾难性，也需要高度重视。低风险通常指对组织影响较小，可能只涉及非核心业务活动或提出的改进建议，这些建议本身不构成直接威胁但处理后可提升效率或预防未来风险。

③ **风险矩阵**：创建一个风险矩阵，将风险概率与风险影响相结合，以图形化的方式展示每种风险的评级。这有助于管理层快速理解各种风险的严重程度，并据此做出决策。

2. 开发预测未来风险发生的算法模型

为了主动应对未来的潜在风险，开发一套能够预测风险发生的算法模型是至关重要的。风险预测的关键步骤如图5-1所示。

这个过程涉及以下4个关键步骤。

① **选择适当的数据和变量**：根据历史数据和行业经验，选择与风险发生相关性高的数据和变量作为模型的输入。这可能包括技术缺陷、安全漏洞、操作错误等因素。

② **模型选型**：根据问题性质选择合适的算法。对于风险预测，常用的算法包括决策树、随机森林、逻辑回归、神经网络等。选择正确的算法对提高模型的准确性是至关重要的。

③ **模型训练测试**：使用历史数据集对选定的模型进行训练和测试。通过交叉验证和回溯测试来评估模型的预测能力，确保模型具有足够的泛化能力，并对未来的未知数据具有鲁棒性。

④ **模型优化与调整**：根据测试结果对模型进行优化和调整，以提高预测的准确性。这

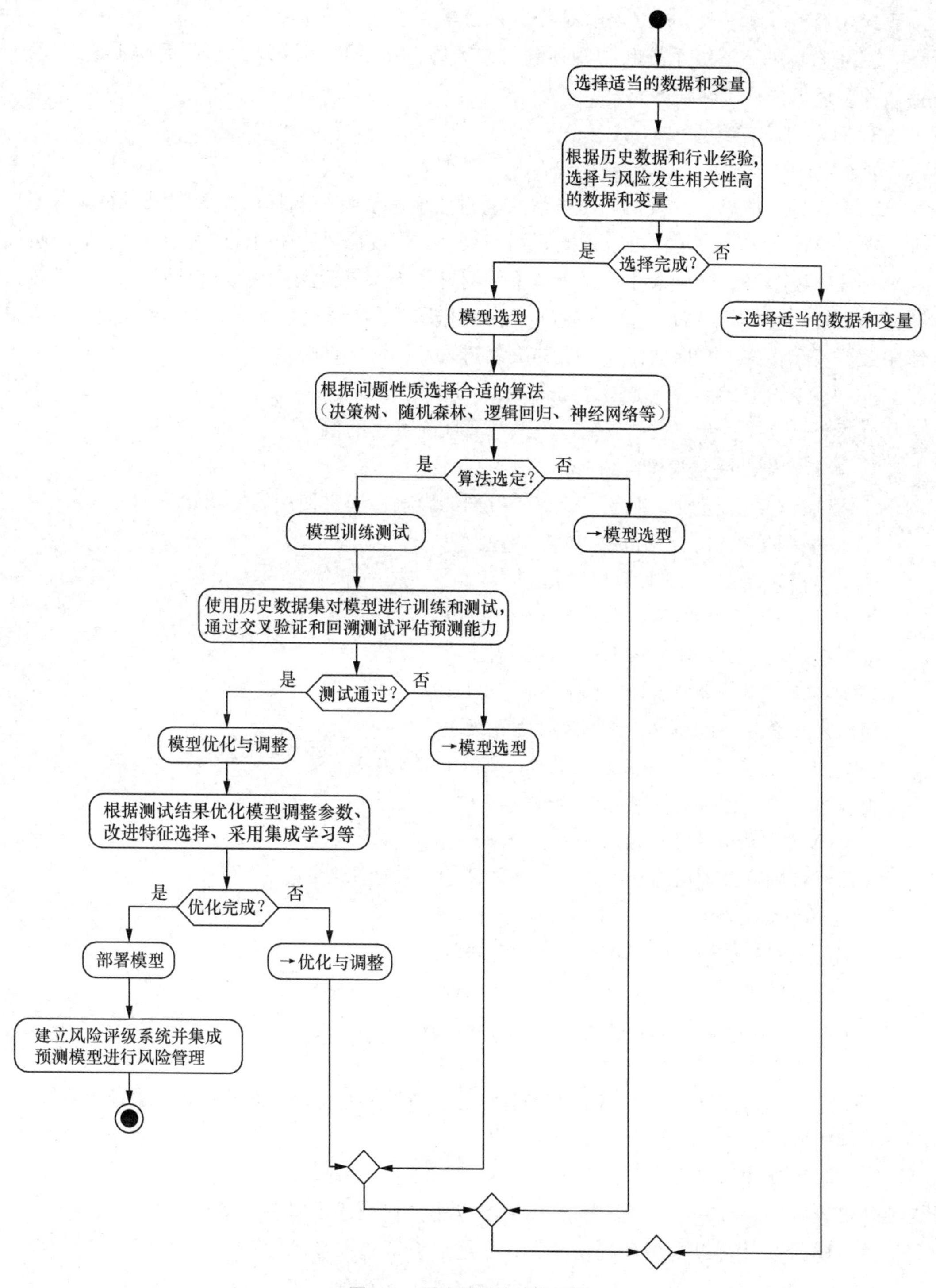

图5-1　风险预测的关键步骤

可能涉及调整模型参数、改进特征选择、采用集成学习方法等。

通过建立风险评级系统和开发预测未来风险发生的算法模型，能够更加系统地识别、评估和管理数据资产面临的风险。

3. 相关的算法模型

（1）决策树

决策树是一种流行的机器学习方法，通过创建基于特征选择的决策树来进行预测或分类。在风险评估中，决策树可以帮助识别导致高风险或低风险事件的关键因素路径。例如，一个决策树模型可能会显示在特定条件下（例如系统未更新且存在已知安全漏洞），数据被泄露的可能性会显著增加。它能够通过一系列逻辑判断来确定数据资产的风险等级。以下是使用数据资产相关风险指标作为参数的决策树风险评估计算的过程。

① 确定风险发生概率（Risk Probability，RP）

根据历史数据、专家意见或统计模型计算风险发生的概率。

② 确定风险影响程度（Risk Impact，RI）

评估风险对组织运营、财务、声誉等方面的影响，通常使用定性或定量的方法。

③ 计算风险值（Risk Value，RV）

使用公式 $RV=RP\times RI$ 计算风险值。

④ 确定风险容忍度（Risk Tolerance，RT）

根据组织的风险管理策略确定风险容忍度。

⑤ 计算风险优先级（Risk of Priority，RoP）

使用公式 $RoP = RT\times RV$ 计算风险优先级。

⑥ 评估合规要求（Compliance Requirements，CR）

根据法律法规和行业标准评估合规性要求。

⑦ 评估控制措施有效性（Control Effectiveness，CE）

评估现有风险管理措施的有效性，通常使用定性或定量的方法。

⑧ 计算控制措施评分（Compliance Score，CS）

使用公式 $CS=CE\times CS_{max}$ 计算控制措施评分。

⑨ 计算综合风险评分（Comprehensive Risk Score，CRS）

使用公式 $CRS =RP\times (1-CS)$ 计算综合风险评分。

⑩ 决策树节点判断

根据综合风险评分（CRS）和控制措施评分（CS）在决策树中进行判断，确定风险等级。决策树如图 5-2 所示。

（2）随机森林

随机森林是一种基于决策树的集成学习方法，它构建了多个决策树并对其预测结果进行汇总。随机森林可以提高预测精度，并通过对特征重要性的评估帮助识别最关键的风险因素。这种方法适用于处理大型数据集，并且能够处理非线性关系。在数据资产风险评估中，随机森林可以用来预测数据资产的风险等级。以下是使用数据资产相关风险指标作为参数的随机森林风险评估计算过程。

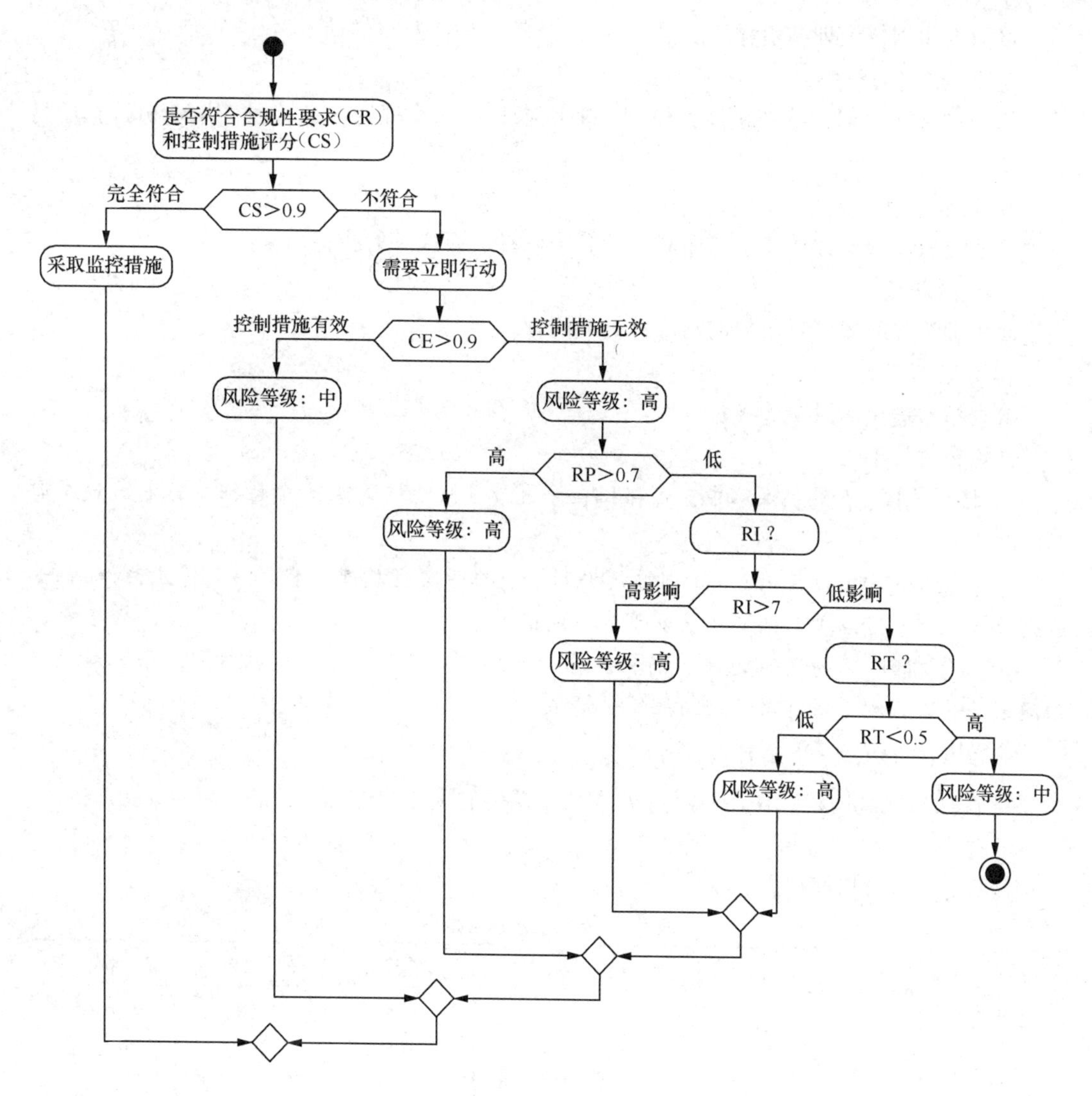

图5-2　决策树

① 数据准备

收集数据资产的风险数据，包括上述指标的历史数据。

② 特征选择

选择 RP、RI、RT、CR 和 CE 作为特征变量。

③ 数据预处理

对特征数据进行标准化或归一化处理。

④ 划分数据集

将数据集划分为训练集和测试集。

⑤ 训练随机森林模型

使用训练集数据训练随机森林模型。随机森林中的每棵树在训练时使用随机选择的特征子集。

⑥ 模型评估

使用测试集数据评估模型的性能，计算准确率、召回率等指标。

⑦ 风险评估

使用训练好的模型对新数据资产进行风险评估。

⑧ 结果解释

解释模型输出的风险等级。

计算公式如下。

① **特征选择**：在随机森林中，每棵树在分裂节点时随机选择 m 个特征，其中 m 通常取总特征数的平方根。

② **决策树构建**：每棵树 i 基于训练数据 D 和特征子集 A 构建，直到满足停止条件（例如达到最大深度或节点中的样本数量少于某个阈值）。

③ **投票机制**：在分类问题中，随机森林的最终预测是基于多数树的投票结果。对于回归问题，最终预测是所有树预测结果的平均值。

$$最终风险等级 = \frac{1}{n}\sum_{i=1}^{n} P_i$$

其中，n 是随机森林中树的数量；P_i 是第 i 棵树的预测结果。

示例：

数据资产风险指标见表 5-4。

表 5-4　数据资产风险指标

数据资产 ID	RP	RI	RT	CR	CE	风险等级
资产 _001	0.1	5	2	0.8	0.9	中等风险
资产 _002	0.3	7	3	0.6	0.7	高风险
……	……	……	……	……	……	……

以上表格展示了不同数据资产的风险评级信息，其中包括风险发生概率（RP）、风险影响程度（RI）、风险容忍度（RT）、合规要求（CR）和控制措施有效性（CE），最终得出一个总体的风险等级。这可以用在管理系统中对风险进行分类和评估，以便进一步分析和决策。

① 使用上述数据训练随机森林模型。

② 对新的数据资产进行风险评估。

新数据资产风险指标见表 5-5。

表 5-5　新数据资产风险指标

数据资产 ID	RP	RI	RT	CR	CE
资产 _003	0.2	6	2.5	0.7	0.8

③ 将新数据资产的特征输入随机森林模型，得到风险等级预测。

注意：在实际应用中，随机森林模型的构建和评估需要使用统计软件或编程语言中的机器学习库，例如 Python 的 scikit-learn 库。此外，模型的参数（例如树的数量、特征选择的数量等）可能需要通过交叉验证等方法进行调整以获得最佳性能。

（3）逻辑回归

逻辑回归是一种统计模型，用于分析一个或多个自变量与二元响应变量之间的关系。在风险评估中，逻辑回归可以用来估计某种风险发生的概率，例如根据历史数据评估数据被泄露的可能性。逻辑回归输出的是 0 和 1 之间的概率值，便于直接解释风险的水平，例如数据资产风险评估中的高风险与低风险分类。以下是使用数据资产相关风险指标作为参数计算逻辑回归风险评估的过程。

① 数据准备

收集数据资产的风险数据，包括上述指标的历史数据和风险等级标签。

② 特征选择

选择 RP、RI、RT、CR 和 CE 作为特征变量。

③ 数据预处理

对特征数据进行标准化或归一化处理。

④ 划分数据集

将数据集划分为训练集和测试集。

⑤ 训练逻辑回归模型

使用训练集数据训练逻辑回归模型。

⑥ 模型评估

使用测试集数据评估模型的性能，计算准确率、召回率等指标。

⑦ 风险评估

使用训练好的模型对新数据资产进行风险评估。

⑧ 结果解释

解释模型输出的风险概率，确定风险等级。

逻辑回归模型的目的是预测风险发生的概率，其概率函数如下。

$$P(Y=1|X)=\frac{1}{1+e^{-(\beta_0+\beta_1X_1+\beta_2X_2+\cdots+\beta_nX_n)}}$$

其中，

$P(Y=1|X)$ 是给定特征 X 时风险发生的概率；

$\beta_0, \beta_1, \cdots\cdots, \beta_n$ 是模型参数；

$X_1, X_2, \cdots\cdots, X_n$ 是特征变量。

模型参数 β 通过最大似然估计来计算，通常使用梯度下降或牛顿—拉弗森法。

（4）神经网络

近年来，神经网络尤其是深度学习技术在许多领域都取得了突破性进展。在数据资产风险评估中，神经网络可以处理大量的、复杂的、高维的数据，并识别出数据中的隐藏模式。例如，一个深度学习模型可能被训练来检测异常的网络流量模式，这可能表明了一个未授权的数据访问尝试。以下是使用数据资产相关风险指标作为参数的神经网络风险评估计算过程。

① 数据准备

收集数据资产的风险数据，包括上述指标的历史数据和风险等级标签。

② 特征选择

选择 RP、RI、RT、CR、CE、DS 和 DAF 作为特征变量。

③ 数据预处理

对特征数据进行标准化或归一化处理。

④ 划分数据集

将数据集划分为训练集、验证集和测试集。

⑤ 构建神经网络模型

设计神经网络的架构，包括输入层、隐藏层和输出层。

⑥ 训练神经网络模型

使用训练集数据训练模型，通过反向传播算法和梯度下降方法优化权重。

⑦ 模型验证

使用验证集数据调整模型参数，例如学习率、批量大小和迭代次数。

⑧ 模型评估

使用测试集数据评估模型的性能，计算准确率、召回率等指标。

⑨ 风险评估

使用训练好的模型对新数据资产进行风险评估。

⑩ 结果解释

解释模型输出的风险概率，确定风险等级。

神经网络模型通常由多个层组成，每个层的输出由以下公式计算。

$$z_i^{(l)} = \sum_j w_{ji}^{(l)} a^{(l-1)} + b_i^{(l)}$$

$$a_i^{(l)} = f\left(z_i^{(l)}\right)$$

其中，

$z_i^{(l)}$ 是第 l 层第 i 个神经元的加权和；

$w_{ji}^{(l)}$ 是连接第 l−1 层第 j 个神经元和第 l 层第 i 个神经元的权重；

$a^{(l-1)}$ 是第 l−1 层的激活输出；

$b_i^{(l)}$ 是第 l 层第 i 个神经元的偏置项；

f 是激活函数，如 Sigmoid、ReLU 或 Tanh。

最终的输出层激活函数通常使用 Sigmoid 函数，用于二元分类问题。

$$a_i^{(L)} = f\left(z_i^{(L)}\right)\frac{1}{1+e^{z_i^{(L)}}}$$

其中，$a_i^{(L)}$ 是输出层的激活输出；L 是最后一层。

5.4.2 风险评估模型的验证

在构建完成风险评估模型后，关键的一步是对其进行严格的验证。验证过程确保了模型的准确性和可靠性，是模型能否成功应用于实际风险管理中的前提。以下是风险评估模型验证的主要步骤。

1. 回溯测试

回溯测试是验证模型有效性的首要步骤。通过使用历史数据集，该测试比较模型的预测结果与实际发生的事件结果。例如，在金融领域，可以使用过去几年的市场数据来测试风险评估模型对市场波动的预测能力。模型的预测结果与历史实际结果的吻合程度为模型的准确性提供了直观的证据。差异分析则揭示了模型可能存在的偏差和不准确性的来源，为进一步调整提供了方向。

2. 交叉验证

交叉验证是一种强大的统计学方法，旨在评估模型的泛化能力。在这一过程中，数据集被分为多个部分，轮流使用其中一部分作为测试集，其余部分则用于训练模型。这种方法非常适用于数据集规模较大的情况，可以最大限度地利用可用数据进行模型训练和验证。通过交叉验证得到的模型性能指标，例如准确率、召回率等，通过模型在未知数据上的预期表现，来判断模型是否过拟合的重要依据。

3. 专家评审

专家评审引入了领域专业知识，增加了模型验证的深度。在这一阶段，相关领域的专家会对模型的逻辑结构、基本假设和预测结果进行详细审查。专家们根据自己的经验和对行业的理解，可能会提出对模型进行修改的建议或指出模型中存在的缺陷。这一步骤不仅有助于确保模型在统计上有效，而且使其在实际应用中也是合理和可行的。

4. 实时监控和动态调整

即使模型通过了上述所有的验证步骤，在实际应用中仍需要对其持续进行实时监控。模型的输入数据和外部环境可能会随时间发生变化，这要求模型能够适应新的条件。通过持续跟踪模型表现，可以及时发现模型性能下降的问题。同时，根据新收集到的数据和反馈，定期对模型进行细微调整，可以保持模型的最佳状态，确保其在面对未来风险时的预测能力。

通过这一系列严谨的验证步骤，风险评估模型不仅能在构建之初就保证一定的预测精度和可靠性，而且能在实际应用中持续提供有效的风险评估支持，为决策制定者提供坚实的数据支撑。

5.4.3 风险评估模型的应用案例

背景：一家金融服务公司希望评估其客户数据平台的风险，以降低潜在的数据泄露和安全威胁。假设公司已经收集了过去 5 年内的多起安全事件记录，包括事件类型（例如恶意软件攻击、内部人员滥用权限和外部黑客攻击）、事件严重性、发生频率，以及任何已知的影响。基于这些数据，公司决定使用逻辑回归模型来预测未来安全事件的概率，原因是操作简便和解释清晰。

假设已经收集了以下数据用于模型训练，事件类型见表 5-6。

表 5-6　事件类型

事件类型	事件严重性	发生频率	是否导致重大风险
恶意软件攻击	0.8	0.6	1
内部人员滥用权限	0.9	0.4	1
外部黑客攻击	0.7	0.5	0
系统故障	0.5	0.3	0
恶意软件攻击	0.6	0.7	0
内部人员滥用权限	0.8	0.2	1
外部黑客攻击	0.8	0.6	0
系统故障	0.4	0.1	0
恶意软件攻击	0.7	0.5	1
内部人员滥用权限	0.6	0.3	1

步骤 1：数据预处理

首先，将事件类型编码为数值。

- 恶意软件攻击：1。
- 内部人员滥用权限：2。
- 外部黑客攻击：3。
- 系统故障：4。

接下来，不需要对事件严重性和发生频率进行归一化，因为逻辑回归模型可以处理这种类型的数值输入。

步骤 2：模型训练

使用逻辑回归模型进行训练。假设已经得到了以下的模型参数。

- 截距（β_0）：−2.5。
- 事件类型（β_1）：[0.5, −1.0, 0.3, −0.8]。
- 事件严重性（β_2）：2.0。
- 发生频率（β_3）：1.5。

计算公式：

$$\ln\left(\frac{p}{1-p}\right)=-\left(2.5+0.5X_1-1.0X_2+0.3X_3-0.8X_4+2.0X_5+1.5X_6\right)$$

步骤 3：风险预测

假设有一个新的安全事件记录。

- 事件类型：恶意软件攻击（编码后为 1）。
- 事件严重性：0.8。
- 发生频率：0.6。

代入上述模型公式，得到：

$$\ln\left(\frac{p}{1-p}\right)=-(-2.5+0.5\times1-1.0\times0+0.3\times0-0.8\times0+2.0\times0.8+1.5\times0.6)$$

$$\ln\left(\frac{p}{1-p}\right)=-2.5+0.5+1.6+0.9$$

$$\ln\left(\frac{p}{1-p}\right)=0.5$$

$$p=\frac{1}{1+e^{-0.5}}\approx0.6225$$

根据模型，这个新的恶意软件攻击事件导致重大风险的概率约为 62.25%。

步骤 4：策略制定与调整

鉴于该事件具有较高的风险概率，公司需要采取相应的防范措施，例如加强恶意软件防护、提高监控频率等，以降低潜在的风险。

5.5 风险评估工具与技术

5.5.1 风险评估软件工具

风险评估软件工具是进行资产风险管理的重要辅助工具。在数据资产评估的背景下，这些工具不仅能够帮助识别和量化风险，还支持决策制定和风险缓解策略的实施。以下是风险评估软件工具的关键功能。

1. 风险识别与分类

① 软件能够根据预设的风险库或用户自定义的风险因素，自动识别并分类各种潜在的风险。

② 例如，数据被泄露、非授权访问、数据被篡改和丢失数据等风险可以被预先定义，并由软件在数据资产评估过程中自动识别。

2. 风险量化分析

① 提供定量分析工具，例如概率分布、风险矩阵、敏感性分析等，帮助用户量化风险大小。

② 通过这些工具，用户可以评估风险发生的可能性和潜在影响，从而为风险管理提供科学的依据。

3. 风险评估报告生成

① 根据输入的数据和分析结果，自动生成风险评估报告。

② 风险评估报告应包括风险等级、优先级排序，以及建议的应对措施，为风险管理决策提供支持。

4. 法规遵从性检查

① 软件应能够检查数据资产的风险管理措施是否符合相关法律法规和行业标准。

② 通过自动化的合规性检查，组织可以确保其风险管理活动符合要求。

5. 市场上常见的风险评估软件工具

① CRISAM：专注于企业风险管理，提供全面的风险分析和评估功能。

② BowTieXP：用于开发和管理 bowtie 图表，帮助可视化风险。

③ Risk Management Software：一款集成的风险管理系统，涵盖风险识别、评估、监控和报告等功能。

在数据资产风险评估中，选择合适的风险评估软件工具是至关重要的。应根据自身的风险管理需求和资源，选择能够提供全面风险管理解决方案的软件。应用这些工具可以更有效地识别、评估和管理数据资产的风险，从而保护其数据资产的价值和安全性。

5.5.2　自动化风险评估技术

随着人工智能（Artificial Intelligence，AI）和机器学习（Machine Learning，ML）技术的快速发展，自动化风险评估技术在数据资产风险管理领域展现出巨大的潜力。这些技术通过提供高效、准确和实时的风险评估，帮助组织更好地理解和应对风险。

1. 高效性

与传统的手动评估方法相比，自动化风险评估技术可以在短时间内完成更广泛的风险识别和分析，显著提高风险评估的效率。

2. 准确性

通过应用先进的算法模型，自动化风险评估技术可以减少人为错误和偏差，提高风险评估的准确性。算法的客观性有助于识别可能被评估人员忽视的风险因素。

3. 实时性

自动化风险评估技术能够实时监控风险指标和数据资产的变化，及时发现新的风险点和变化趋势。这种实时性对于快速响应和风险管理是至关重要的。

4. 应用示例

预测分析：使用历史数据和统计模型，预测分析技术可以预测未来可能发生的风险事件及其潜在的影响。这种方法有助于单位组织提前准备和制定应对策略。

自然语言处理：自然语言处理技术能够从非结构化文本数据中提取风险信息，例如新闻报道、社交媒体帖子、政策文件等。这些信息可以为风险评估提供额外的洞察和上下文。

机器学习算法：通过训练历史风险事件数据，机器学习算法可以识别潜在的风险模式和关联。这些算法可以不断学习和适应新的风险数据，提高风险预测的准确性。

异常检测：自动化异常检测技术可以识别数据资产中的异常模式，进而识别潜在的风险或威胁，例如数据被泄露或非授权的访问。

风险可视化：利用数据可视化技术，自动化风险评估工具可以展示风险评估的结果，使风险信息更易于理解和分析。

集成和互操作性：自动化风险评估技术可以与其他系统和工具集成，实现数据和风险信息的无缝交换和共享。

自动化风险评估技术为数据资产风险管理提供了强大的支持。通过利用这些技术，单位组织可以更有效地识别、评估和管理风险，从而保护其数据资产的价值和安全性。随着技术的不断进步，可以预见自动化风险评估技术将在数据资产评估领域发挥越来越重要的作用。

系统设计篇

第6章　数据资产评估系统架构设计

数据资产评估系统架构设计是一个涉及多个层面的复杂工程，它通常包括数据收集与整合、数据存储与管理、评估模型与算法、用户界面与交互、结果分析与报告等关键组件。在这一架构中，数据从各种来源被采集并经过识别和标准化处理，存储在安全且可扩展的数据仓库中；评估模型利用预定义的指标和算法来量化数据质量、价值和风险；用户界面提供直观的操作和定制化视图，使用户能够轻松地进行评估和管理；系统生成的分析报告帮助决策者理解数据资产的现状和潜在价值，从而为数据驱动策略的制定提供支持。整个系统架构需要考虑可扩展性、灵活性、安全性和性能，以适应不断变化的数据环境和业务需求。

6.1　数据资产评估系统概述

6.1.1　数据资产评估系统定义

数据资产评估系统是一个综合性的框架和工具集，旨在帮助组织识别、量化、评估和监控其数据资产的价值和风险。

6.1.2　数据资产评估系统目标

数据资产评估系统旨在提供一个全面、集成的解决方案，用于高效地收集、识别、分类、评估和管理单位组织内的数据资产。该系统通过自动化工具和精细的分析方法，确保数据资产的价值最大化。同时降低潜在风险，支持企业做出基于数据的明智决策，以提升数据驱动的竞争力，并确保数据的安全性和合规性。

6.1.3　数据资产评估系统范围

数据资产评估系统范围涵盖了从数据收集与识别、资产分类、综合评估、资产管理、保护措施、审计监控到报告生成和系统管理的全方位功能。它包括对数据资产的接收、验证、识别、溯源、分类、编号、质量评估、价值评估、风险评估，以及数据资产的目录管理、分发、保护、审计和报告，确保系统能够全面地支持数据资产的生命周期管理，满足企业对数据资产可见性、控制力和价值实现的需求。

6.1.4　用户类别与业务需求

深入分析系统用户多样化的类别及其特征。系统设计满足以下用户的需求。

1. 资产管理员

① 特征：管理数据资产的生命周期，包括创建、收集、存储、使用、维护、更新、归档和退役。

② 需求：维护数据资产目录、执行资产盘点、优化资产使用。

2. 数据分析师

① 特征：专注于数据的分析和评估，具备数据分析和统计学知识。

② 需求：执行数据质量分析、价值评估、风险评估并提供洞察。

3. 数据工程师

① 特征：负责数据的收集、识别、转换和加载，具备数据工程技能。

② 需求：优化数据流、维护数据仓库、保证数据的准确性和可用性。

4. 数据科学家

① 特征：运用 ML 和 AI 技术进行深入的数据挖掘和预测分析。

② 需求：开发数据模型、探索数据关联、提供数据驱动的解决方案。

5. 合规性专员

① 特征：确保数据资产的处理和评估符合法律法规和行业标准。

② 需求：监控合规性风险、执行合规性审计、处理合规性事件。

6. 安全专家

① 特征：专注于系统和数据的安全，具备网络安全和数据保护知识。

② 需求：实施访问控制、数据加密、脱敏、备份和灾难恢复计划。

7. 审计员

① 特征：负责审计系统的使用情况和数据资产的评估过程。

② 需求：记录审计事件、生成审计报告、确保审计的准确性和完整性。

8. 报告编写员

① 特征：负责生成和定制数据资产的评估报告。

② 需求：设计报告模板、填充报告数据、确保报告的专业性。

9. 普通用户

① 特征：日常使用系统功能，对数据资产进行基本查询和管理。

② 需求：提交数据资产、查看评估结果、执行日常数据管理任务。

10. 系统管理员

① 特征：负责系统的整体管理和维护，具备高级技术知识和权限。

② 需求：系统配置、用户账户管理、权限分配、监控系统性能和安全。

6.2 数据资产评估系统总体设计

6.2.1 系统总体架构

系统总体架构是一个分层模型，每一层都承载着特定的功能，以确保系统的高效运行和数据资产的有效管理。数据资产评估系统总体架构如图 6-1 所示。

1. 基础设施层

基础设施层提供系统的物理和虚拟运行环境。

① 物理主机：提供必要的硬件资源，例如服务器和存储设备。

② 公有云：利用云服务提供商的计算和存储资源。

③ 私有云：组织内部的云计算资源，提供更高的控制权和安全性。

④ 混合云：结合公有云和私有云的优势，具有灵活性和成本效益。

2. 数据层

数据层负责数据资产的存储、组织和访问。

① 关系数据库：存储结构化的数据资产评估结果和业务数据。

② 文件存储：存储非结构化的文档、图片等文件。

③ 对象存储：存储大规模的非结构化数据，例如图片文件和媒体内容。

④ 时序数据库：优化时间序列数据的存储和查询，适用于监控和传感器数据。

⑤ 非关系数据库：适合存储大规模的数据集，这在数据资产评估系统中尤为重要，因为系统需要处理来自多个数据源的海量数据。

3. 应用支撑层

应用支撑层为业务应用层提供技术支撑和数据处理能力。

① 自然语言处理：使系统能够理解和处理非结构化文本数据。

② 机器学习：构建模型，从数据中学习和发现数据资产的价值。

③ 大数据分析：处理和分析大规模数据集，为数据资产评估提供支持。

④ 微服务中间件：支持系统的模块化和服务的独立部署。

⑤ 隐私计算：在保护数据隐私的前提下，进行数据的分析和计算。

⑥ 数据安全：确保数据资产在收集、存储和处理过程中的安全性。

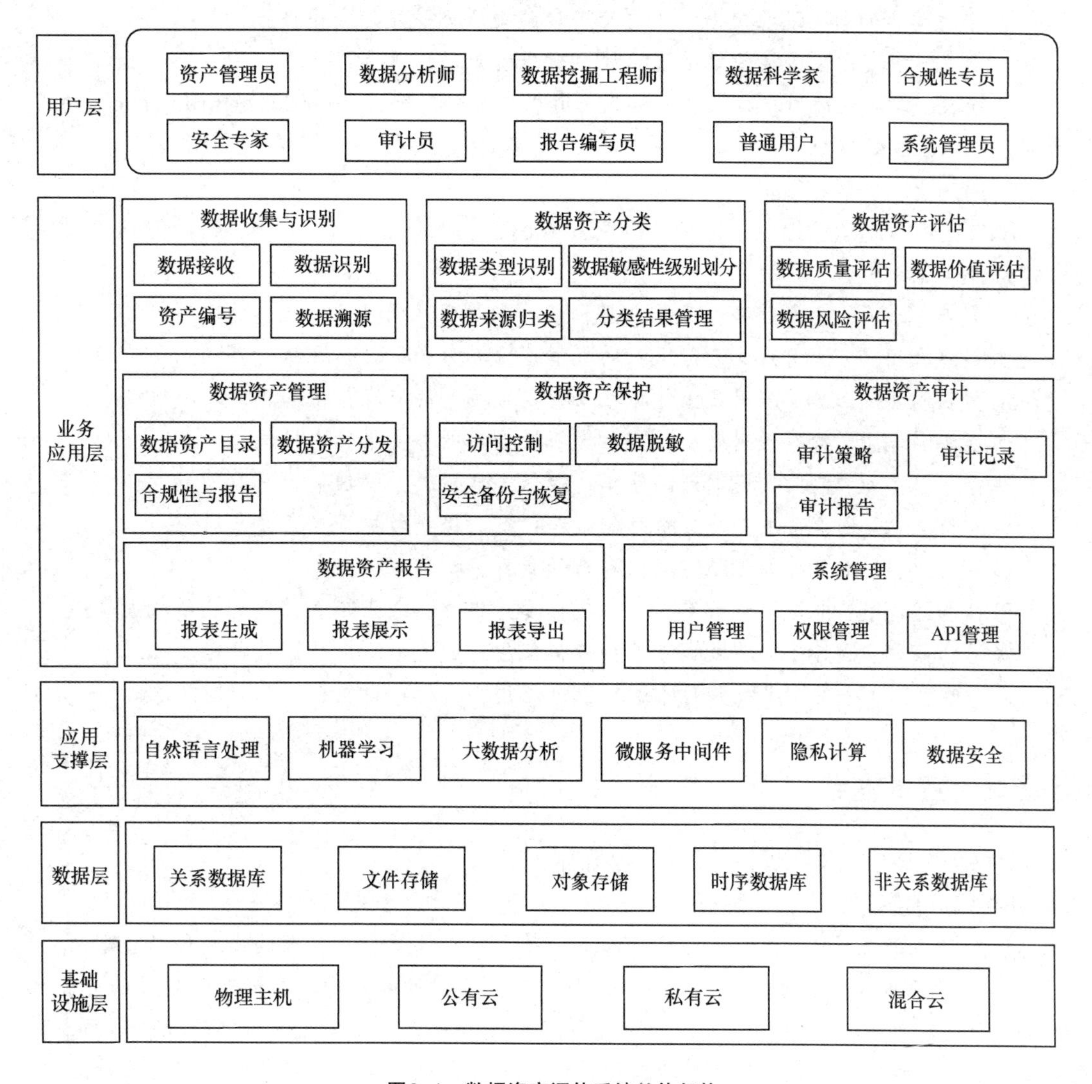

图6-1　数据资产评估系统总体架构

4. 业务应用层

业务应用层集成了数据资产评估的核心功能，支持数据资产的管理和评估流程。

① 数据收集与识别：自动化地收集数据，并识别数据的特征和类型。

② 数据资产分类：根据数据类型、敏感性等标准对数据资产进行分类。

③ 数据资产评估：综合考虑数据质量、价值和风险，评估数据资产的综合价值。

④ 数据资产管理：提供数据资产的维护、更新和退役管理。

⑤ 数据资产保护：实施访问控制、数据脱敏、安全备份与恢复等措施，保护数据资产安全。

⑥ 数据资产审计：记录数据资产的使用和变更历史，支持合规性审计。

⑦ 数据资产报告：生成评估报告，展示数据资产的价值和风险。

⑧ 系统管理：提供用户和权限管理及应用程序接口（Application Program Interface，API）管理，确保系统的安全和稳定运行。

5. 用户层

用户层为不同角色提供了定制化的交互界面，确保各类用户能够根据自己的职责和需求与系统互动。

① 资产管理员：负责数据资产的注册、分类和维护，确保资产信息的准确性。

② 数据分析师：使用系统进行深入的数据探索和分析，评估数据资产的业务价值。

③ 数据挖掘工程师：应用数据挖掘技术发现数据中的潜在价值和模式。

④ 数据科学家：构建预测模型，评估数据资产对业务决策的支持能力。

⑤ 合规性专员：监控数据资产的使用，确保合规性，并处理数据隐私问题。

⑥ 安全专家：负责系统安全策略的制定和执行，保护数据资产免受威胁。

⑦ 审计员：利用系统工具跟踪数据资产的变更，执行审计任务。

⑧ 报告编写员：根据评估结果，生成数据资产报告，提供给管理层和利益相关者。

⑨ 普通用户：执行日常的数据查询和分析任务，利用系统提升工作效率。

⑩ 系统管理员：负责系统的日常运维，包括用户支持、性能监控和故障排除。

6.2.2 技术框架

数据资产评估系统技术框架如图 6-2 所示。

1. 基础设施层

① 云计算平台：例如腾讯、百度、阿里云等，提供计算资源、存储资源和网络资源。

② 服务器与存储系统：物理服务器或虚拟机，物理服务器是指具有实体硬件的计算机系统，专门用于运行应用程序、处理数据请求及管理网络资源，提供稳定的性能和高安全性；虚拟机通过虚拟化技术在单个物理服务器上模拟多台“虚拟”服务器，优化资源使用，提高服务器的灵活性和可扩展性。

③ 网络与安全措施：防火墙、入侵检测系统、数据加密技术等，确保数据传输和存储的安全性。

2. 数据层

① 数据采集工具：ETL 工具（例如 Informatica、Talend），用于从各种数据源中采集数据。

② 数据存储与管理：例如 HDFS、Hive 等，用于存储和管理海量数据。

③ 数据预处理：数据识别、数据转换、数据标准化等工具和技术（例如 Python 的 Pandas 库、Spark 的 DataFrame API 等），用于提高数据的质量。

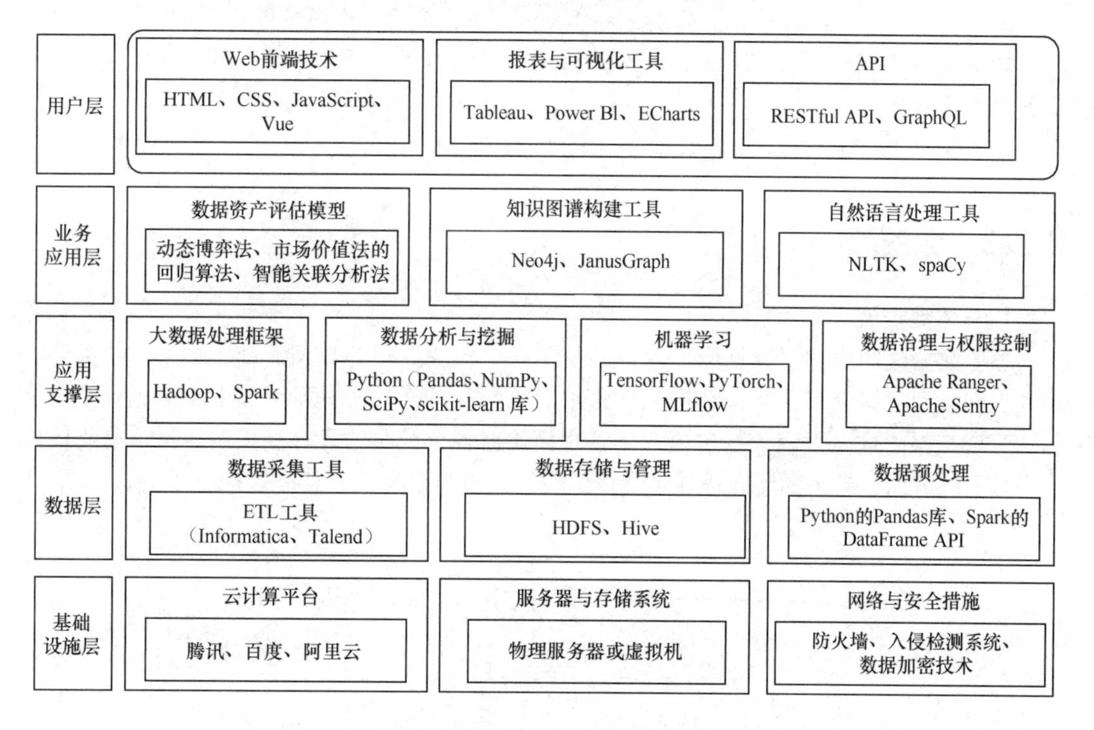

图6-2 数据资产评估系统技术框架

3. 应用支撑层

① 大数据处理框架：Hadoop、Spark 等，用于大规模数据的批处理和实时处理。

② 数据分析与挖掘：Python（Pandas、NumPy、SciPy、scikit-learn 库），用于数据分析和挖掘，发现数据中的模式和规律。

③ 机器学习：TensorFlow、PyTorch、MLflow 等，用于构建和部署机器学习模型，处理复杂的评估任务。

④ 数据治理与权限控制：例如 Apache Ranger、Apache Sentry 等，用于数据资产的权限管理、数据质量监控和数据安全管理。

4. 业务应用层

① 数据资产评估模型：动态博弈法、市场价值法的回归算法、智能关联分析法等，用于量化数据资产的价值。

② 知识图谱构建工具：Neo4j、JanusGraph 等图数据库，用于构建数据资产的关系网络，

提升数据的关联性和智能化服务。

③ 自然语言处理工具：例如 NLTK、spaCy 等，用于处理文本数据，提取关键信息。

5. 用户层

① Web 前端技术：HTML、CSS、JavaScript、Vue 等，用于构建用户交互界面。

② 报表与可视化工具：Tableau、Power BI、ECharts 等，用于生成数据评估报告和可视化展示评估结果。

③ API：RESTful API、GraphQL 等，用于业务应用层与用户层之间的数据交换和通信。

6.2.3 数据流

1. 总体数据流

总体数据流图描述了数据资产评估系统中各个模块之间的数据流动关系，从数据的收集与识别，到数据资产分类、数据资产评估、数据资产管理、数据资产保护、数据资产审计和数据资产报告的全过程，并包括系统管理模块对各个模块的管理和控制。每个箭头代表一个数据流方向，箭头的注释描述了具体的数据流内容或类型。总体数据流如图 6-3 所示。

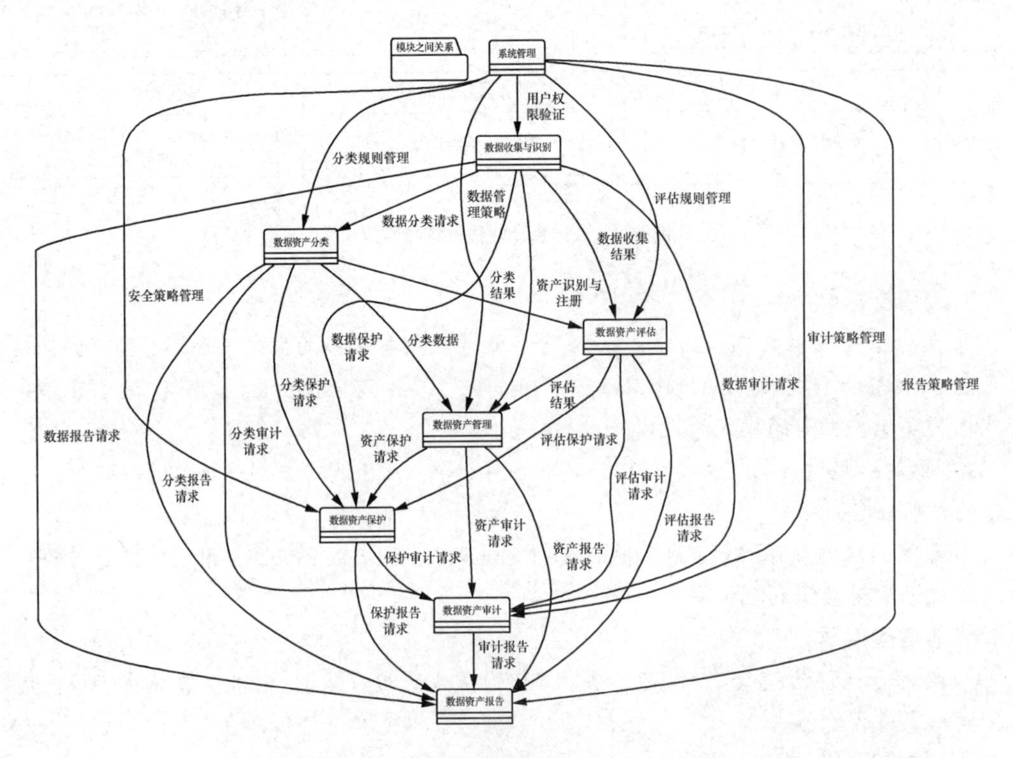

图6-3　总体数据流

（1）模块定义

数据资产评估系统由多个模块组成，包括数据收集与识别模块（数据接收、数据识别、数据溯源、资产编号）、数据资产分类模块（数据类型识别、数据敏感性级别划分、数据来源归类、分类结果管理）、数据资产评估模块（数据质量评估、价值评估、风险评估）、数据资产管理模块（数据资产目录、数据资产分发、合规性与报告）、数据资产保护模块（访问控制、数据脱敏、安全备份与恢复）、数据资产审计模块（审计策略、审计记录、审计报告）、数据资产报告模块（报表生成、报表展示、报表导出），以及系统管理模块（用户管理、权限管理、API 管理）。这些模块协同工作，通过数据流动和相互作用，实现数据资产的全面评估与管理。总体数据流中各模块如图 6-4 所示。

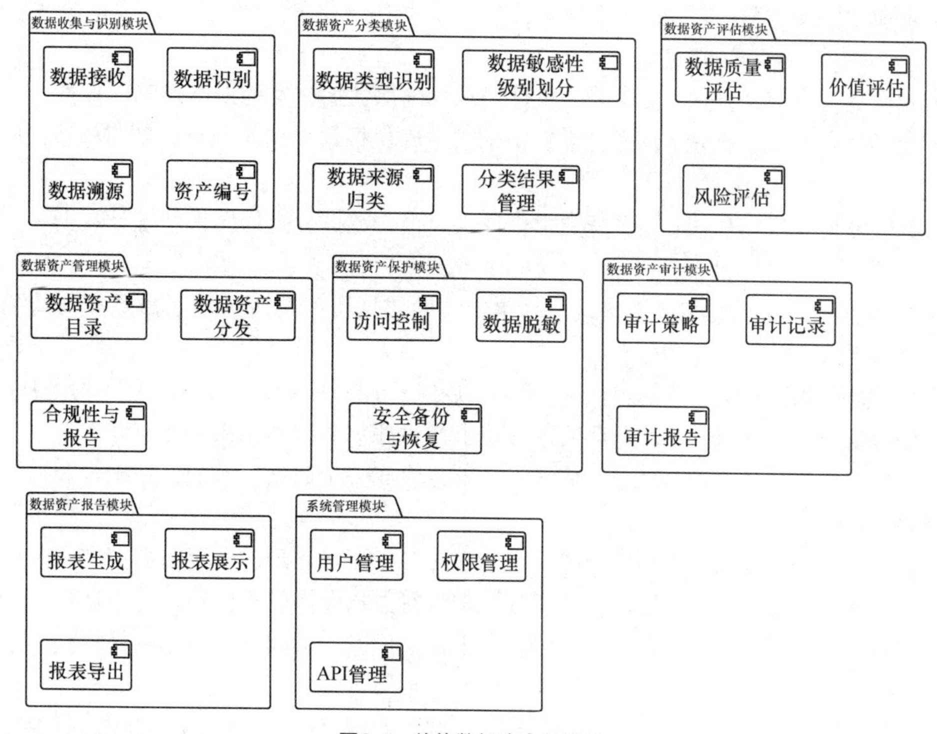

图6-4　总体数据流中各模块

（2）模块之间的数据流关系

① 数据收集与识别模块

• **到数据资产分类模块：**发送数据分类请求，包括将收集的数据传递给分类模块，并进行进一步的分析和分类。

• **到数据资产评估模块：**发送数据收集结果，为数据质量、价值和风险评估提供必要的数据输入。

- **到数据资产管理模块：**提供资产识别与注册信息，帮助在数据资产目录中记录和管理数据资产。
- **到数据资产审计模块：**发送数据审计请求，对收集的数据进行审计确保其完整性和合规性。
- **到数据资产保护模块：**发送数据保护请求，确保敏感数据得到适当的保护。
- **到数据资产报告模块：**发送数据报告请求，生成关于收集数据的报告。

② 数据资产分类模块

- **到数据资产评估模块：**传递分类结果，使数据资产评估模块可以根据数据的类型和敏感性进行评估。
- **到数据资产管理模块：**提供分类数据，帮助在数据资产目录中正确地分类和管理数据。
- **到数据资产审计模块：**发送分类审计请求，确保数据分类的准确性和一致性。
- **到数据资产保护模块：**发送分类保护请求，确保根据数据的分类级别实施适当的保护措施。
- **到数据资产报告模块：**发送分类报告请求，报告数据分类的结果和统计数据。

③ 数据资产评估模块

- **到数据资产管理模块：**传递评估结果，帮助数据资产管理模块了解数据的价值和质量，从而做出更好的管理决策。
- **到数据资产保护模块：**发送评估保护请求，确保基于评估结果对数据采取适当的保护措施。
- **到数据资产审计模块：**发送评估审计请求，对评估过程和结果进行审计。
- **到数据资产报告模块：**发送评估报告请求，生成关于数据资产的评估报告。

④ 数据资产管理模块

- **到数据资产保护模块：**发送资产保护请求，基于资产管理的需要对数据实施保护。
- **到数据资产审计模块：**发送资产审计请求，对数据资产管理活动进行审计。
- **到数据资产报告模块：**发送资产报告请求，生成关于数据资产管理的报告。

⑤ 数据资产保护模块

- **到数据资产审计模块：**发送保护审计请求，确保数据保护措施的实施和效果得到审计。
- **到数据资产报告模块：**发送保护报告请求，报告数据保护的状态和效果。

⑥ 数据资产审计模块

- **到数据资产报告模块：**发送审计报告请求，生成关于数据资产审计的报告。

⑦ 系统管理模块

- **到所有其他模块：**系统管理模块与所有其他模块交互，提供用户权限验证、规则管理、策略设定等。它确保系统的一致性和安全性，通过管理用户权限、制定分类和评估规则、设置数据管理和安全策略、审计策略和报告策略来影响其他模块的操作。

2. 子模块数据流

(1)数据收集与识别模块

数据收集与识别数据流如图 6-5 所示。

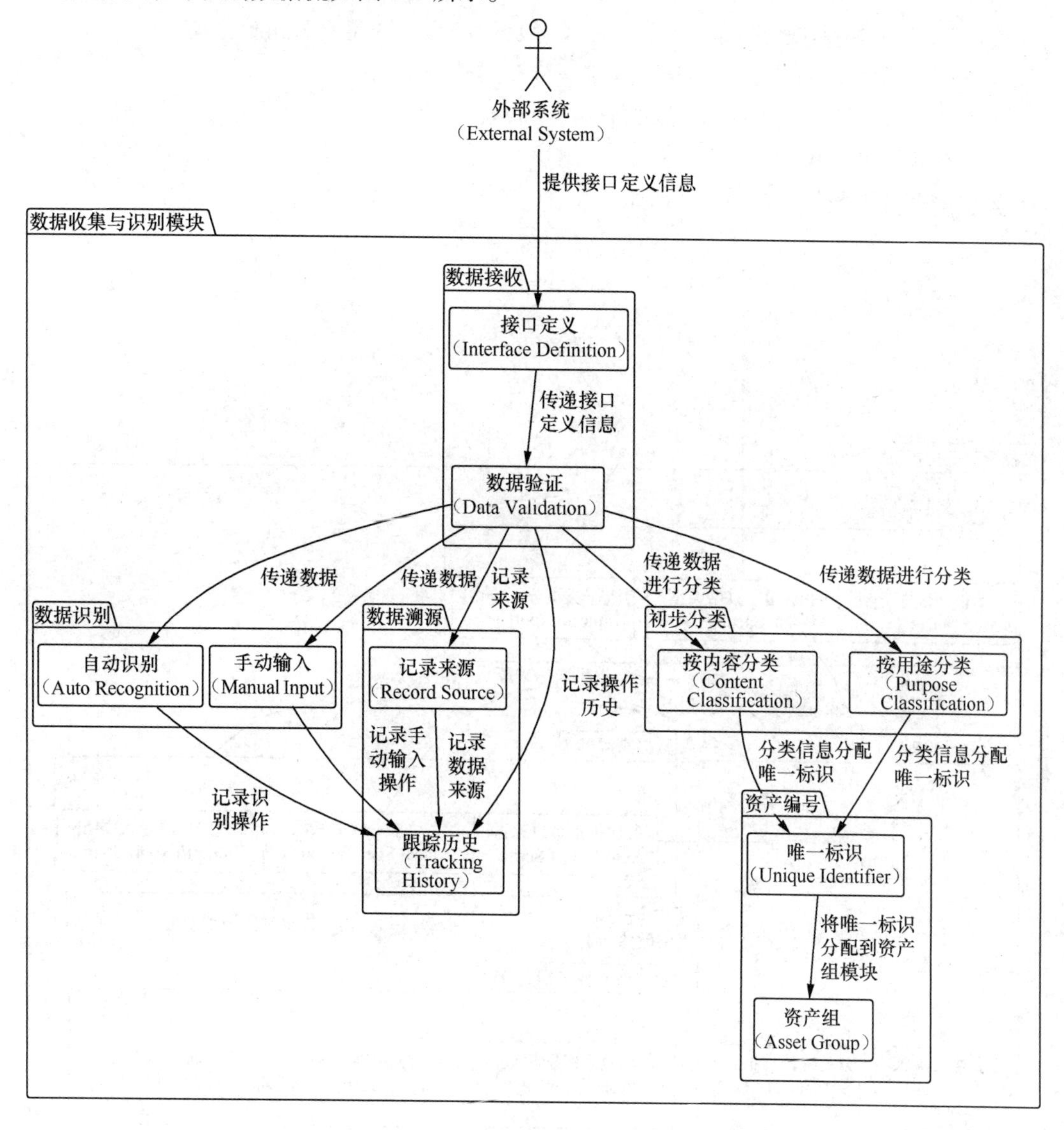

图6-5 数据收集与识别数据流

在图 6-5 中:

① 外部系统向接口定义模块提供接口定义信息。

② 接口定义模块将信息传递给数据验证模块。

③ 数据验证模块处理数据，并将验证后的数据传递给自动识别和手动输入模块。

④ 数据验证模块也将数据传递给记录来源和跟踪历史模块，进行数据溯源和跟踪历史。

⑤ 自动识别、手动输入和记录来源模块将处理结果传递给跟踪历史模块。

⑥ 数据验证模块将数据传递给初步分类模块的按内容分类和按用途分类。

⑦ 初步分类模块将分类信息传递给唯一标识模块。

⑧ 唯一标识模块将唯一标识分配到资产组模块。

（2）数据资产分类模块

数据资产分类数据流如图 6-6 所示。

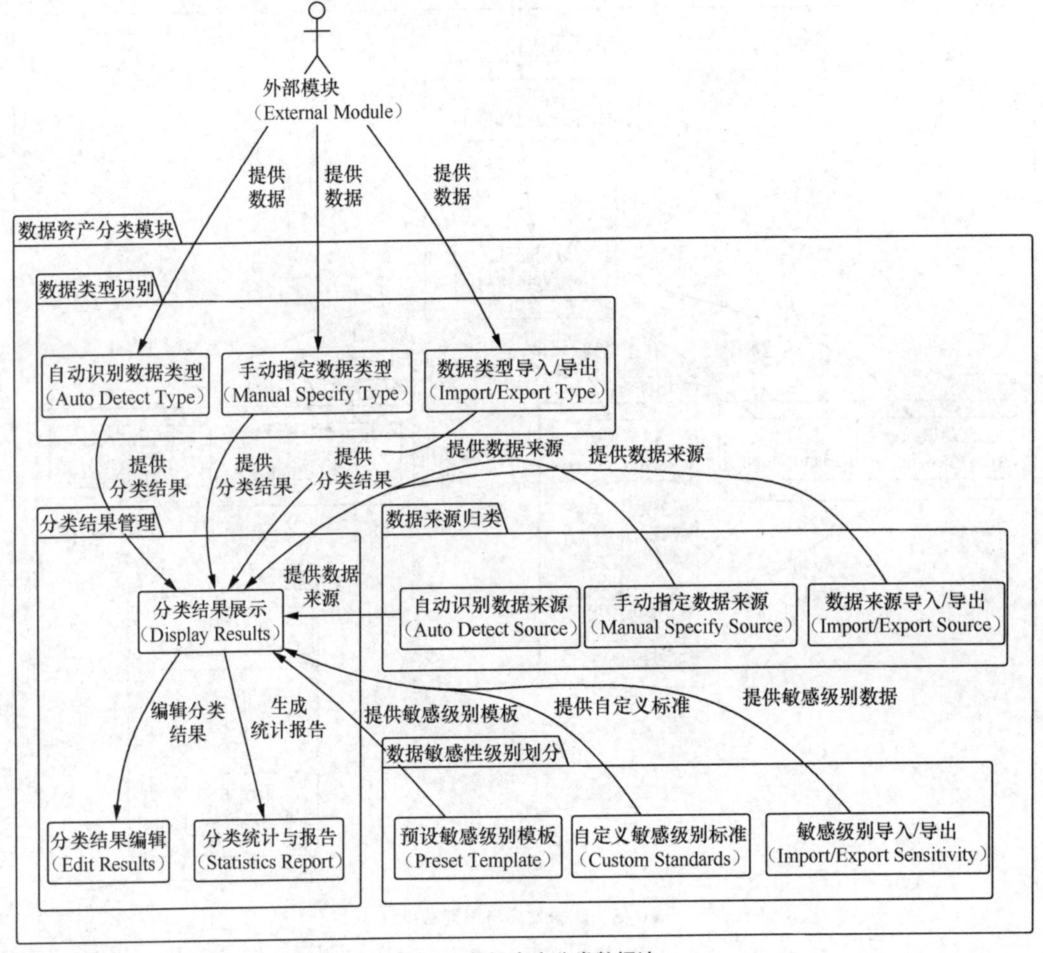

图6-6　数据资产分类数据流

① 外部模块向数据类型识别模块的各个子模块提供数据。

② 数据类型识别模块的子模块将处理后的分类结果传递给分类结果管理模块的分类结

果展示子模块。

③ 数据来源归类模块的子模块将处理后的数据来源信息传递给分类结果管理模块的分类结果展示子模块。

④ 数据敏感性级别划分模块的子模块提供敏感级别模板、自定义标准和敏感级别数据给分类结果管理模块的分类结果展示子模块。

⑤ 分类结果展示子模块将分类结果传递给分类结果编辑和分类统计与报告子模块。

（3）数据资产评估模块

① 数据质量评估模块

数据质量评估数据流如图 6-7 所示。

- 外部模块向完整性检测模块的各个子模块提供数据。
- 完整性检测模块的子模块将处理后的结果传递给一致性检测模块的相关子模块。
- 一致性检测模块的子模块将数据传递给准确性验证模块的相关子模块。
- 准确性验证模块的子模块将验证结果传递给可用性评估模块的各个子模块。
- 可用性评估模块的数据适用性分析子模块接收来自数据理解子模块的结果，并结合自身的分析（如数据质量、相关性和适用性），进行最终的综合分析。

② 数据资产价值评估

数据资产价值数据流如图 6-8 所示。

- 外部系统向直接价值分析模块的各个子模块提供数据。
- 直接价值分析模块的子模块将分析结果传递给价值汇总模块的价值量化模型。
- 外部系统向间接价值分析模块的各个子模块提供数据。
- 间接价值分析模块的子模块将评估结果传递给价值汇总模块的价值量化模型。
- 价值量化模型生成价值评估报告。
- 价值评估报告提供给价值提升建议模块。
- 价值提升建议提供最终的建议给外部系统。

③ 数据资产风险评估

数据资产风险评估数据流如图 6-9 所示。

- 外部模块与风险源分类管理、风险识别方法库、风险评估模型的构建等模块之间存在直接的交互。
- 风险源分类管理模块将分类后的风险源传递给风险识别方法库，后者再应用风险识别工具和技术库，将信息传递给风险分析方法论模块。
- 风险分析方法论模块使用定性分析与定量分析的方法，并将分析结果传递给风险矩阵编制模块。
- 风险矩阵编制模块将风险评估结果传递给风险等级划分模块，并最终生成风险评估报告。

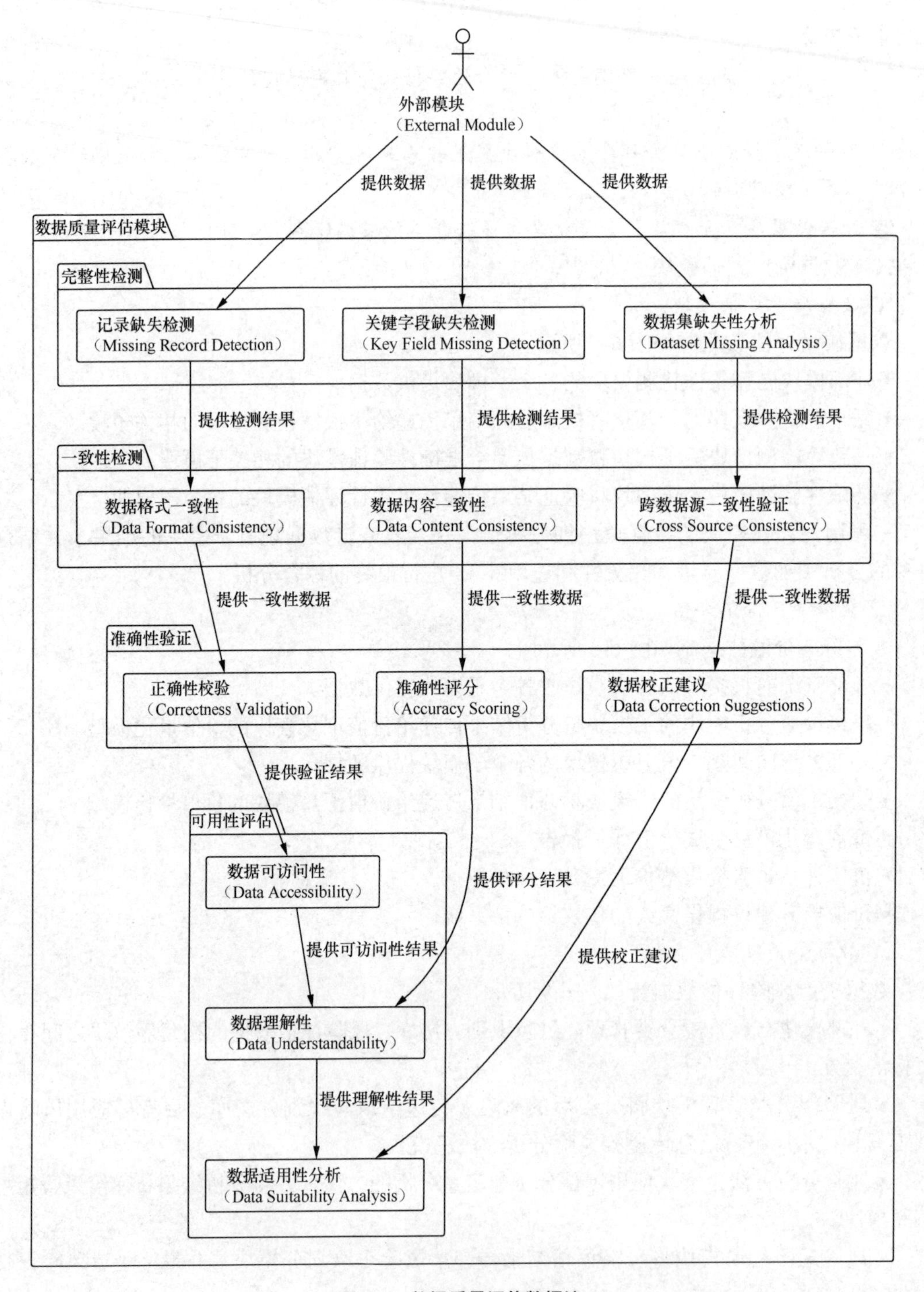

图6–7 数据质量评估数据流

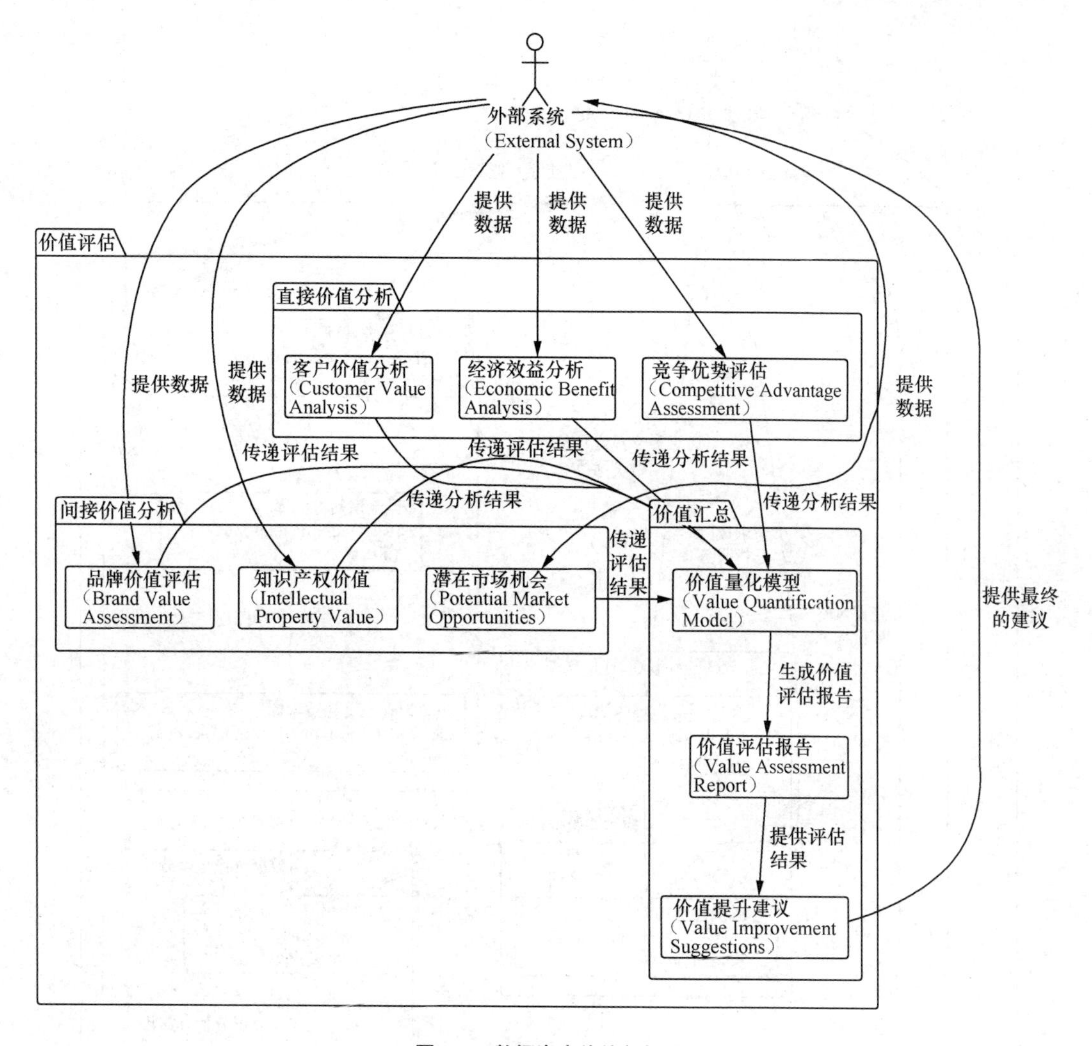

图6–8　数据资产价值数据流

- 风险评估模型的构建接收来自风险分析的结果，并验证模型。

④ 数据资产管理模块

数据资产管理数据流如图 6-10 所示。

- 用户可以进行资产注册、资产查询、资产更新与维护，以及资产归档与退役的操作。
- 数据资产目录模块的各个子模块将相关操作通知到权限管理模块，进行权限验证。
- 权限管理模块将通知分发监控和分发审计模块进行相关监控和审计。
- 管理员给合规检查模块提供合规数据。

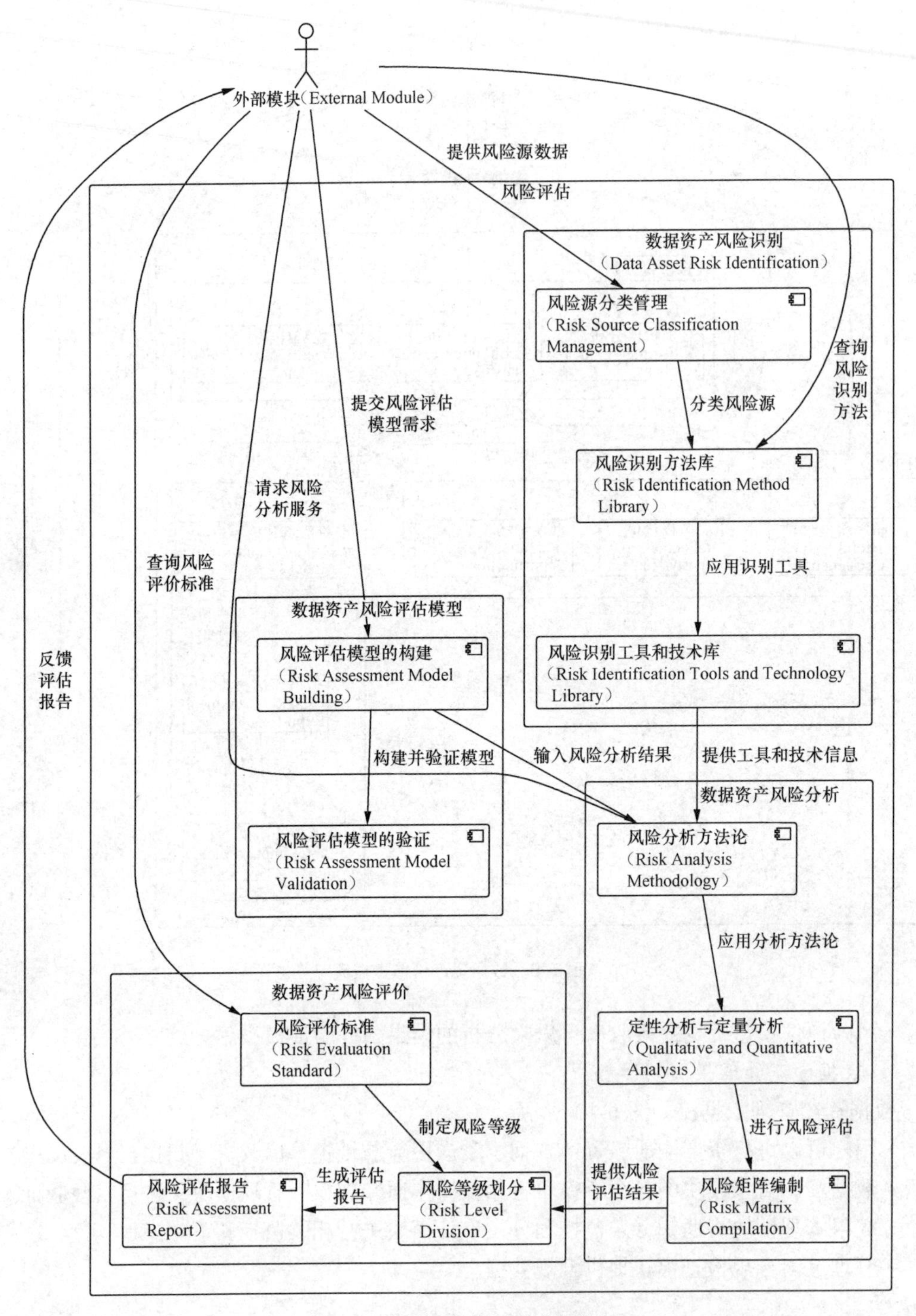

图6-9　数据资产风险评估数据流

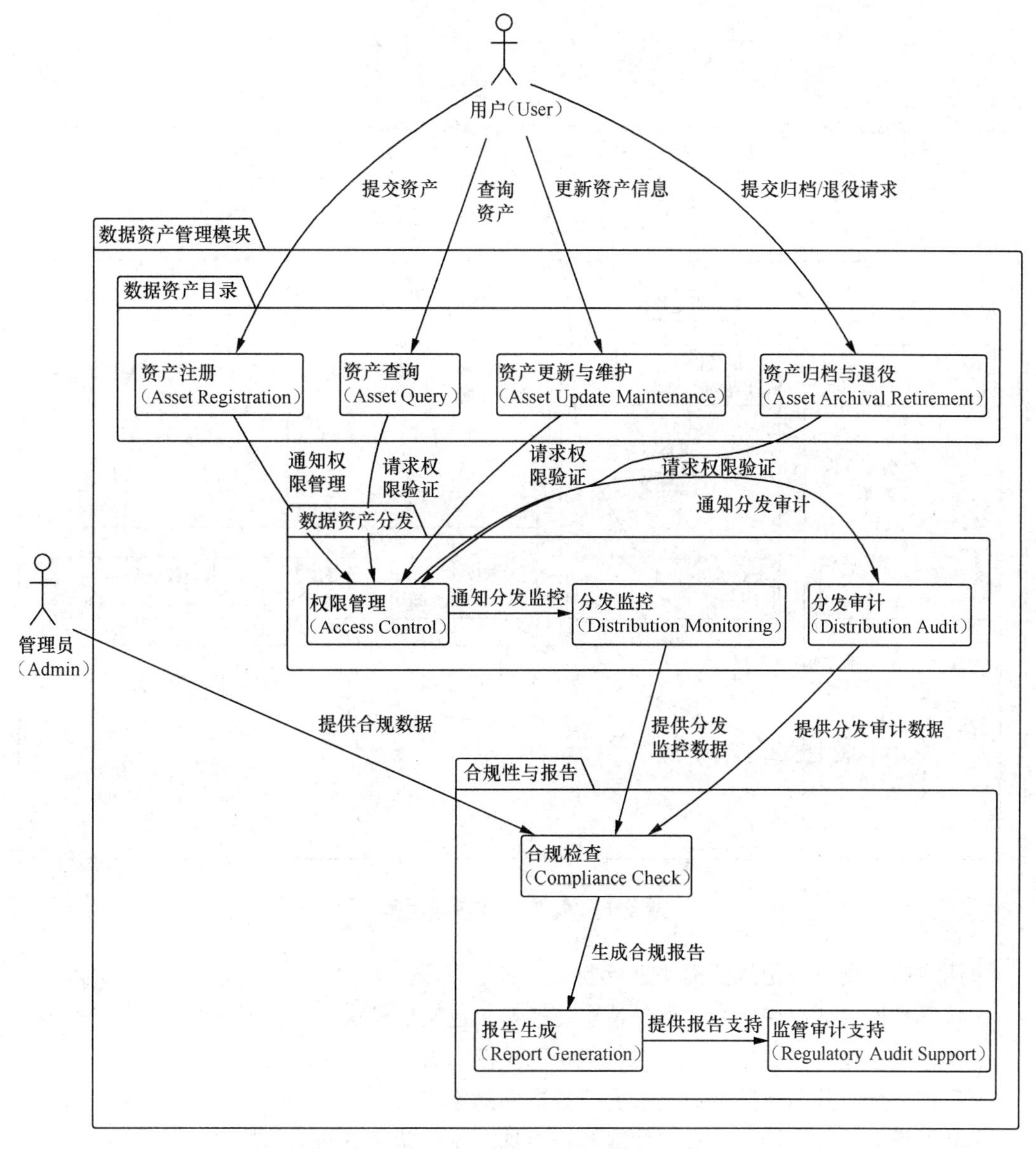

图6-10　数据资产管理数据流

• 合规检查模块根据提供的数据生成合规报告，并将报告提供给监管审计支持模块。

• 分发监控和分发审计模块将监控和审计数据提供给合规检查模块，以便生成全面的合规报告。

⑤ 数据资产保护模块

数据资产保护数据流如图 6-11 所示。

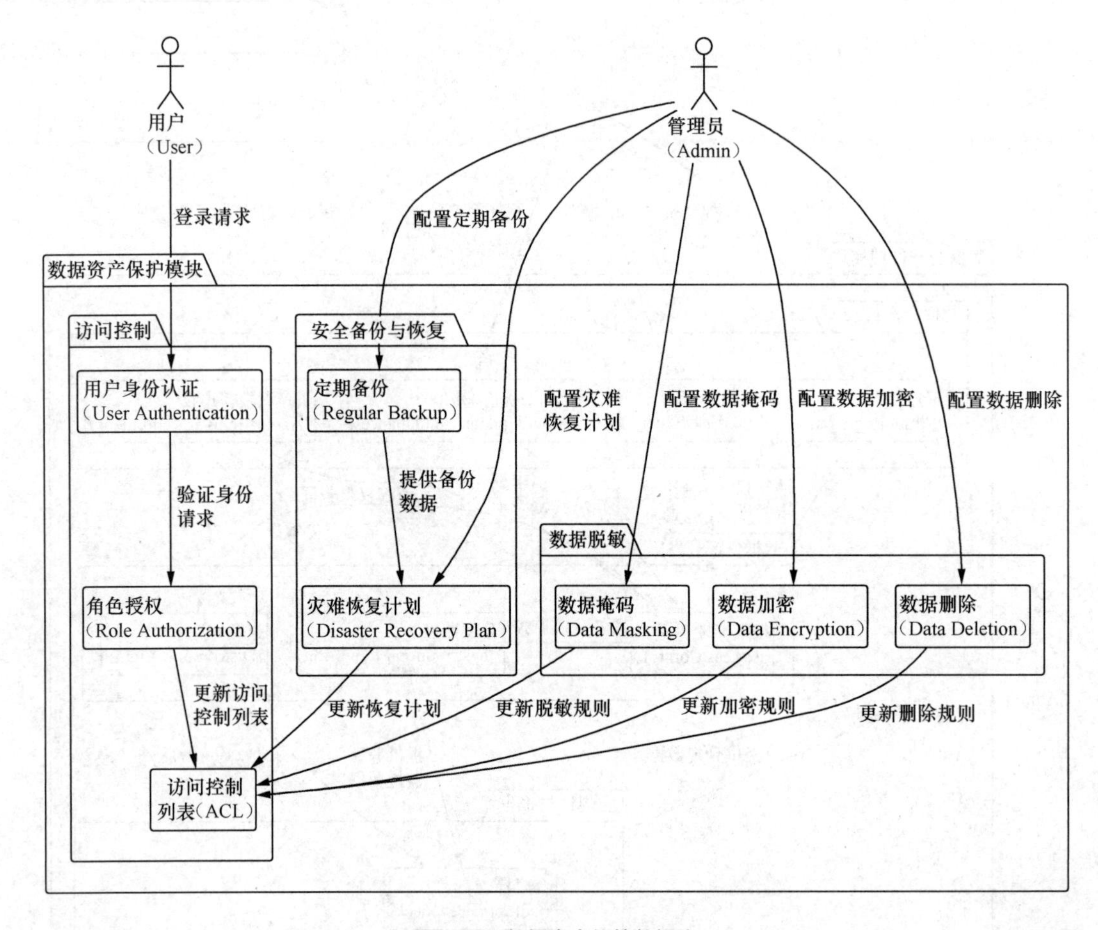

图6-11　数据资产保护数据流

- 用户通过用户身份认证模块进行登录请求。
- 用户身份认证模块将验证身份请求传递给角色授权模块。
- 角色授权模块根据用户的角色更新访问控制列表。
- 管理员配置数据掩码、数据加密、数据删除模块。
- 数据掩码、数据加密、数据删除模块根据配置更新相应的访问控制列表。
- 管理员配置定期备份和灾难恢复计划模块。
- 定期备份模块提供备份数据给灾难恢复计划模块。
- 灾难恢复计划模块根据备份数据更新相应的访问控制列表。

⑥　数据资产审计模块

数据资产审计数据流如图 6-12 所示。

- 管理员定义审计规则、配置审计触发条件、设置审计通知选项。

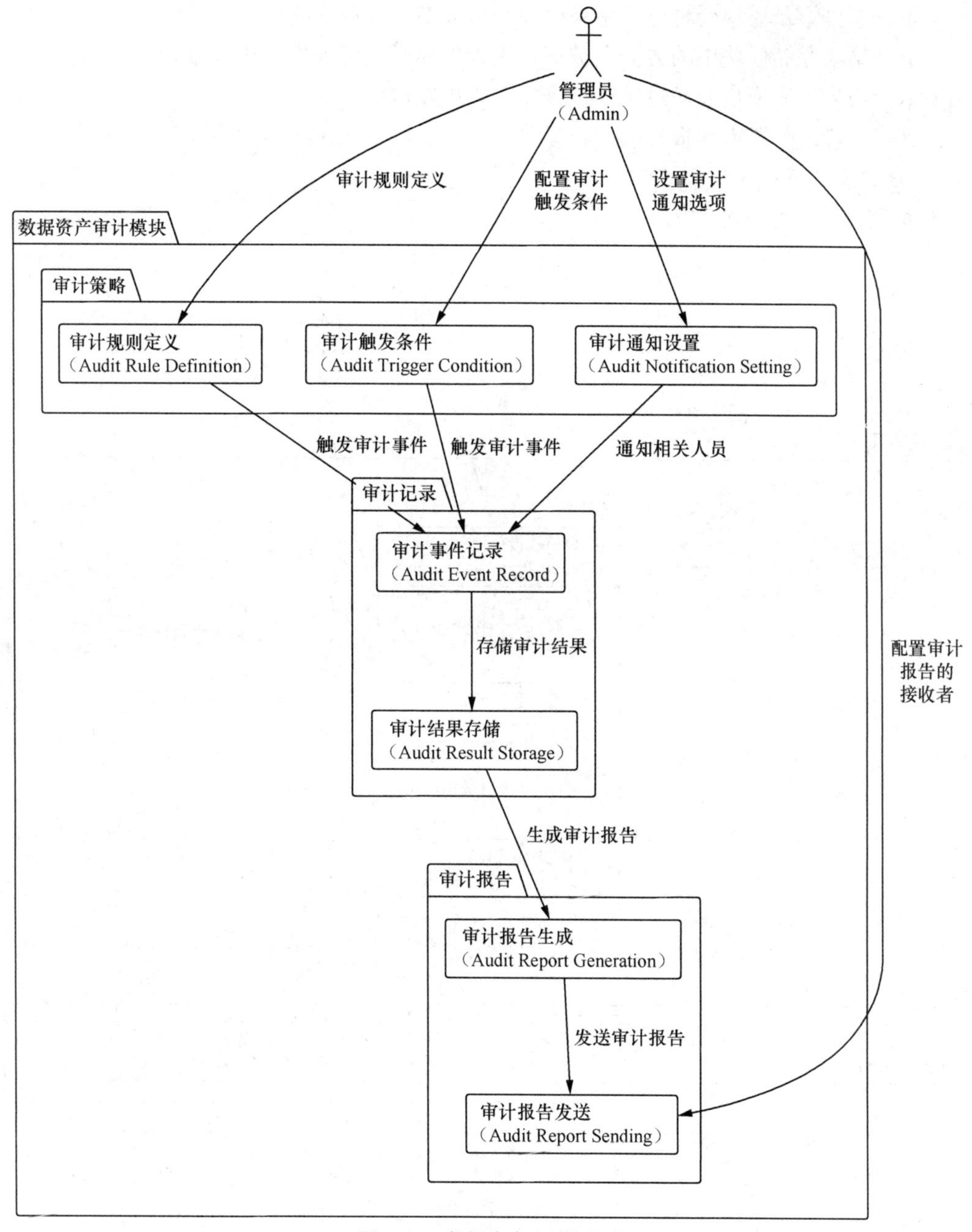

图6-12 数据资产审计数据流

- 审计规则定义和审计触发条件会触发审计事件记录。
- 审计通知设置会通知相关人员作审计事件记录。

- 审计事件记录模块会将审计结果存储到审计结果存储模块中。
- 审计结果存储模块中的数据会被审计报告生成模块用来生成审计报告。
- 审计报告生成模块会通过审计报告发送模块发送出去。
- 管理员可以配置审计报告的接收者。

⑦ 数据资产报告模块

数据资产报告数据流如图 6-13 所示。

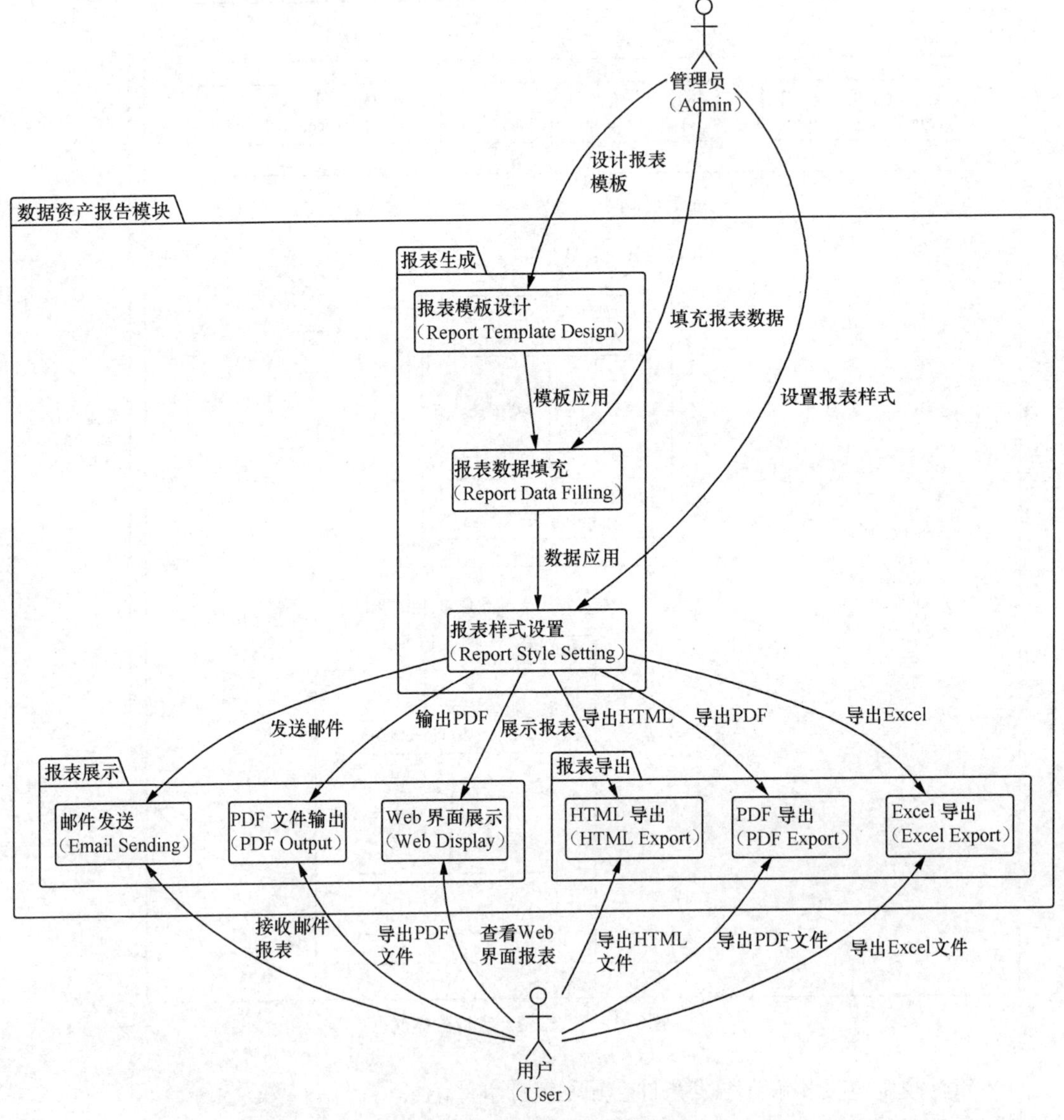

图6-13　数据资产报告数据流

- 管理员进行报表模板设计、报表数据填充和报表样式设置。
- 报表模板设计模块将模板应用到报表数据填充模块。
- 报表数据填充模块将数据应用到报表样式设置模块。
- 完成报表样式设置模块后，可以进行报表展示和报表导出。
- 用户可以通过 Web 界面展示、PDF 文件输出和邮件发送查看或接收报表。
- 用户可以将报表导出为 Excel、PDF 和 HTML 格式。

⑧ 系统管理模块

系统管理数据流如图 6-14 所示。

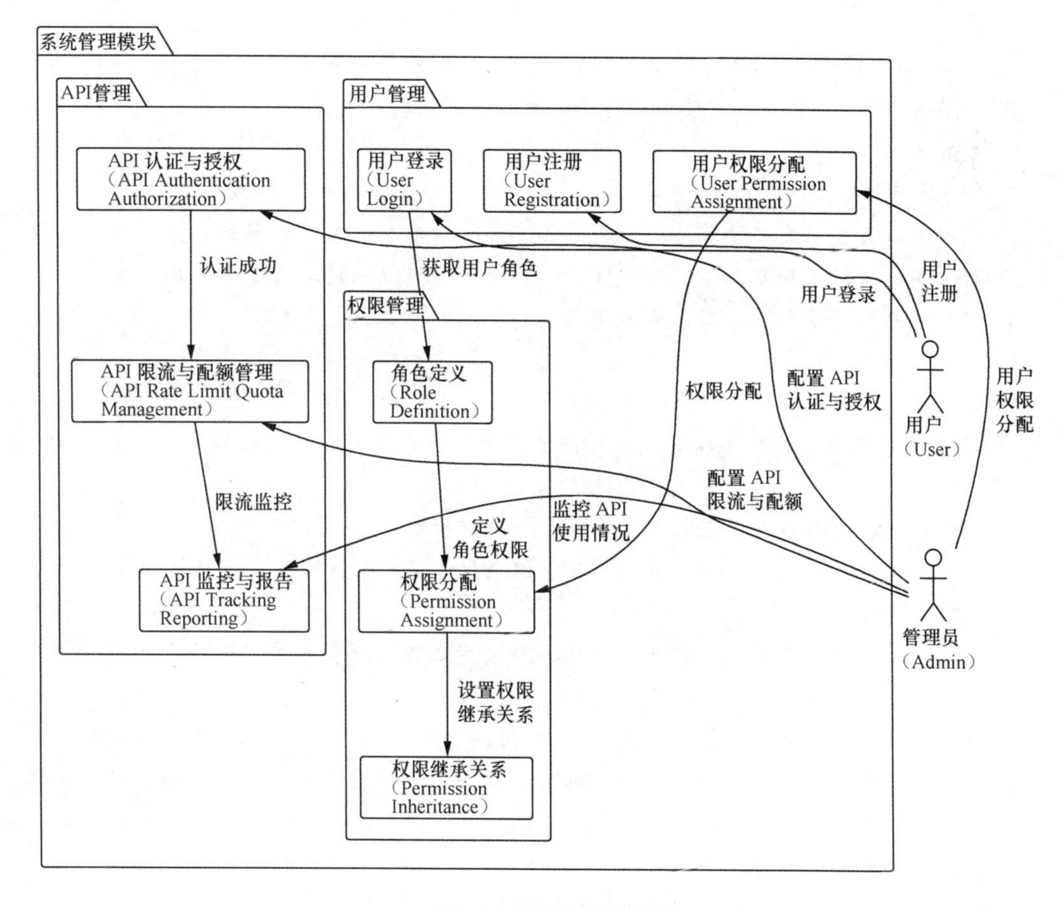

图6-14　系统管理数据流

- 用户可以进行用户注册和用户登录。
- 管理员进行用户权限分配。
- 用户登录之后获取用户角色。

- 用户权限分配模块将权限分配。
- 角色定义模块定义角色权限。
- 权限分配模块设置权限继承关系。
- 管理员配置 API 认证与授权、API 限流与配额管理、API 监控与报告。
- API 认证与授权模块成功认证之后，进行限流监控。
- API 限流与配额管理模块监控 API 使用情况。

6.2.4 系统时序

系统时序提供了数据资产评估系统中用户与系统各模块之间交互的详细视图，包括登录验证、评估，管理、保护、API 对接等关键环节。系统时序如图 6-15 所示。

具体如下。

1. 登录请求

① 用户通过客户端发起登录请求，随后客户端将请求发送至服务网关。

② 服务网关将请求转发至认证服务进行用户凭证验证，并将结果返回至客户端。

③ 客户端根据登录结果向用户展示登录结果。

2. 数据收集与评估

① 客户端请求服务网关启动数据收集服务。

② 服务网关将请求转发至数据收集与识别模块，该模块进一步将数据发送至数据资产分类模块进行分类。

③ 分类后的数据将被发送至数据资产审计模块进行审计。

④ 审计结果存储在数据库中，数据收集与识别模块通知服务网关完成数据收集。

3. 数据资产管理

① 数据收集与识别模块在完成数据收集后，将数据发送至数据资产管理模块进行资产识别与注册。

② 数据资产评估模块在完成评估后，将评估结果发送至数据资产管理模块进行更新。

③ 数据资产管理模块与数据资产保护模块、数据资产审计模块，以及数据资产报告模块进行交互，以确保数据资产的安全性、合规性，并生成相应的报告。

4. 数据保护与 API 对接

① 服务网关请求数据资产保护模块进行数据保护。

② 数据资产保护模块通过调用 API 网关以调用外部 API，获取响应后将结果返回给服务网关。

5. 数据报告与系统管理

① 服务网关请求数据资产报告模块生成报告。

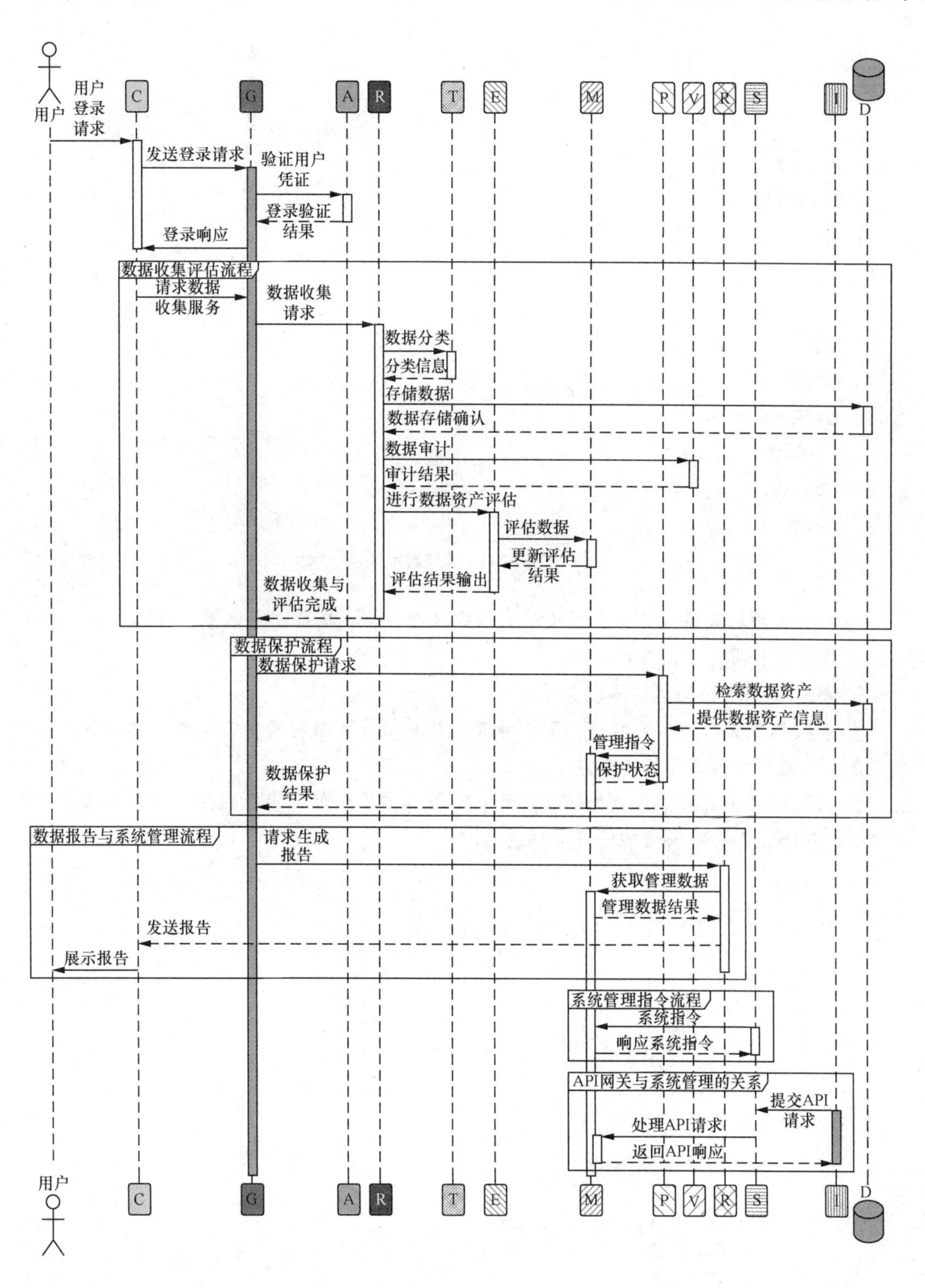
用户
用户登录请求
C
G
A
R
T
E
M
P
V
R
S
I
D
发送登录请求
验证用户凭证
登录验证结果
登录响应
数据收集评估流程
请求数据收集服务
数据收集请求
数据分类
分类信息
存储数据
数据存储确认
数据审计
审计结果
进行数据资产评估
评估数据
更新评估结果
评估结果输出
数据收集与评估完成
数据保护流程
数据保护请求
检索数据资产
提供数据资产信息
管理指令
保护状态
数据保护结果
数据报告与系统管理流程
请求生成报告
获取管理数据
管理数据结果
发送报告
展示报告
系统管理指令流程
系统指令
响应系统指令
API网关与系统管理的关系
提交API请求
处理API请求
返回API响应

注：

C：客户端

G：服务网关

A：认证服务

O：数据收集与识别

T：数据资产分类

E：数据资产评估

M：数据资产管理

P：数据资产保护

A：数据资产审计

R：数据资产报告

S：系统管理

I：API 网关

D：数据库

图6–15　系统时序

② 报告模块从数据资产管理模块获取所需数据，生成报告并发送至客户端。

③ 客户端将报告展示给用户。

6. 数据库（DB）与其他模块关系

① 在数据收集与评估流程中，数据收集模块将收集的数据存储到数据库中，并在评估完成后从数据库中检索评估结果。

② 在数据保护流程中，数据保护模块从数据库中检索数据资产信息，并根据管理指令更新保护状态，再将结果返回给服务网关。

第 7 章　数据资产评估系统功能设计

数据资产评估系统功能设计构成了一个全面的数据管理框架，它通过数据收集与识别模块和数据资产分类模块，来收集和分类数据资产，进而利用数据资产评估模块对数据的质量和价值进行深入分析，同时评估与之相关的风险。该框架还包括数据资产管理模块，以优化数据资产的维护和利用；数据资产保护模块，确保数据安全性和合规性；数据资产审计模块，监控数据使用和修改历史；数据资产报告模块，提供可视化的报告和分析结果。此外，系统管理模块支持整个系统的配置、监控和维护，确保系统的高效运行和可扩展性。这一设计旨在为组织提供一个强大的综合性系统，以有效评估管理数据资产，实现数据的最大商业价值。

7.1 数据收集与识别模块

7.1.1 功能描述

数据收集与识别模块主要负责从不同的数据源中收集与识别数据。数据收集与识别模块子功能框架如图 7-1 所示。

1. 数据接收

（1）接口定义

① **API 设计：**设计一个 RESTful API 或使用消息队列（例如 Kafka）来接收数据。API 需要支持多种数据格式的上传，例如 JSON、XML 等。

② **认证机制：**使用 OAuth 或 JWT 进行身份验证，确保数据上传的安全性。

（2）数据验证

① **自动化脚本：**开发自动化脚本或使用 ETL 工具来提取 API 接收到的数据，并将其导入预先定义好的数据库表中。

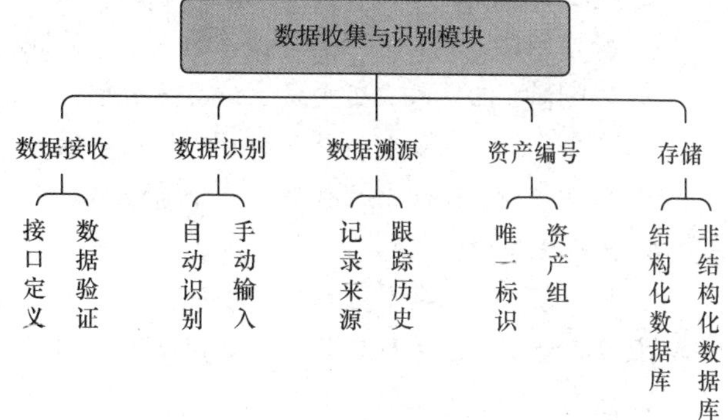

图7-1　数据收集与识别模块子功能框架

② **数据验证：** 在导入数据前，需要进行数据验证，确保数据的完整性和准确性。这包括检查数据类型、格式和范围等。

2. 数据识别

（1）自动识别

① **文件扩展名：** 根据文件扩展名初步识别数据类型（例如，.txt 为文本，.jpg 为图片）。

② **文件内容分析：** 用进一步分析文件内容来识别数据结构，例如利用图像识别技术来确认图片文件的真实性。

（2）手动输入

用户界面： 提供一个用户界面，允许用户手动输入或修正数据的类型和结构信息，尤其是当自动识别不准确时。

3. 数据溯源

（1）记录来源

① **数据来源类型：** 定义数据来源的类型，包括外部数据库、API、直接用户输入、传感器、日志文件等。对于每种来源类型，记录具体的详细信息，例如 API 的端点、传感器的位置或用户的身份。

② **获取方式：** 描述数据是如何从源头传输到系统中的。包括文件传输协议、直接数据库连接、Webhooks 或其他实时数据传输方法。

③ **时间戳：** 记录数据被捕获的具体时间，这对于追踪数据的时效性和后续分析都是非常重要的。

④ **责任方：** 记录谁负责从该来源获取数据，以及谁负责验证数据的准确性。

（2）跟踪历史

① **变更类型：** 记录数据变更的类型，例如创建、更新、删除或验证。

② **变更详情：** 详细记录每次变更的数据字段及其前后值。

③ **操作用户：** 记录执行变更操作的用户或系统。

④ **时间戳：** 记录每次变更发生的具体时间。

⑤ **变更原因：** 记录数据变更的原因，例如修正错误、更新信息或满足新规定。

⑥ **数据流转：** 详细记录数据从一个系统传输到另一个系统的时间、方式和原因。

4. 资产编号

① **唯一标识：** 为每个数据项生成一个唯一的标识符，以便跟踪和管理。

② **资产组：** 将相关数据资产编入同一资产组。

5. 存储

（1）结构化数据库

① **关系数据库：** 使用 MySQL 或其他关系数据库来存储结构化数据，例如元数据、用户信息等。

② **表设计：** 设计适当的表结构来存储不同类型的数据，例如 Text Data、Image Data、

AudioVideo Data 等。

（2）非结构化数据库

① **非关系数据库 / 文件系统**：对于图片、音视频等大型非结构化数据，可以使用非关系数据库（例如 MongoDB）或直接使用文件系统存储。

② **数据引用**：在结构化数据库中存储大文件的引用路径，而不是文件本身。

7.1.2 输入输出

（1）输入

① **原始数据**：直接从数据源（例如 API、数据库、文件等）接收的数据，包括文本、图片、音视频文件等。

② **元数据**：与原始数据相关的附加信息，包括数据来源、获取时间、数据类型（结构化或非结构化）、文件格式等。

③ **用户输入**：通过手动校正或输入，用户对数据的标注、分类或修正意见等。

④ **验证规则**：用于数据验证的规则或标准，以确保数据的准确性和完整性。

⑤ **系统配置**：系统的配置信息，例如数据存储位置、验证规则集、数据处理流程的特殊要求等。

（2）输出

① **结构化数据**：将原始数据经过处理后存入结构化数据库的数据表。

② **非结构化数据**：将非结构化的数据（例如图片、音视频文件）存储在文件系统或专用的非结构化数据库中。

③ **验证报告**：数据验证的结果，包括数据是否通过验证、未通过的原因、需要人工干预的建议等。

④ **数据溯源信息**：记录数据的来源、获取方式、历史变更等信息。

⑤ **状态消息**：更新数据处理过程中的状态，例如数据接收确认、处理进度、任何错误或异常告警等。

⑥ **日志信息**：用系统操作日志记录数据的创建、更新、删除等操作的详细信息等。

⑦ **资产清单**：初步生成数据资产清单。

7.1.3 处理流程

① **数据接收**：API/MQ[1] 接收来自外部的数据（例如 JSON、XML 等格式）。

② **数据验证**：接收到的数据被传递给验证层进行验证。验证过程可能包括检查数据类型、格式和范围等，以确保数据的完整性和准确性。

[1] MQ：Message Queuing，消息队列。

③ **验证结果**：验证层将验证结果返回给 API/MQ。

④ **数据导入**：如果数据验证通过，API/MQ 触发自动化脚本 /ETL 开始导入数据。

⑤ **数据导入到数据库**：自动化脚本 /ETL 将数据导入数据库的结构化或非结构化部分。

⑥ **发送数据溯源信息**：在数据导入的过程中或导入完成之后，自动化脚本 /ETL 将相关数据溯源信息发送给数据溯源系统。

⑦ **数据存储**：数据库负责存储导入的数据。

数据收集与识别数据处理流程如图 7-2 所示，其中涉及多个参与者（或组件）和它们之间的交互。

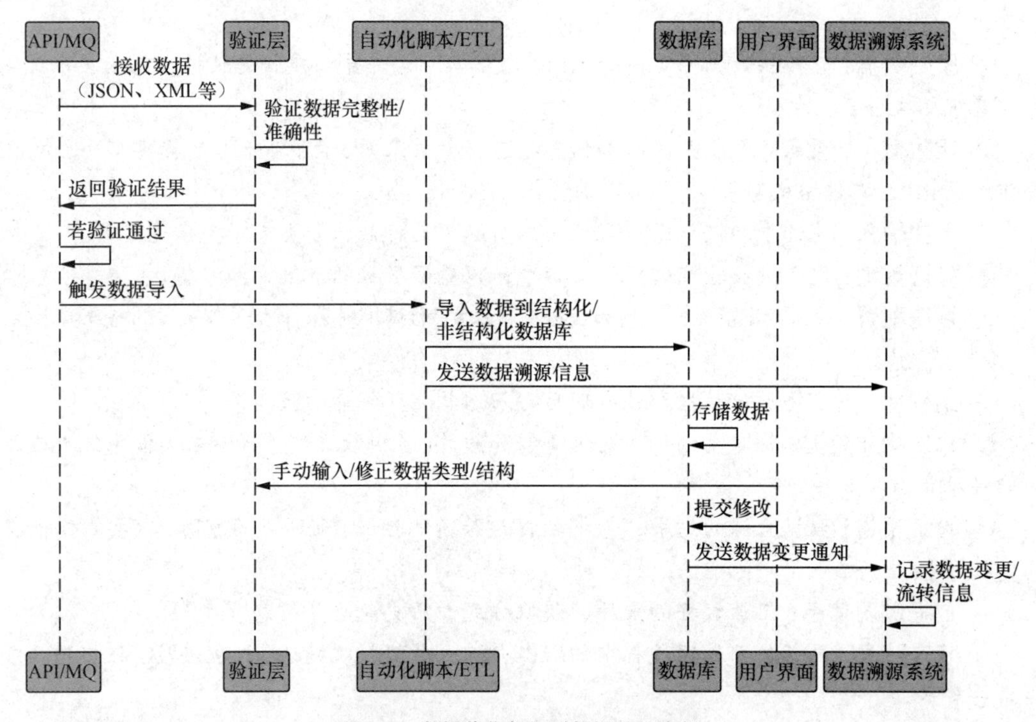

图7-2　数据收集与识别数据处理流程

7.2 数据资产分类模块

7.2.1　功能描述

数据资产分类模块主要负责对收集到的数据资产进行细致的分类。该模块基于多维度标准将数据分为不同的类别，主要包括数据类型识别、数据敏感性级别划分、数据来源归类和分类结果管理。数据资产分类功能模块如图 7-3 所示。

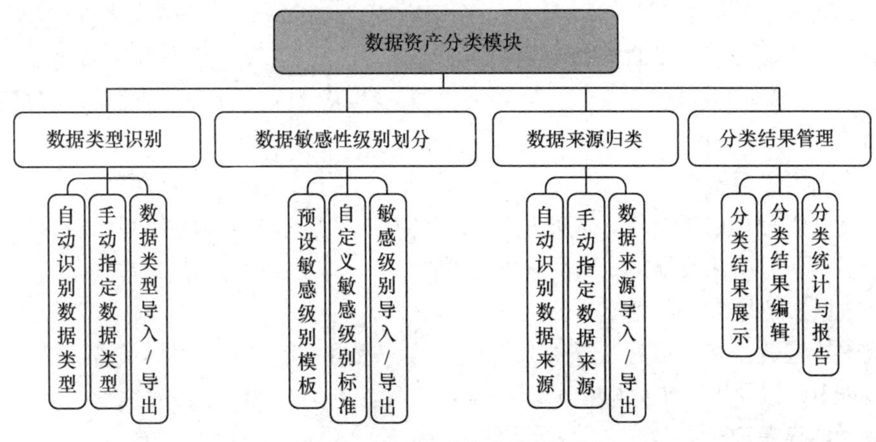

图7–3　数据资产分类功能模块

1. 数据类型识别

（1）自动识别数据类型

利用先进的数据解析技术，系统可自动检测并识别数据资产的类型，例如文本、图像、音频、视频或特定格式的文件（例如 CSV、XML、JSON 等）。这一功能对于评估数据的格式兼容性和处理需求是至关重要的。

（2）手动指定数据类型

考虑到自动检测可能存在的局限性，系统提供界面允许用户手动指定或修改数据资产的类型，确保评估过程中数据类型的准确性。

（3）数据类型导入 / 导出

系统支持将外部数据类型的识别结果导入系统，以及将系统内的数据类型信息导出到外部格式，以便数据资产的分类信息能够在不同平台或系统间有效同步。

2. 数据敏感性级别划分

（1）预设敏感级别模板

系统提供预设的敏感级别模板，帮助用户根据数据资产的潜在风险和保密需求（例如个人隐私信息、商业秘密等）进行快速分类。

（2）自定义敏感级别标准

用户可以根据自己的业务需求和合规要求，自定义数据资产的敏感级别标准，确保评估过程中能够准确反映数据资产的风险和价值。

（3）敏感级别导入 / 导出

允许用户将自定义的敏感级别标准导入系统，或将系统内的敏感级别信息导出，以实现数据资产敏感性信息的一致性和连续性管理。

3. 数据来源归类

（1）自动识别数据来源

系统通过智能分析技术自动探测数据资产的来源，识别数据是来自内部生成、外部采购、合作伙伴还是公共数据源。有助于确定数据的获取成本和可信度，进而影响数据资产的价值评估。

（2）手动指定数据来源

用户可以通过界面手动输入或修正数据来源信息，特别是在自动识别结果不明确或不准确的情况下，以确保数据来源的准确性。

（3）数据来源导入 / 导出

系统支持将数据来源信息从外部数据源导入，或将系统内的数据来源信息导出到其他系统或报告中，以便进一步分析和审计数据。

4. 分类结果管理

（1）分类结果展示

系统提供一个直观的界面展示数据资产的分类结果，包括数据类型、敏感性级别和来源等，使用户能够快速了解数据资产的分类状态。

（2）分类结果编辑

用户可以编辑分类结果，以纠正自动分类过程中的错误或根据新的业务需求调整分类。

（3）分类统计与报告

系统能够根据分类结果进行统计分析，并生成分类报告。这些报告可以展示数据资产的分布、类型比例、敏感性级别分布等关键指标，为数据治理和决策提供支持。

7.2.2 输入输出

（1）输入

① **原始数据集**：包含各种类型的数据资产，例如文档、数据库记录、图片、视频等。

② **分类规则**：预定义的分类规则集，用于指导数据类型识别、敏感性分析及来源归类。

③ **用户输入**：来自系统管理员或数据管理员的输入，用于手动调整自动分类结果或提供分类指引。

（2）输出

① **分类后的资产清单**：包含每个数据资产的详细分类信息，例如类型（结构化、非结构化）、敏感性级别（公开级、内部级、保密级）、来源（内部系统、外部合作伙伴）等。

② **分类报告**：给管理层和数据治理团队提供详细的分类报告，该分类报告汇总了所有数据资产的分类统计和分析结果。

③ **审计跟踪记录**：记录分类过程中的所有操作和更改，确保数据资产的可追溯性和合规性。

7.2.3 处理流程

（1）接收原始数据

① 从数据收集与识别模块接收原始数据集。

② 对原始数据集进行初步整理，确保数据的完整性和可用性。

（2）初步分析

① 对原始数据集进行初步分析，确定需要进行的分类工作。

② 检查数据的完整性和一致性，确保分类的准确性。

（3）数据类型识别

① **自动分析**：运用预定算法对原始数据集进行分析，检测数据结构。

② **特征提取**：从原始数据集中提取关键特征，例如数据格式、模式等。

③ **类型判定**：根据提取的特征与已知的数据类型标准进行匹配。

④ **结果记录**：将识别结果记录到数据资产清单中，供后续审核使用。

（4）数据敏感性分析

① **内容分析**：分析数据内容，寻找关键字段或信息。

② **级别判断**：基于预先定义的敏感度准则，自动对数据分级。

③ **人工审核**：系统推荐的敏感度级别需要经过人工审核确认。

④ **级别记录**：最终确定的敏感度级别随数据资产信息一并存档。

（5）数据来源归类

① **来源收集**：搜集并整理数据资产的来源信息。

② **规则匹配**：应用预设的规则对来源信息进行筛选和识别。

③ **验证确认**：通过人工或系统记录验证数据的源头。

④ **来源记录**：在资产清单中标注数据来源类别。

（6）生成分类报告

① 根据分类结果生成详细的分类报告，包含所有分类信息，可供后续评估和管理使用。

② 分类报告应包括每种分类的统计信息、分布情况及任何异常或值得注意的发现。

（7）审计与反馈

① 定期对分类过程进行审计，以确保分类规则得到正确执行，同时提升分类质量。

② 收集用户反馈，并根据反馈调整分类规则和流程，以持续改进分类的准确性和效率。

（8）维护和更新

① 定期更新分类规则库，以适应新的数据类型和变化的业务需求。

② 确保分类模块能够适应新的技术环境，例如云存储和大数据平台。

7.3 数据资产评估模块

数据资产评估模块负责对经过分类的数据资产进行详细的评估，包括数据质量评估、数据资产价值评估和数据资产风险评估。该模块提供数据资产的全面评估，从而支持数据资产管理和决策制定。数据资产评估功能模块功能框架如图 7-4 所示。

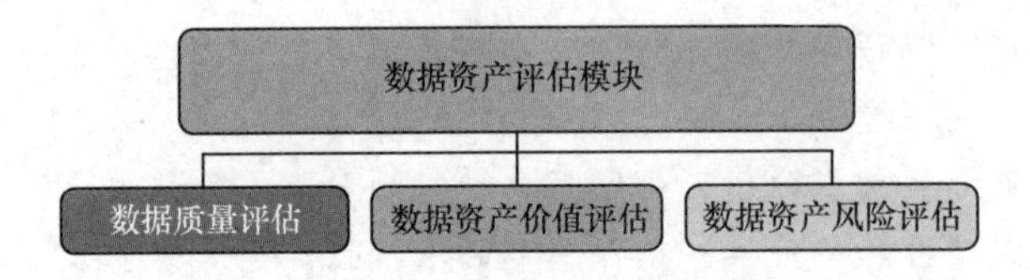

图7-4　数据资产评估功能模块功能框架

7.3.1 数据质量评估模块

7.3.1.1 功能描述

数据质量评估系统功能架构如图 7-5 所示。

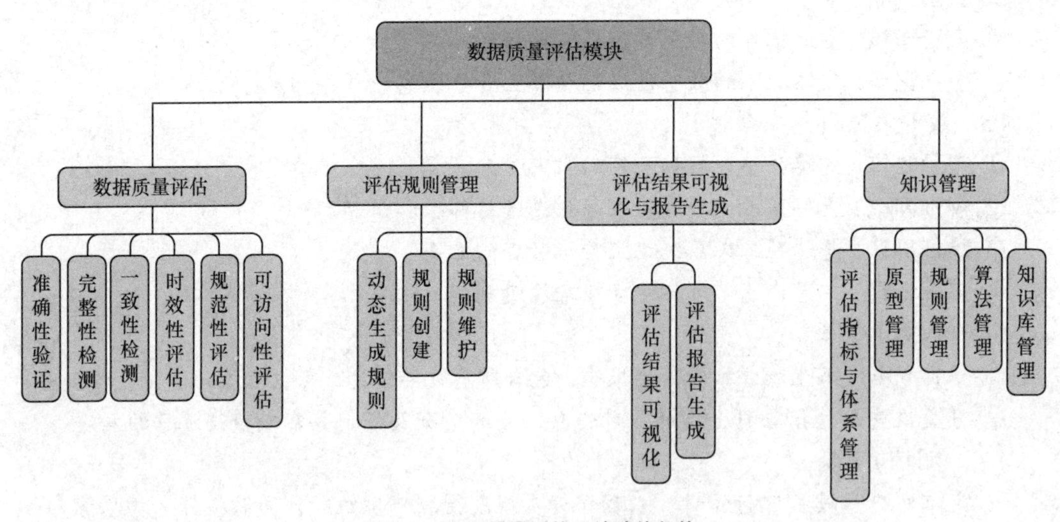

图7-5　数据质量评估系统功能架构

1. 数据质量评估

（1）准确性验证

① **正确性校验：**使用定量评估方法，例如自动化测试工具，校验数据的准确性。

② **准确性评分：** 根据准确性校验结果，为数据资产分配准确性评分。

③ **数据校正建议：** 在发现数据不准确时，提供校正建议，以提高数据质量。

（2）完整性检测

① **记录缺失检测：** 通过定性评估方法，例如专家评审，识别数据集中缺失的记录，确保数据的完整性。

② **关键字段缺失检测：** 使用自动化测试工具进行定量分析，检测关键数据字段的完整性。

③ **数据集缺失性分析：** 综合评估框架下的多维度评估模型，分析数据缺失对数据资产价值的影响。

（3）一致性检测

① **数据格式一致性：** 利用数据质量工具与技术，例如数据清洗工具，确保数据格式的一致性。

② **数据内容一致性：** 通过用户反馈和专家评审，评估数据内容的一致性。

③ **跨数据源一致性验证：** 应用统计分析方法，验证来自不同数据源的数据一致性。

（4）时效性评估

① **数据更新频率检测：** 评估数据更新的频率，确保数据能够反映最新的业务情况。这包括检查数据源是否定期更新，以及其更新周期是否与业务需求相匹配。

② **数据版本控制：** 通过版本控制系统跟踪数据的更改历史，确保可以访问到数据的历史状态，并能够理解数据随时间的变化。

③ **过时数据处理：** 制定策略处理过时或不再使用的数据，包括归档、删除或备份，以保持数据集的时效性和相关性。

④ **实时数据监控：** 对于需要实时分析的数据资产，实施实时数据监控，以确保数据的时效性。

⑤ **数据同步检查：** 对于分布式系统，检查数据在不同系统间的同步情况，确保所有系统的数据都是最新的。

（5）规范性评估

① **数据格式标准：** 确保数据遵循既定的格式和结构标准，例如JSON、XML等，便于数据的解析和交换。

② **数据命名规范：** 评估数据字段和表的命名是否遵循统一的命名规范，以提高数据的可读性和可维护性。

③ **数据存储规范：** 检查数据是否按照既定的存储规范进行组织，例如数据的分类、目录结构和文件命名规则。

④ **数据安全规范：** 评估数据是否符合数据安全和隐私保护的规范，包括加密、访问控制和敏感数据的处理。

⑤ **数据质量规范：** 确保数据质量管理遵循行业标准和最佳实践，例如ISO数据质量标准。

（6）可访问性评估

① **数据检索效率**：评估数据检索的效率，确保可以快速检索和使用数据，特别是在数据数量庞大的情况下。

② **数据访问权限**：检查数据访问权限的设置，确保只有授权用户可以访问敏感数据，同时保证数据的可用性。

③ **数据接口和 API**：评估数据接口和 API 的可用性和稳定性，确保数据可以方便地被各种系统和应用访问。

④ **数据文档和元数据**：确保数据有足够的文档和元数据支持，帮助用户理解数据的含义、结构和来源。

⑤ **数据系统的兼容性**：检查数据系统是否与其他业务系统兼容，包括技术平台、操作系统和数据库管理系统。

2. 评估规则管理

① **动态生成规则**：根据默认模板或用户需求生成评估规则。

② **规则创建**：允许用户自定义添加评估规则，针对特定数据库、数据表或数据字段进行配置。

③ **规则维护**：对已创建的规则进行修改、删除和更新等操作。

3. 评估结果可视化与报告生成

① **评估结果可视化**：通过图表、仪表盘等形式展示评估结果，便于用户直观理解数据质量状况。

② **评估报告生成**：自动生成包含评估结果、问题描述、建议措施等内容的详细报告，供用户参考和决策。

4. 知识管理

① **评估指标与体系管理**：展示和维护评估指标和体系，向用户介绍指标及其规则、原型和评估算法的关系。

② **原型管理**：管理系统相关原型及其与数据库的映射关系。

③ **规则管理**：管理系统当前所存有的数据质量评估规则。

④ **算法管理**：针对各指标的评估算法，用户可查看或调整算法参数。

⑤ **知识库管理**：存储和管理用户自定义的需求模板。

7.3.1.2 输入输出

（1）输入

① **原始数据集**：需要评估未经处理的数据。

② **评估规则**：用户定义或系统生成的数据质量规则。

③ **时效性标准**：数据的有效时间范围或更新频率要求。

④ **规范性标准**：数据需要遵循的格式、命名和存储等规范。

⑤ **可访问性要求**：数据的访问权限、检索效率等要求。

⑥ **用户需求**：用户对数据质量评估规则的特定要求。

⑥ **默认模板**：系统提供的默认评估规则模板。

⑧ **评估数据**：从数据质量评估模块接收的评估结果数据。

⑨ **可视化需求**：用户对结果展示的特定要求（例如图表类型、仪表盘布局等）。

⑩ **指标与体系**：数据质量评估的指标体系和规则。

⑪ **算法参数**：用户对评估算法的调整或优化参数。

⑫ **用户模板**：用户自定义的需求模板。

⑬ **权重设置**：用户定义或系统默认的各数据质量维度（例如准确性、完整性、一致性、时效性等）的权重。

（2）输出

① **评估报告**：包含准确性、完整性、一致性、时效性、规范性和可访问性评估结果的详细报告。

② **改进建议**：针对检测到的数据质量问题给出建议。

③ **自定义规则**：用户创建和维护的评估规则。

④ **规则更新**：修改、删除或更新的规则信息。

⑤ **可视化结果**：以图表、仪表盘等形式展示的评估结果。

⑥ **评估报告**：包含详细评估结果、问题描述和建议措施的报告文档。

⑦ **知识库**：存储评估指标、规则、算法和用户模板的知识库。

⑧ **算法应用**：应用在数据质量评估中的算法及其调整结果。

⑨ **调整系数**：基于数据质量评估结果和预设的权重或业务规则计算出的数据质量因素调整系数。

7.3.1.3　处理流程

处理流程展示数据质量评估系统的主要模块及其交互过程。用户通过界面与系统交互，输入数据质量需求。系统根据这些需求动态生成规则，并引导用户进行规则的自定义。用户上传待评估的数据集，系统将根据设定的规则进行数据质量评估，包括准确性验证、完整性检查、一致性检测、时效性评估、规范性评估和可访问性评估。

评估完成后，系统会根据结果生成评估报告，并提供可视化结果。用户可以查看评估报告，并提出改进建议。同时，用户还可以查询知识库中的信息，以获取更多关于数据质量评估指标和体系的知识。

此外，用户还可以对算法参数进行调整，系统会根据这些调整更新算法管理。整个过程是一个循环迭代的过程，旨在不断优化数据质量评估的准确性和效率。数据质量评估处理流程如图 7-6 所示。

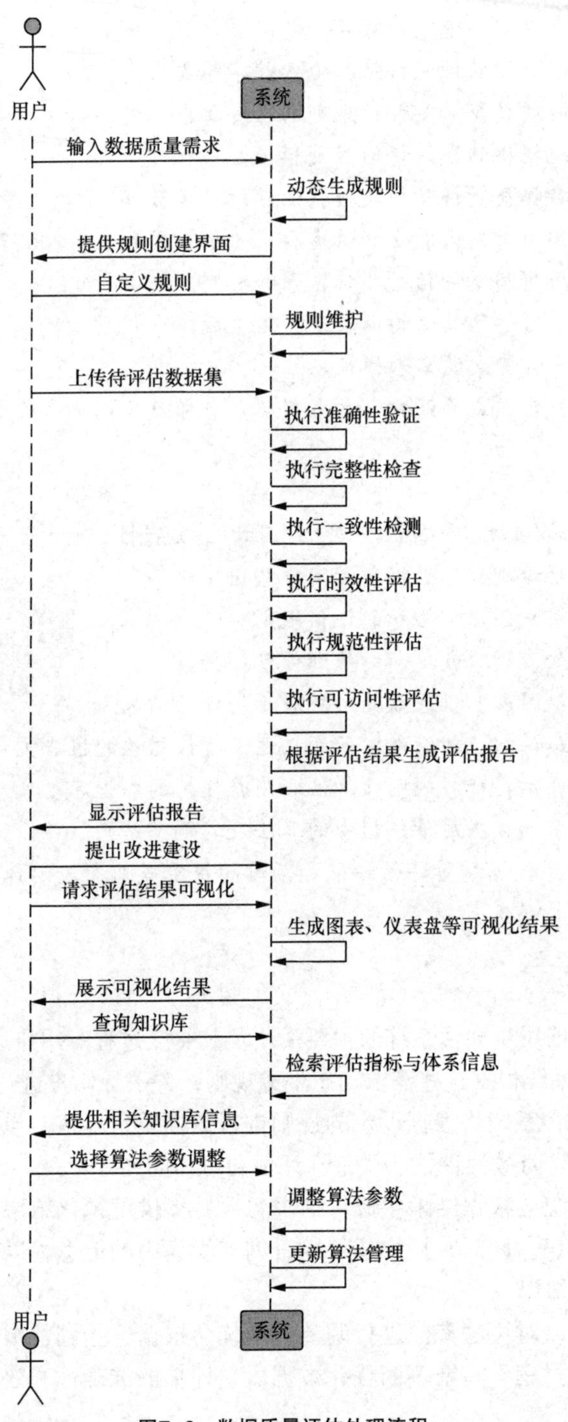

图7-6　数据质量评估处理流程

（1）数据质量评估

① **输入**：用户通过界面输入数据质量需求。

② **处理**：系统根据用户需求动态生成预定义规则。

③ **输出**：显示规则创建界面，引导用户自定义规则。

（2）评估规则管理

① **输入**：用户自定义的规则。

② **处理**：系统对规则进行维护，包括更新、删除或修改。

③ **输出**：维护后的规则存储于系统中。

（3）评估结果可视化与报告生成

① **输入**：从数据质量评估模块接收的评估结果。

② **处理**：系统根据评估结果生成详细的评估报告。

③ **输出**：向用户显示评估报告，并提供结果的可视化展示，例如图表、仪表盘等。

（4）知识管理

① **输入**：用户的查询请求，包括对评估指标与体系信息的查询。

② **处理**：系统检索知识库，提取相应的信息。

③ **输出**：系统向用户提供可查询到的知识库信息。

（5）算法管理

① **输入**：用户选择的算法参数调整。

② **处理**：系统根据用户选择调整算法参数。

③ **输出**：更新后的算法存储于系统中。

7.3.2　数据资产价值评估模块

7.3.2.1　功能描述

数据资产价值评估系统功能架构如图 7-7 所示。

（1）价值评估方法管理

① **方法库维护**：增加、删除或更新评估方法，例如成本法、市场法、收益法等。

② **方法应用准则**：为不同类型和用途的数据资产选择合适的评估方法。

③ **自定义方法开发**：允许用户根据特定需求自定义评估方法。

（2）价值评估指标体系构建

① **指标定义**：定义影响数据资产价值的关键指标，例如数据质量、数据规模与多样性、应用场景、技术因素和外部环境等。

② **权重分配**：为不同指标分配权重，反映其在总体价值评估中的重要性。

③ 动态调整：根据业务发展和市场变化动态调整指标及其权重。

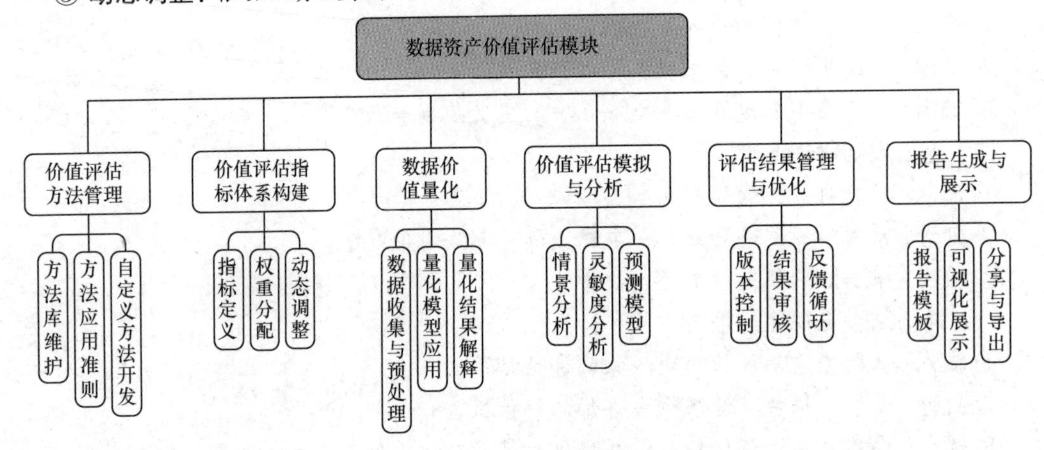

图7–7　数据资产价值评估系统功能架构

（3）数据价值量化

① 数据收集与预处理：从数据收集与识别模块获得必要的数据并对其进行预处理，以符合价值评估的需要。

② 量化模型应用：应用选定的量化方法（价值评估方法）来估算数据资产的价值。

③ 量化结果解释：提供清楚的量化结果解释，帮助用户理解数据资产的具体价值。

（4）价值评估模拟与分析

① 情景分析：模拟不同的业务和市场情景对数据资产价值产生的影响。

② 灵敏度分析：分析关键指标变化对数据资产价值的影响程度。

③ 预测模型：基于历史数据和市场趋势，预测数据资产的未来价值。

（5）评估结果管理与优化

① 版本控制：保存不同时间点的评估结果和参数设置，以便后续追踪和比较。

② 结果审核：允许专家审核和验证评估结果的准确性和可靠性。

③ 反馈循环：根据用户和专家的反馈优化评估方法和指标。

（6）报告生成与展示

① 报告模板：提供标准化和定制化的报告模板。

② 可视化展示：使用图表和仪表板展示评估结果，增强可读性和易懂性。

③ 分享与导出：方便用户分享和导出评估报告。

7.3.2.2　输入输出

（1）输入

① 评估方法信息：包括各种数据资产价值评估方法（例如成本法、市场法、收益法等）

的详细描述和参数。

② **指标体系信息**：包含影响数据资产价值的关键指标（例如数据质量因素调整系数、规模与多样性、应用场景等）及其定义和权重分配。

③ **数据资产详情**：从数据收集与识别模块获得关于数据资产的详细信息，例如数据量、生成方式、使用情况等。

④ **用户自定义方法**：用户根据特定需求自定义的评估方法及其相关参数和规则。

⑤ **情景分析参数**：用于模拟不同业务和市场情景的变量和假设条件。

⑥ **灵敏度分析参数**：用于测试关键指标变化对数据资产价值影响的参数。

⑦ **预测模型参数**：基于历史数据和市场趋势进行未来价值预测所需的统计模型和算法参数。

⑧ **专家反馈**：专家对评估结果提出审核意见和优化建议。

（2）输出

① **评估方法库更新确认**：对增加、删除或更新评估方法操作的确认信息。

② **指标体系更新确认**：对指标定义、权重分配及动态调整操作的确认信息。

③ **价值评估报告**：详细的数据资产价值评估报告，包含量化结果和解释。

④ **情景分析报告**：模拟不同业务和市场情景对数据资产价值影响的报告。

⑤ **灵敏度分析报告**：分析关键指标变化对数据资产价值影响程度的报告。

⑥ **预测价值报告**：基于历史数据和市场趋势预测的数据资产未来价值报告。

⑦ **评估结果版本管理**：保存评估结果和设置参数，用于追踪和比较版本信息。

⑧ **优化建议报告**：根据用户和专家反馈生成的评估方法与指标优化建议报告。

⑨ **可视化展示**：使用图表和仪表板展示评估结果，以增强可读性和易懂性。

⑩ **分享与导出文件**：方便用户分享与导出评估报告和分析结果文件。

7.3.2.3　处理流程

数据资产价值评估系统的工作流程，是从用户输入评估方法、指标体系、数据资产详情等信息开始，系统通过动态生成规则、执行情景和灵敏度分析、应用预测模型处理上述输入，最终输出包括评估方法库和指标体系的更新确认、详细的价值评估报告、情景分析、灵敏度分析、预测价值报告，以及评估结果的版本管理。此外，系统还提供优化建议报告和可视化展示，允许用户轻松分享和导出评估结果。数据资产价值评估处理流程如图 7-8 所示。

（1）输入阶段

① **提供评估方法信息**：用户向系统提供各种数据资产价值评估方法的详细信息，例如成本法、市场法、收益法等。

② **提供指标体系信息**：用户输入影响数据资产价值的指标信息，例如数据质量、规模与多样性等。

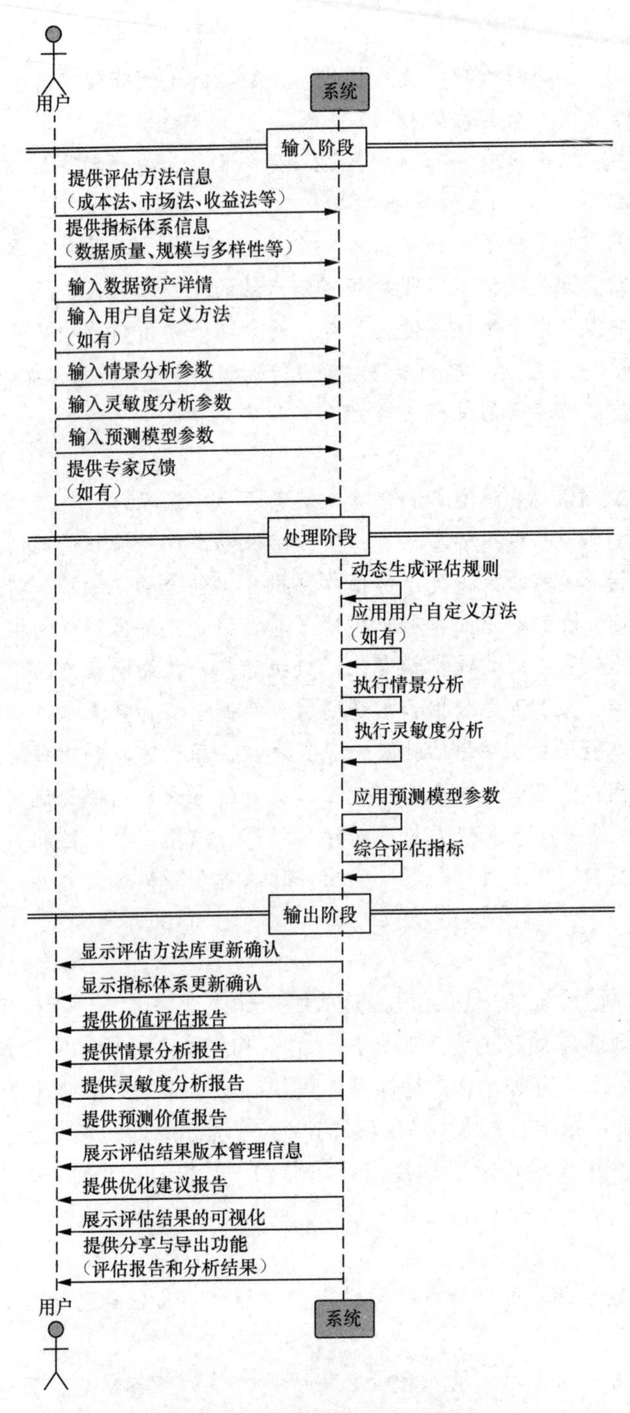

图7-8　数据资产价值评估处理流程

③ **输入数据资产详情**：用户提供从数据收集与识别模块获取的数据资产详细信息，例如数据量、生成方式、使用情况等。

④ **输入用户自定义方法**：如果用户有特定的评估需求，可以输入自定义的评估方法及其相关参数和规则。

⑤ **输入情景分析参数**：用户输入用于模拟不同业务和市场情景的变量和假设条件。

⑥ **输入灵敏度分析参数**：用户输入用于测试关键指标变化对数据资产价值影响的参数。

⑦ **输入预测模型参数**：用户输入基于历史数据和市场趋势进行未来价值预测所需的统计模型和算法参数。

⑧ **提供专家反馈**：如果可用，用户可以提供专家对评估结果的审核意见和优化建议。

（2）处理阶段

① **动态生成评估规则**：系统根据用户输入的信息动态生成评估规则。

② **应用用户自定义方法**：如果用户提供了自定义方法，系统将应用这些方法进行评估。

③ **执行情景分析**：系统使用情景分析参数来模拟不同情景下的数据资产价值。

④ **执行灵敏度分析**：系统使用灵敏度分析参数来评估关键指标变化对价值的影响。

⑤ **应用预测模型参数**：系统使用预测模型参数来进行数据资产的未来价值预测。

⑥ **综合评估指标**：系统综合所有输入的指标和分析结果，生成初步评估结果。

（3）输出阶段

① **显示评估方法库更新确认**：系统向用户显示评估方法库的更新状态。

② **显示指标体系更新确认**：系统确认指标定义、权重分配的更新。

③ **提供价值评估报告**：系统生成并提供详细的数据资产价值评估报告。

④ **提供情景分析报告**：系统提供模拟不同情景对数据资产价值影响的报告。

⑤ **提供灵敏度分析报告**：系统分析并提供关键指标变化对价值影响程度的报告。

⑥ **提供预测价值报告**：系统基于历史数据和市场趋势提供预测的数据资产未来价值报告。

⑦ **展示评估结果版本管理**：系统保存评估结果和参数设置的版本信息，用于追踪和比较。

⑧ **提供优化建议报告**：系统根据用户和专家的反馈提供评估方法与指标的优化建议。

⑨ **展示可视化展示**：系统使用图表和仪表板展示评估结果，增强报告的可读性和易懂性。

⑩ **提供分享与导出功能**：系统允许用户方便地分享和导出评估报告与分析结果文件。

7.3.3 数据资产风险评估模块

7.3.3.1 功能描述

数据资产风险评估系统功能模块如图 7-9 所示。

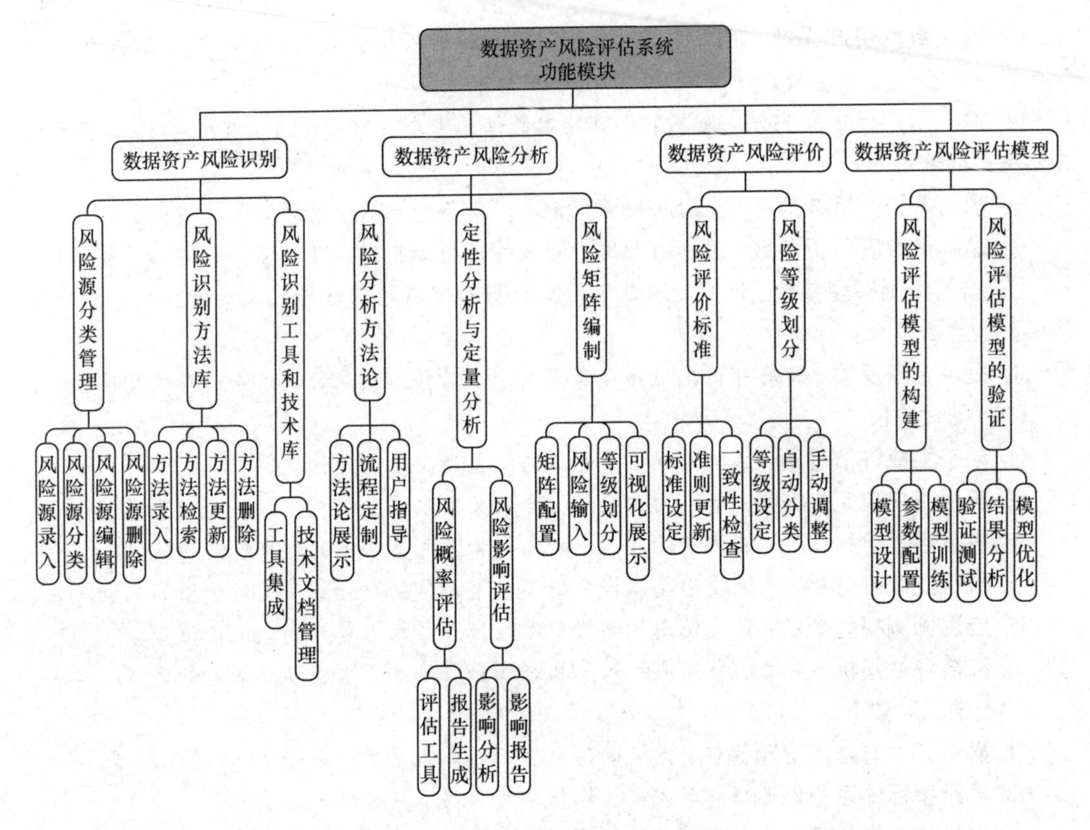

图7-9　数据资产风险评估系统功能模块

1. 数据资产风险识别

（1）风险源分类管理

① **风险源录入**：允许用户手动输入风险源信息，包括风险源的名称、描述、类型等基本信息。

② **风险源分类**：提供预定义的风险源类别，例如技术风险、操作风险、法律风险等，并允许用户对风险源进行分类。

③ **风险源编辑**：用户可以对已录入的风险源信息进行修改和更新。

④ **风险源删除**：允许用户从系统中删除不再相关或过时的风险源信息。

（2）风险识别方法库

① **方法录入**：允许用户添加新的风险识别方法，包括方法的描述、步骤、适用场景等信息。

② **方法检索**：提供搜索功能，帮助用户快速找到特定的风险识别方法。

③ **方法更新**：用户可以对已有的风险识别方法进行更新或改进。

④ **方法删除**：允许用户移除不再适用或无效的风险识别方法。

（3）风险识别工具和技术库

① **工具集成**：将各种风险识别工具整合到系统中，提供“一站式”访问。

② **技术文档管理**：管理与风险识别相关的技术文档，确保用户能够获取最新的知识和支持。

2. 数据资产风险分析

（1）风险分析方法论

① **方法论展示**：展示不同的风险分析方法论，例如定性分析、定量分析等。

② **流程定制**：允许用户根据特定需求定制风险分析流程。

③ **用户指导**：提供详细的用户指导和最佳实践，帮助用户有效地进行风险分析。

（2）定性分析与定量分析

① 风险概率评估

评估工具：提供工具来帮助用户评估风险发生的概率。

报告生成：自动生成风险概率评估报告。

② 风险影响评估

影响分析：分析风险对组织的潜在影响。

影响报告：生成详细的风险影响报告。

（3）风险矩阵编制

① **矩阵配置**：允许用户配置风险矩阵的参数，例如概率和影响的等级划分。

② **风险输入**：用户可以将识别的风险输入风险矩阵中。

③ **等级划分**：根据风险的概率和影响，自动将风险划分为不同的等级。

④ **可视化展示**：以图形化的方式展示风险矩阵，以便用户直观地理解风险分布。

3. 数据资产风险评价

（1）风险评价标准

① **标准设定**：允许用户设定风险评价的标准和准则。

② **准则更新**：随着环境和组织需求的变化，用户可以更新评价准则。

③ **一致性检查**：确保所有风险评价都遵循一致的标准和准则。

（2）风险等级划分

① **等级设定**：允许用户设定不同的风险等级，例如高级、中级、低级。

② **自动分类**：系统根据设定的评价标准和输入的风险信息自动对风险进行分类。

③ **手动调整**：用户可以手动调整风险的分类，以反映组织的特定需求和偏好。

4. 数据资产风险评估模型

（1）风险评估模型的构建

① **模型设计**：提供工具和框架来设计风险评估模型。

② **参数配置**：允许用户配置模型参数，例如权重、阈值等。

③ **模型训练**：使用历史数据来训练风险评估模型。

（2）风险评估模型的验证

① **验证测试**：通过测试数据集来验证模型的准确性和有效性。

② **结果分析**：分析验证结果，识别模型的强项和弱点。

③ **模型优化**：根据验证结果对模型进行优化，以提高其预测能力。

7.3.3.2　输入输出

（1）输入

① **风险源信息**：包括风险源的名称、描述、类型等基本信息。

② **风险识别方法**：详细的描述和参数，包括录入、检索、更新和删除的指令。

③ **工具和技术元数据**：用于风险识别的工具和技术的详细信息。

④ **分析方法论选择和定制流程**：用户选择的分析方法论和定制的分析流程。

⑤ **风险数据**：包括风险的概率和影响的信息。

⑥ **风险评价标准和准则**：用户设定的评价标准和准则。

⑦ **风险等级参数**：用户设定的风险等级划分参数。

⑧ **模型设计参数和历史数据**：用于构建风险评估模型的设计参数和训练数据。

⑨ **测试数据集**：用于验证风险评估模型的测试数据。

（2）输出

① **确认信息**：对录入、编辑、删除等操作的确认。

② **风险源列表**：更新后的风险源列表。

③ **检索结果**：匹配的风险识别方法列表。

④ **工具和技术目录**：集成或更新后的工具和技术目录。

⑤ **分析方法论指导和流程图**：根据用户选择，提供分析流程。

⑥ **分析报告**：包括风险概率和影响的评估结果。

⑦ **风险矩阵和风险等级**：可视化的风险分布图和划分的风险等级。

⑧ **一致性报告**：对风险评价结果的一致性检查报告。

⑨ **风险等级报告**：详细列出每个风险及其等级的报告。

⑩ **训练完成的模型**：经过训练并确认有效的风险评估模型。

⑪ **验证结果和优化建议**：模型的准确性和有效性报告，以及改进建议。

7.3.3.3　处理流程

风险管理系统处理流程如图7-10所示，从录入风险源信息到风险评估模型的构建和优化，再到报告的生成和反馈的获取，最后是持续监控和定期重新评估。整个过程旨在确保

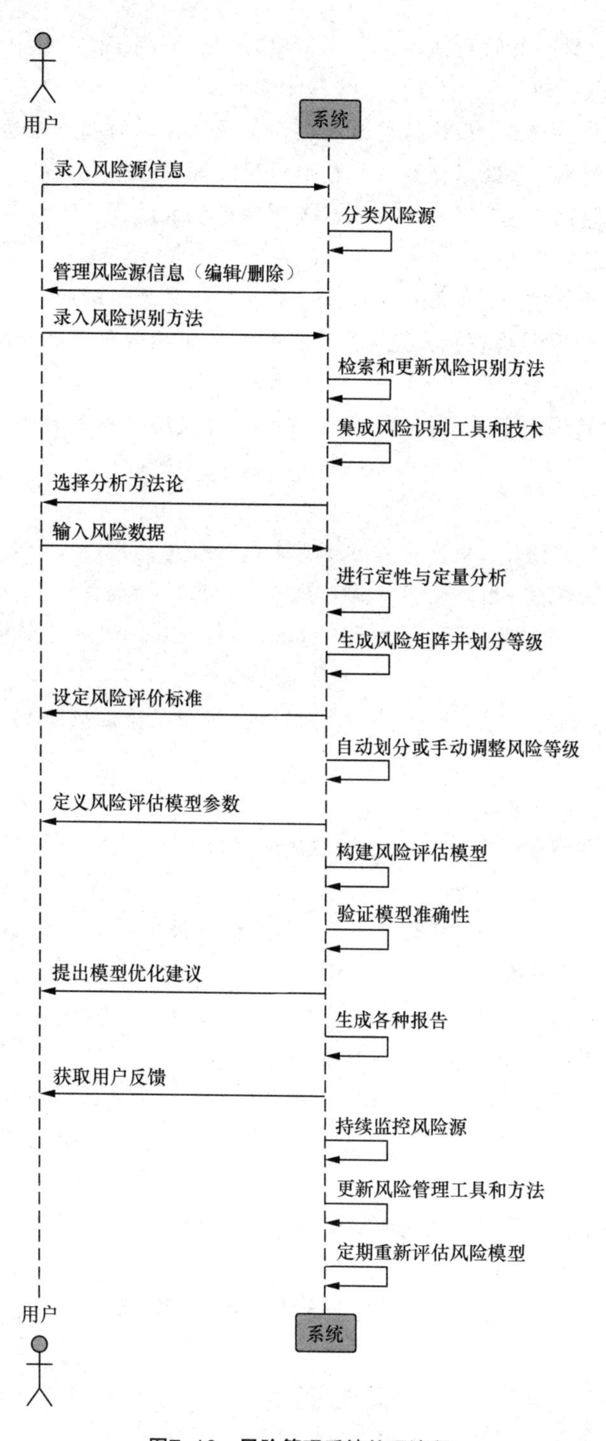

图7-10 风险管理系统处理流程

组织能够有效识别、评估和管理风险，以支持更好的决策制定。

（1）风险源信息管理

① **用户录入风险源信息：**用户通过系统界面输入风险源的相关信息。

② **系统分类风险源：**系统根据预设的标准对风险源进行分类。

③ **用户管理风险源信息：**用户可以编辑或删除已录入的风险源信息。

（2）风险识别方法管理

① **用户录入风险识别方法：**用户通过系统界面输入风险识别的方法和工具。

② **系统检索和更新风险识别方法：**系统在数据库中检索现有的风险识别方法，并根据需要更新风险识别方法。

③ **系统集成风险识别工具和技术：**系统整合多种风险识别工具和技术，以提高识别的准确性和效率。

（3）风险分析与评估

① **用户选择分析方法论：**用户根据具体需求选择合适的风险分析方法论。

② **用户输入风险数据：**用户向系统输入风险分析所需的数据。

③ **系统进行定性与定量分析：**系统根据输入的数据和选定的分析方法论进行风险的定性和定量分析。

④ **系统生成风险矩阵并划分等级：**系统根据分析结果生成风险矩阵，并将风险划分为不同的等级。

（4）风险评价标准设定

① **用户设定风险评价标准：**用户根据组织的风险承受能力和管理层的决策设定风险评价的标准。

② **系统自动划分或手动调整风险等级：**系统根据设定的评价标准自动划分风险等级，或提供界面供用户手动调整。

（5）风险评估模型构建与优化

① **用户定义风险评估模型参数：**用户根据具体需求定义风险评估模型的参数。

② **系统构建风险评估模型：**系统根据用户定义的参数构建风险评估模型。

③ **系统验证模型准确性：**系统通过历史数据或其他验证方法检验风险评估模型的准确性。

④ **系统提出模型优化建议：**系统根据验证结果，向用户提出模型优化的建议。

（6）报告生成与反馈获取

① **系统生成各种报告：**系统根据风险评估的结果生成各种报告，例如风险摘要报告、详细分析报告等。

② **用户获取用户反馈：**用户通过系统获取利益相关者的反馈，以进一步调整风险管理策略。

（7）持续监控与风险管理工具更新

① **系统持续监控风险源**：系统不断监控风险源的变化，确保风险管理的实时性和有效性。

② **系统更新风险管理工具和方法**：系统定期更新风险管理工具和方法，以适应不断变化的风险环境。

（8）定期重新评估

系统定期重新评估风险模型：为保证风险评估的准确性，系统定期重新评估风险模型，并根据最新的风险状况调整风险管理措施。

7.4 数据资产管理模块

7.4.1 功能描述

数据资产管理模块负责对数据资产进行统一管理，包括数据资产目录、分发和保护。数据资产管理模块如图 7-11 所示。

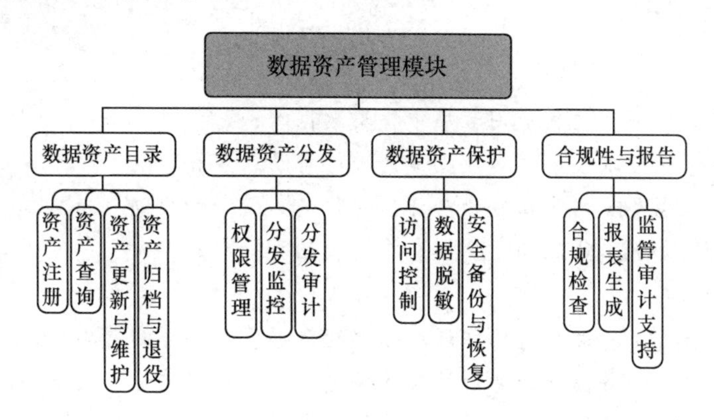

图7-11 数据资产管理模块

（1）数据资产目录

① **资产注册**：创建数据资产的初始记录，包括数据资产的基本信息和分类。

② **资产查询**：提供查询功能，允许用户快速检索数据资产的详细信息。

③ **资产更新与维护**：允许用户更新数据资产信息，确保数据资产目录的准确性和最新状态。

④ **资产归档与退役**：管理数据资产的归档和退役流程，确保不再使用的数据资产得到

妥善处理。

（2）数据资产分发

① **权限管理**：控制用户对数据资产的访问权限，确保数据安全和合规使用。

② **分发监控**：监控数据资产的分发过程，确保数据传输的安全性和可靠性。

③ **分发审计**：记录和审计数据资产的分发活动，以便追踪和验证数据的使用情况。

（3）数据资产保护

① **访问控制**：实施访问控制策略，限制对敏感数据资产的访问，保护数据不被未授权访问。

② **数据脱敏**：对敏感信息进行脱敏处理，防止在数据使用或共享过程中发生泄露。

③ **安全备份与恢复**：定期备份数据资产，并确保在数据丢失或损坏时能够快速恢复。

（4）合规性与报告

① **合规检查**：定期进行合规性检查，确保数据资产的使用和管理符合相关法律法规和标准。

② **报表生成**：生成数据资产相关报表，包括资产目录、使用情况和合规性状态。

③ **监管审计支持**：支持监管审计过程，提供必要的数据和文档，证明数据的合规性。

7.4.2 输入输出

（1）输入

① **数据源**：从各个系统和应用程序中收集数据。

② **用户输入**：管理员或用户对数据资产进行手动录入和修改。

③ **评估模型和规则**：用于数据资产评估的预定义模型和规则集。

④ **安全策略和标准**：组织的信息安全政策和相关标准。

（2）输出

① **数据资产清单**：包含所有已发现和分类的数据资产的详细清单。

② **评估报告**：包含数据资产评估结果的报告，包括数据质量、价值和风险评估。

③ **保护措施建议**：基于评估结果提出的数据资产保护措施和建议。

④ **审计跟踪记录**：记录数据资产管理过程中的所有操作和更改，确保数据的可追溯性和合规性。

7.4.3 处理流程

（1）数据资产目录

① **资产注册**：接收来自数据资产分类模块的新发现数据资产，将其加入目录。

② **资产查询**：允许用户根据不同条件搜索和检索数据资产。

③ **资产更新与维护**：定期更新数据资产信息，并对数据资产信息进行维护。

④ **资产归档与退役**：将不再使用的数据资产标记为归档状态，必要时进行退役处理。

（2）数据资产分发

① **权限管理**：控制和记录数据资产的访问和分发权限。

② **分发监控**：实时监控数据资产的分发情况，防止未授权的分发。

③ **分发审计**：记录并审核数据资产的分发历史，确保可追溯性。

（3）合规性与报告

① **合规检查**：定期检查数据资产的处理是否满足相关的法律规定。

② **报表生成**：生成关于数据资产状态的报表，供管理层决策使用。

③ **监管审计支持**：提供必要的数据支持和工具来协助外部监管审计。

7.5 数据资产保护模块

7.5.1 功能描述

数据资产保护模块负责确保组织内数据资产的安全性和保密性。该模块通过访问控制、数据脱敏和安全备份与恢复等措施来保护数据资产。数据资产保护模块如图 7-12 所示。

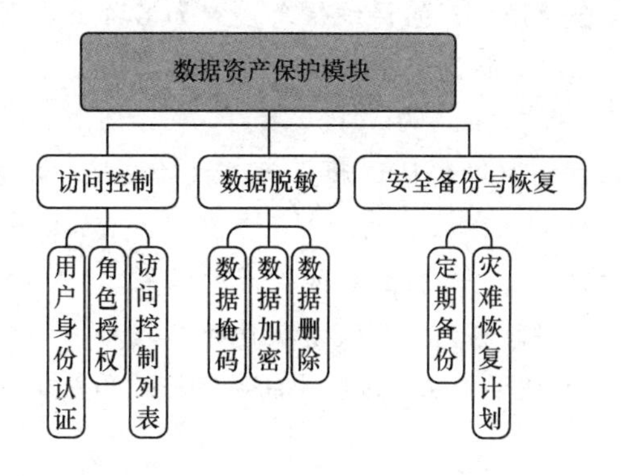

图7-12　数据资产保护模块

（1）访问控制

① **用户身份认证**：确保只有认证过的用户才能访问数据资产。采用多因素认证等安全措施，提高认证的强度。

② **角色授权**：根据用户的角色和职责，授予相应的数据访问权限。实现基于角色的访问控制，以简化权限管理。

③ **访问控制列表**：使用访问控制列表来精细控制用户对特定数据资产的访问，包括读取、写入和执行权限。

（2）数据脱敏

① **数据掩码**：对敏感数据进行掩码处理，防止在开发、测试或其他非生产环境中暴露真实数据。

② **数据加密**：对存储和传输中的数据资产进行加密，确保数据的保密性和完整性。

③ **数据删除**：提供安全的数据删除机制，确保删除的数据资产无法被恢复，以保护敏感信息。

（3）安全备份与恢复

① **定期备份**：制订和实施定期备份计划，确保数据资产的副本在安全的环境中存储，防止数据丢失。

② **灾难恢复计划**：建立灾难恢复策略和流程，以便在发生数据丢失或系统发生故障时快速恢复数据资产。

7.5.2 输入输出

（1）输入

① **用户请求**：管理员或用户对数据资产的访问请求。

② **数据资产信息**：包含数据资产的详细信息，例如名称、类型、来源等。

③ **安全策略和标准**：组织的信息安全政策和相关标准。

（2）输出

① **访问控制结果**：根据用户身份认证和角色授权的结果，决定是否允许用户访问数据资产。

② **数据脱敏结果**：对敏感数据进行脱敏处理后的结果。

③ **备份和恢复结果**：定期备份和灾难恢复操作的结果。

④ **审计跟踪记录**：记录数据资产保护过程中的所有操作和更改，确保数据的可追溯性和合规性。

7.5.3 处理流程

（1）访问控制

① **用户身份认证**：验证用户的身份，确保只有合法用户能够访问数据资产。

② **角色授权**：根据用户的角色分配相应的权限，限制用户的访问范围。

③ **访问控制列表**：定义用户对数据资产的访问权限，包括读取、写入等操作。

（2）数据脱敏

① **数据掩码**：将敏感数据替换为掩码字符，保护个人隐私。

② **数据加密**：使用加密算法对敏感数据进行加密，确保数据在传输和存储过程中的安全性。

③ **数据删除**：对于不再需要的数据，进行彻底删除，防止数据泄露。

（3）安全备份与恢复

① **定期备份**：按照预定计划，定期对数据资产进行备份，防止数据丢失。

② **灾难恢复计划**：制定灾难恢复方案，以便在发生灾难时能够迅速恢复数据资产。

数据资产保护模块通过多种措施来保护组织内的数据资产，确保数据的安全性和保密性。

7.6 数据资产审计模块

7.6.1 功能描述

数据资产审计模块负责对数据资产进行审计，以确保数据资产的安全性和合规性。该模块通过审计策略、审计记录和审计报告等功能实现审计过程的自动化和可追溯性。数据资产审计模块如图 7-13 所示。

（1）审计策略

① **审计规则定义**：根据数据资产的使用和保护需求，定义一套详细的审计规则，明确需要被审计的操作和事件。

② **审计触发条件**：设置触发审计的特定条件，例如数据访问、修改、删除等敏感操作，确保关键活动能够及时被记录和审查。

③ **审计通知设置**：配置审计通知机制，当触发审计事件时，相关管理人员和审计员能够及时获得通知，采取必要的审计措施。

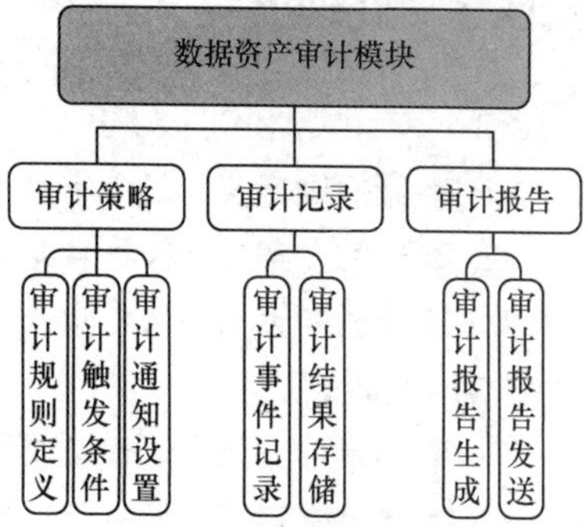

图7-13　数据资产审计模块

（2）审计记录

① **审计事件记录**：记录所有审计事件的详细信息，包括事件的时间、操作类型、操作用

户、影响的数据资产等，为事后分析和追踪提供依据。

② **审计结果存储**：安全地存储审计结果，确保审计数据的完整性和可追溯性，防止审计信息被篡改或丢失。

（3）审计报告

① **审计报告生成**：根据审计记录和结果，生成详细的审计报告，包括审计活动的概览、发现的问题、风险评估和改进建议。

② **审计报告发送**：将审计报告发送给相关的管理人员、审计人员和利益相关者，确保审计结果的透明度和及时性。

7.6.2 输入输出

（1）输入

① **审计规则**：定义审计过程中需要遵循的规则和标准。

② **审计触发条件**：根据特定的条件触发审计操作。

③ **审计通知设置**：指定审计结果的通知方式和接收人。

④ **审计事件**：记录数据资产的操作和更改。

⑤ **审计结果**：根据审计规则评估数据资产的结果。

（2）输出

① **审计报告**：包含审计结果和建议的报告，供管理层决策使用。

② **审计通知**：将审计结果通知给指定的人员或部门。

7.6.3 处理流程

（1）审计策略

① **审计规则定义**：制定审计规则，包括审计范围、审计标准和审计方法等。

② **审计触发条件**：根据特定的条件触发审计操作，例如定期审计、异常行为触发等。

③ **审计通知设置**：指定审计结果的通知方式和接收人，例如邮件、短信等。

（2）审计记录

① **审计事件记录**：记录数据资产的操作和更改，包括用户、时间、操作类型等信息。

② **审计结果存储**：将审计结果存储在数据库或其他存储系统中，以便后续查询和分析。

（3）审计报告

① **审计报告生成**：根据审计结果生成审计报告，包括审计结论、问题分析和改进建议等。

② **审计报告发送**：将审计报告发送给指定的人员或部门，以便他们了解数据资产的状

态和改进措施。

数据资产审计模块通过审计策略、审计记录和审计报告等功能来实现数据资产的全面审计。同时，该模块还提供了审计通知功能，确保相关人员能够及时了解审计结果，并采取相应的措施。

7.7 数据资产报告模块

7.7.1 功能描述

数据资产报告模块负责生成和展示关于数据资产的报告，供管理层决策使用。该模块通过报表生成、报表展示和报表导出等功能来实现报告的生成和分发。数据资产报告模块如图 7-14 所示。

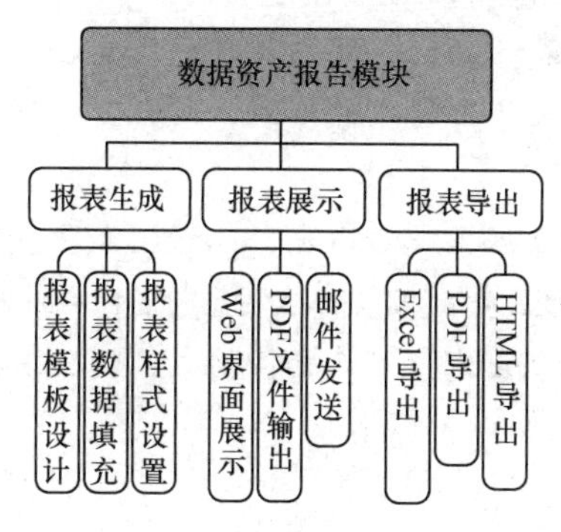

图7–14　数据资产报告模块

（1）报表生成

① **报表模板设计**：创建可定制的报表模板，以满足不同用户和场景的需求。模板中定义了报表的布局、必要字段和呈现风格。

② **报表数据填充**：根据模板和用户定义的标准，自动填充报表数据，包括数据资产的评估结果、风险分析、价值评估等关键信息。

③ **报表样式设置**：允许用户根据偏好设置报表的样式，例如字体、颜色和图表类型，以提高报表的可读性和吸引力。

（2）报表展示

① **Web界面展示**：通过系统Web界面展示报表，使用户能够在线浏览和分析数据资产的评估结果。

② **PDF 文件输出**：提供将报表输出为 PDF 格式的功能，方便用户下载、打印或通过电子邮件分享。

③ **邮件发送**：集成邮件发送功能，自动将生成的报表作为附件发送给指定的收件人，以提高报告分发的效率。

（3）报表导出

① **Excel 导出**：允许用户将报表导出为 Excel 格式，便于进一步分析和处理数据。

② **PDF 导出**：提供 PDF 格式的导出选项，以支持不同的使用场景和需求。

③ **HTML 导出**：提供HTML格式的导出选项，使报表可以在Web页面中被轻松嵌入和分享。

7.7.2 输入输出

（1）输入

① **报表数据**：包含数据资产评估结果的数据，例如价值、风险等。

② **报表模板**：定义了报表的结构和样式。

③ **报表样式设置**：指定报表的颜色、字体等样式信息。

④ **报表导出格式**：指定报表导出的文件格式，例如 Excel、PDF、HTML 等。

（2）输出

① **报表**：根据报表模板和数据生成的报表，包括图表、表格等内容。

② **报表展示**：在 Web 界面上展示报表，或通过 PDF 文件输出和邮件发送等方式分发。

③ **报表导出文件**：将报表导出为指定的文件格式，例如 Excel、PDF、HTML 等。

7.7.3 处理流程

（1）报表生成

① **报表模板设计**：根据需求设计报表的结构和样式。

② **报表数据填充**：将数据资产评估结果填充到报表模板中。

③ **报表样式设置**：指定报表的颜色、字体等样式信息。

（2）报表展示

① **Web 界面展示**：在 Web 界面上展示报表，方便用户查看和分析。

② **PDF 文件输出**：将报表导出为 PDF 文件，方便打印和存档。

③ **邮件发送**：将报表作为附件发送给相关人员，以便他们了解数据资产的状态和制定改进措施。

（3）报表导出

① **Excel 导出**：将报表导出为 Excel 文件，方便其他系统导入和使用。

② **PDF 导出**：将报表导出为 PDF 文件，方便打印和存档。

③ **HTML 导出**：将报表导出为 HTML 文件，方便在网页上展示和分享。

数据资产报告模块通过报表生成、报表展示和报表导出等功能来实现报告的生成和分发。同时，该模块提供了多种报表导出格式，以满足不同用户的需求。

7.8 系统管理模块

7.8.1 功能描述

系统管理模块负责管理数据资产评估系统的用户及其权限和 API，以确保系统的正常运行和安全性。该模块通过用户管理、权限管理和 API 管理等功能来实现系统管理的自动化和可追溯性。系统管理模块如图 7-15 所示。

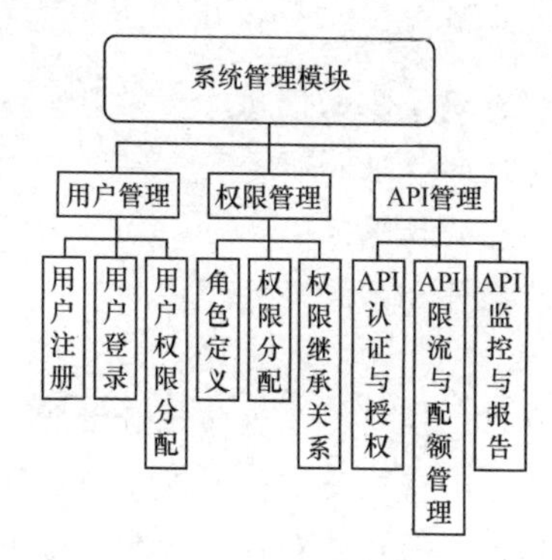

图7-15　系统管理模块

（1）用户管理

① **用户注册**：允许新用户在系统中创建账户，提供基本信息录入和账户激活流程。

② **用户登录**：提供安全的用户登录机制，包括密码策略和登录尝试限制，防止未授权用户访问。

③ **用户权限分配**：根据用户的角色和职责，分配相应的系统访问权限和数据资产评估功能。

（2）权限管理

① **角色定义**：创建不同的用户角色，并定义每个角色的通用属性和权限集合，以简化权限管理。

② **权限分配：**将特定的权限分配给个体用户或角色，确保用户只能访问对应的数据资产和评估工具。

③ **权限继承关系：**设置角色间的权限继承规则，使子角色能够继承父角色的权限，提高权限管理的灵活性。

（3）API 管理

① **API 认证与授权：**确保 API 调用者通过适当的认证机制（例如 OAuth、API 密钥）进行身份验证，并根据授权规则访问 API 资源。

② **API 限流与配额管理：**实施 API 使用限制，例如调用频率和数据量限制，以防止滥用 API 和系统过载。

③ **API 监控与报告：**监控 API 的使用情况和性能，生成使用统计和性能报告，及时发现和解决 API 相关的问题。

7.8.2 输入输出

（1）输入

① **用户信息：**包括用户名、密码等基本信息。

② **角色信息：**定义了不同角色的权限和职责。

③ **权限信息：**指定了各个角色的权限范围。

④ **操作日志：**记录了用户的操作和系统事件。

（2）输出

① **用户注册结果：**根据用户信息注册，并返回注册结果。

② **用户登录结果：**根据用户名和密码登录，并返回登录结果。

③ **用户权限分配结果：**根据用户的角色和权限信息，为用户分配相应的权限。

④ **角色定义结果：**定义了不同角色的权限和职责。

⑤ **权限分配结果：**指定了各个角色的权限范围。

⑥ **权限继承关系结果：**定义了不同角色之间的权限继承关系。

⑦ **操作日志记录结果：**记录了用户的操作和系统事件。

⑧ **日志存储与查询结果：**将操作日志存储在数据库或其他存储系统中，并提供查询功能。

7.8.3 处理流程

（1）用户管理

① **用户注册：**接收用户信息，注册并返回注册结果。

② **用户登录**：验证用户名和密码，登录并返回登录结果。

③ **用户权限分配**：根据用户的角色和权限信息，为用户分配相应的权限。

（2）权限管理

① **角色定义**：定义不同角色的权限和职责。

② **权限分配**：指定各个角色的权限范围。

③ **权限继承关系**：定义不同角色之间的权限继承关系。

（3）API 管理

① **API 设计和规范**：定义 API 的接口规范，包括请求方法、路径、参数、请求和响应的数据结构，以及处理错误的机制，确保 API 的一致性和可预测性。

② **API 版本控制**：实施 API 版本管理策略，允许用户在 API 更新时平滑过渡，同时保持向后兼容性，减少对现有集成的影响。

③ **API 安全策略实施**：设定 API 安全策略，包括认证、授权、数据加密和防止常见安全威胁（例如 SQL 注入、跨站脚本攻击等）的措施。

④ **API 性能监控和优化**：监控 API 的性能指标，例如响应时间和系统负载，以及识别瓶颈和性能问题，通过技术手段，例如缓存、负载均衡等进行优化。

系统管理模块通过用户管理、权限管理和 API 管理等功能来实现系统管理和对外服务管理。

第 8 章 数据资产评估系统数据库设计

数据库设计通常分为概念模型设计、逻辑模型设计和物理模型设计 3 个阶段。这 3 个阶段从宏观到微观深入地描述了数据库的设计过程：概念模型设计着眼整体架构和业务需求；逻辑模型设计关注数据的逻辑结构和规范化处理；而物理模型设计则聚焦如何在特定技术环境下实现上述设计。

8.1 概念模型设计

8.1.1 数据收集与识别模块

数据收集与识别模块如图 8-1 所示。

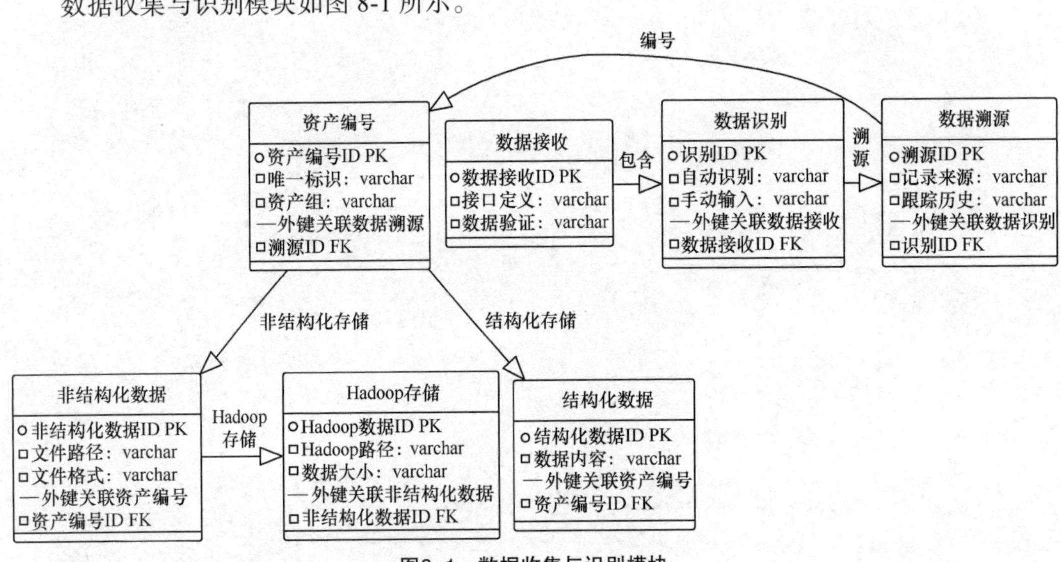

图8-1 数据收集与识别模块

① 主键（Primary Key，PK）：用“○”标识，外键（Foreign Key，FK）用“—”标识。

② **数据接收**：实体定义了接口和数据验证信息。

③ **数据识别**：实体包括自动识别和手动输入信息，并与数据接收实体关联。

④ **数据溯源**：实体记录数据的来源和历史，并与数据识别实体关联。

⑤ **资产编号**：实体为数据项分配唯一标识和资产组，并与数据溯源实体关联。

⑥ **结构化数据**：实体存储结构化数据内容，并与资产编号实体关联。

⑦ **非结构化数据**：实体存储非结构化数据的文件路径和格式，并与资产编号实体关联。

⑧ **Hadoop 存储**：实体存储在 Hadoop 上的数据路径和大小，并与非结构化数据实体关联。

8.1.2　数据资产分类模块

数据资产分类模块如图 8-2 所示。

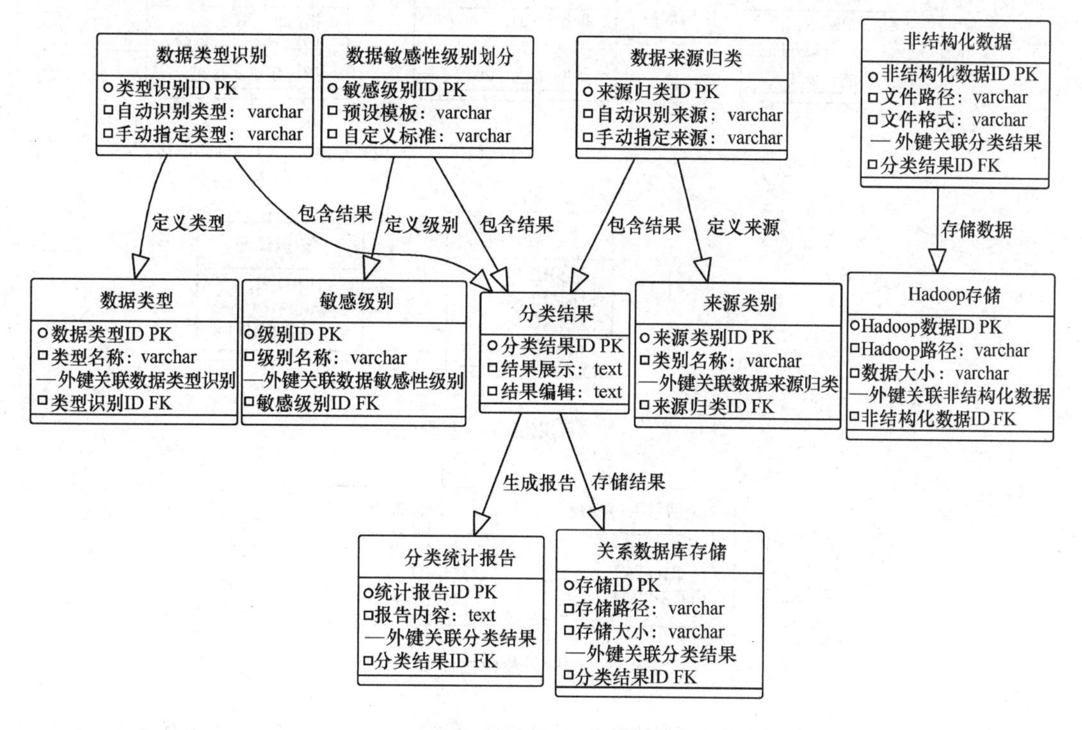

图8-2　数据资产分类模块

① **数据类型识别、数据敏感性级别划分和数据来源归类**：实体允许用户自动识别或手动指定相关属性，以及导入导出这些属性。

② **分类结果管理**：实体包括分类结果的展示、编辑和统计报告。

③ **数据类型、敏感级别和来源类别**：实体与用户定义的属性相关联，并存储在关系数据库中。

④ **分类统计报告**：实体存储分类结果的详细报告内容。

⑤ **关系数据库存储**：实体存储分类结果和报告的存储信息。

⑥ **Hadoop 存储**：实体存储非结构化数据的 Hadoop 存储路径和大小。

8.1.3 数据资产评估模块

8.1.3.1 数据质量评估模块

数据质量评估模块如图 8-3 所示。

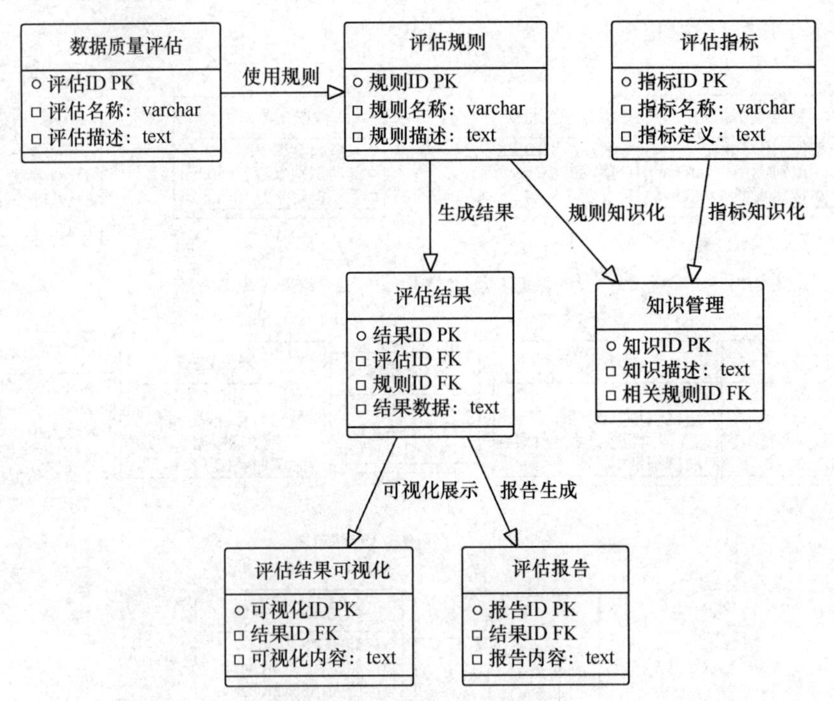

图8-3 数据质量评估模块

① 数据质量评估实体与评估规则实体之间存在关系，表示评估过程中的使用规则。

② 评估规则实体与评估结果实体之间存在关系，表示规则用于生成评估结果。

③ 评估结果实体与评估结果可视化实体之间存在关系，表示评估结果需要被可视化展示。

④ 评估结果实体与评估报告实体之间存在关系，表示评估结果用于生成评估报告。

⑤ 评估规则实体与知识管理实体之间存在关系，表示规则可以转化为知识。

⑥ 评估指标实体与知识管理实体之间存在关系，表示评估指标也可以转化为知识。

8.1.3.2 数据资产价值评估模块

数据资产价值评估模块如图 8-4 所示。

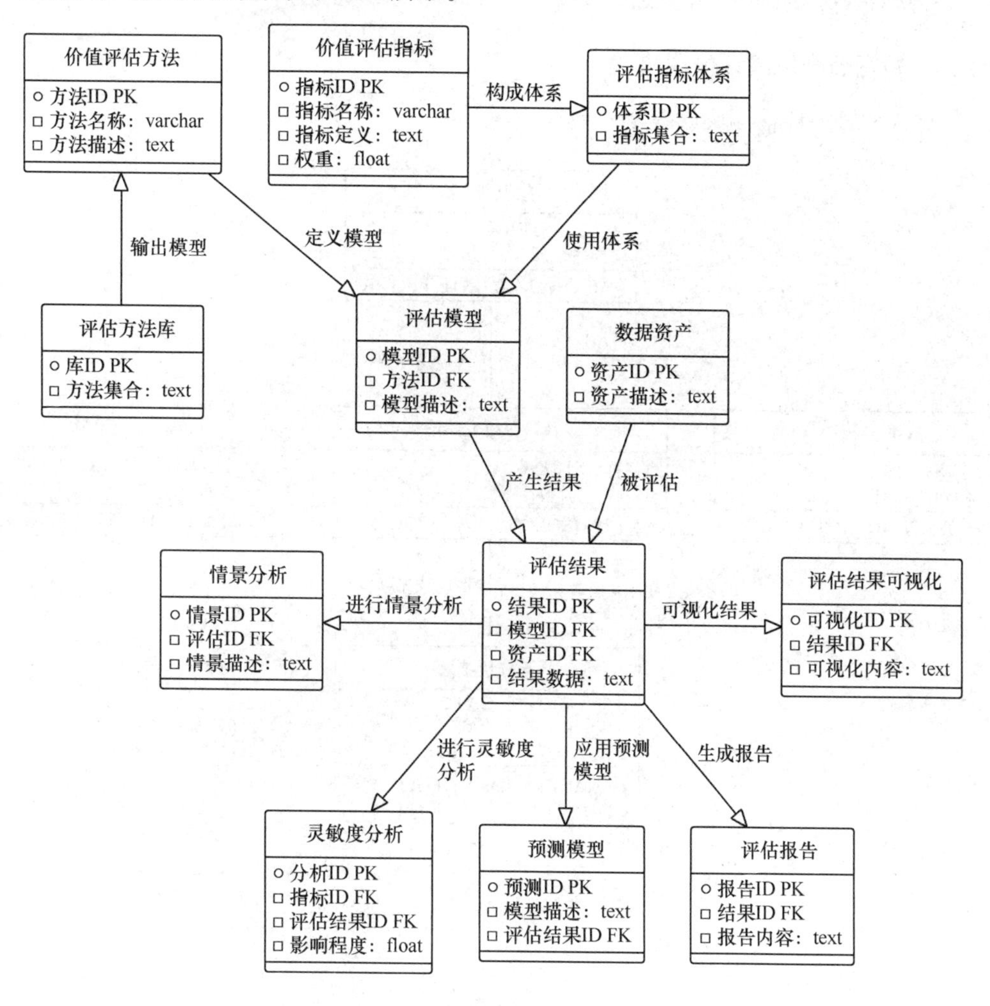

图8–4 数据资产价值评估模块

① **价值评估方法**：存储评估方法的详细信息。

② **价值评估指标**：定义评估指标及其权重。

③ **数据资产**：描述数据资产的详细信息。

④ **评估模型**：将评估方法和数据资产结合起来，形成评估模型。

⑤ **评估结果**：存储评估模型的输出结果。

⑥ **情景分析、灵敏度分析、预测模型**：对评估结果进行不同的分析。

⑦ **评估报告**：基于评估结果生成的报告。

⑧ **评估结果可视化**：将评估结果以可视化的形式展示。

⑨ **评估指标体系和评估方法库**：分别管理指标和方法的集合。

8.1.3.3 数据资产风险评估模块

数据资产风险评估模块如图 8-5 所示。

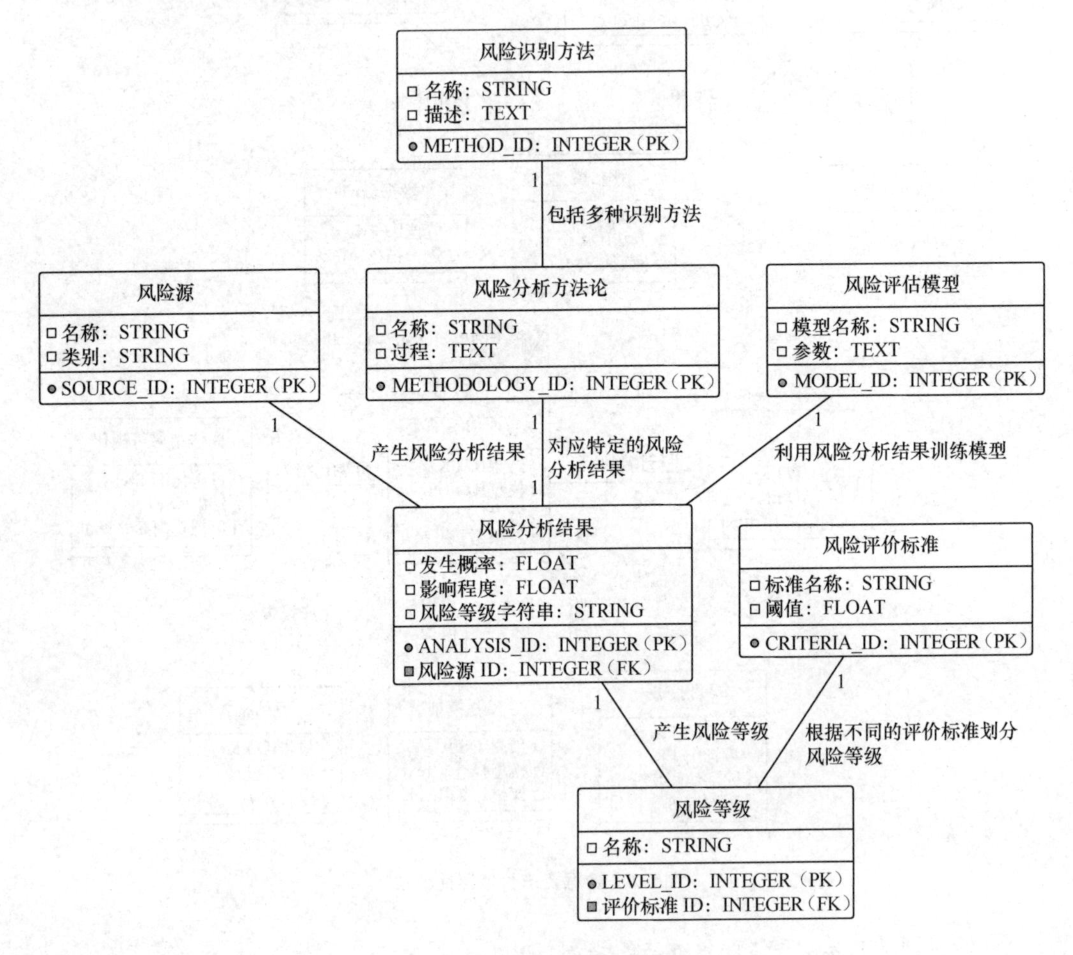

图8-5 数据资产风险评估模块

① **风险源与风险分析结果**：一个风险源可以产生多个风险分析结果，表明单个风险源可能通过不同的分析方法论产生多个分析结果。

② **风险识别方法与风险分析方法论**：一种识别方法可以包括多种分析方法论，意味着单个识别方法可以应用于不同的分析框架或分析过程中。

③ **风险分析方法论与风险分析结果**：一种分析方法论对应一个特定的分析结果，这表示每次分析应用一种方法论来产生特定的分析输出。

④ **风险评价标准与风险等级**：一种评价标准可以用来划分多个风险等级，这意味着同一标准可以作为不同等级的判断依据。

⑤ **风险评估模型与风险分析结果**：一个评估模型可以利用多个分析结果进行训练，这说明模型的构建基于从不同分析中收集的数据。

⑥ **风险分析结果与风险等级**：一个分析结果可以产生多个风险等级，这表明相同的分析结果可能根据不同评价标准被划分为不同的风险等级。

8.1.4　数据资产管理模块

数据资产管理模块如图 8-6 所示。

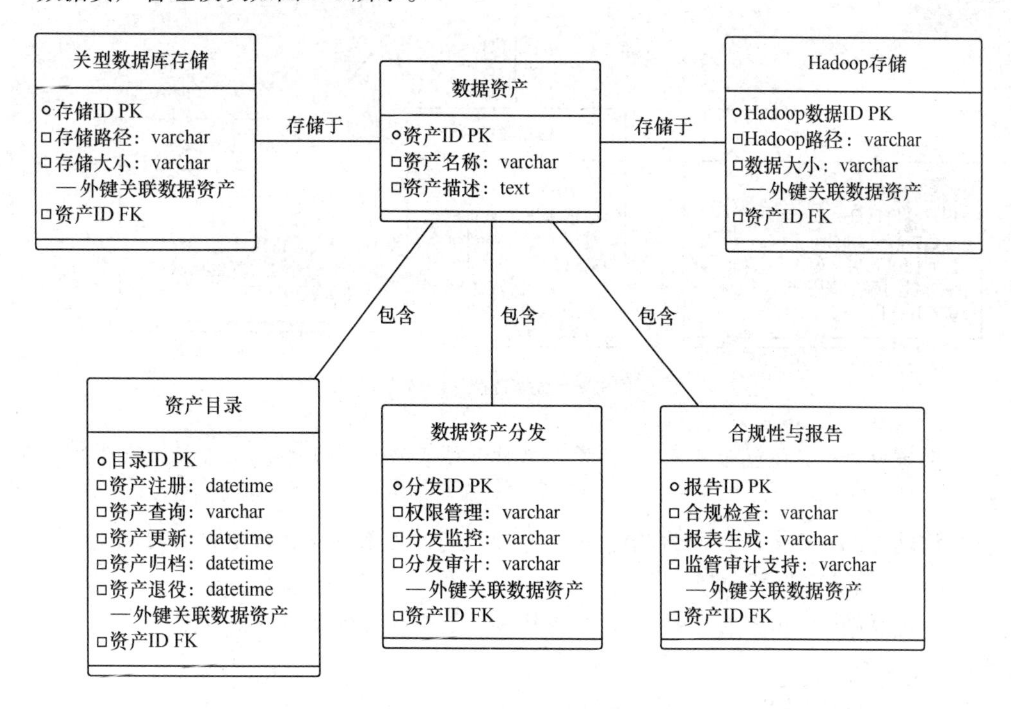

图8-6　数据资产管理模块

① **数据资产**：实体表示系统中的数据资产，其是核心实体。

② **资产目录**：实体记录数据资产的注册、查询、更新、归档和退役信息。

③ **数据资产分发**：实体涉及数据资产的权限管理、分发监控和分发审计。

④ **合规性与报告**：实体包括合规检查、报表生成和监管审计支持。

⑤ **关系数据库存储和 Hadoop 存储**：实体表示数据资产的存储位置和相关信息，其与数据资产实体关联。

8.1.5 数据资产保护模块

数据资产保护模块如图 8-7 所示。

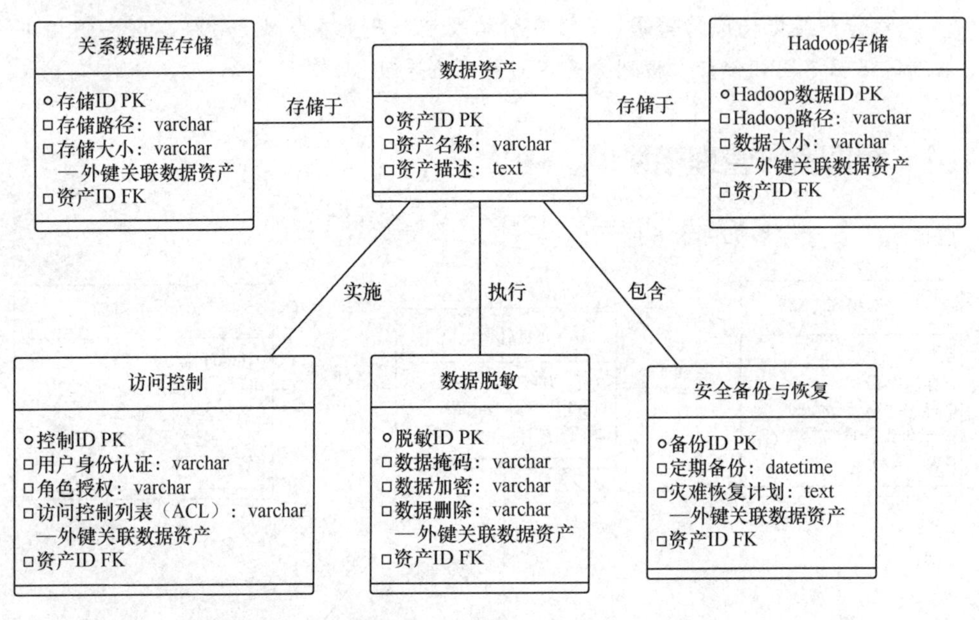

图8-7 数据资产保护模块

① **数据资产**：实体包含资产 ID、资产名称和资产描述等属性，用于记录和管理数据资产的信息。

② **访问控制**：实体包含控制 ID、用户身份认证、角色授权和访问控制列表等属性，用于管理对数据资产的访问权限。

③ **数据脱敏**：实体包含脱敏 ID、数据掩码、数据加密和数据删除等属性，用于保护数据资产中的敏感信息。

④ **安全备份与恢复**：实体包含备份 ID、定期备份和灾难恢复计划等属性，用于确保数据资产的安全备份和在发生灾难时的恢复。

⑤ **关系数据库存储**：实体包含存储 ID、存储路径和存储大小等属性，用于存储关系数据库中的数据资产。

⑥ **Hadoop 存储**：实体包含 Hadoop 数据 ID、Hadoop 路径和数据大小等属性，用于存储 Hadoop 分布式文件系统（HDFS）中的数据资产。

8.1.6　数据资产审计模块

数据资产审计模块如图 8-8 所示。

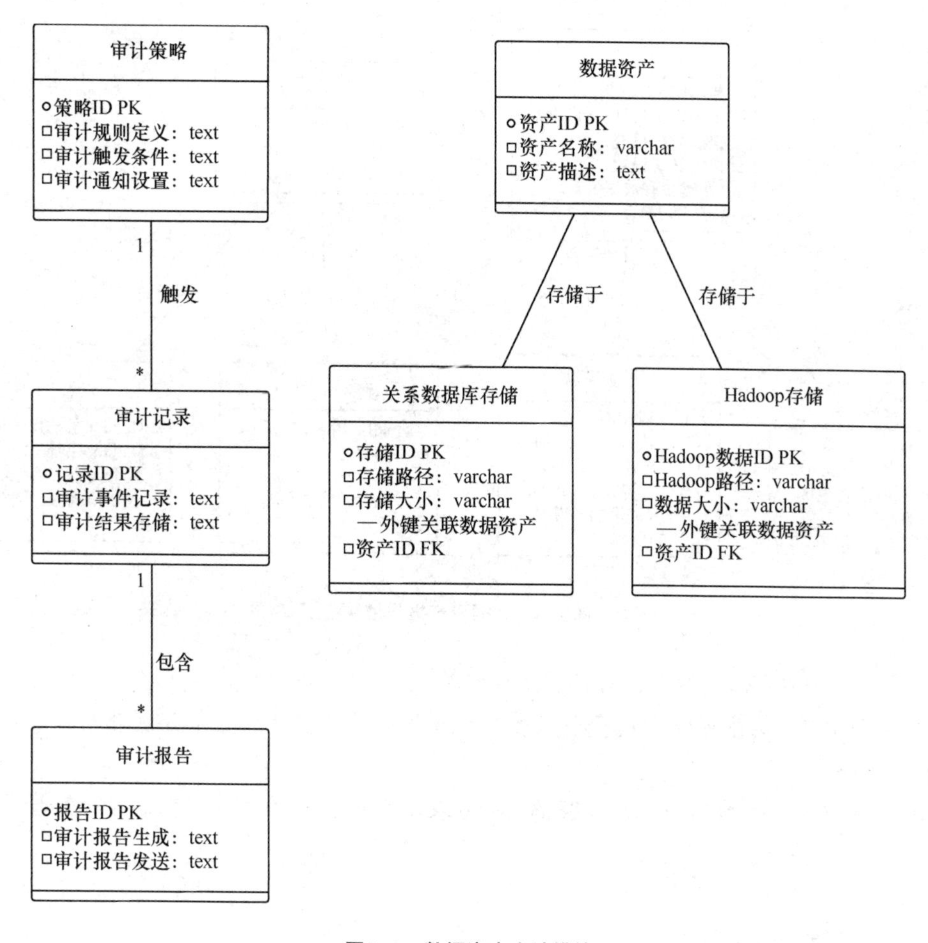

图8-8　数据资产审计模块

① **审计策略**：实体定义了审计的规则、触发条件和通知设置。

② **审计记录**：实体记录了审计事件和存储审计结果。

③ **审计报告**：实体涉及审计报告的生成和发送。

④ **数据资产**：实体表示系统中的数据资产，其是核心实体。

⑤ **关系数据库存储和 Hadoop 存储**：实体表示数据资产的存储位置和相关信息，其与数据资产实体关联。

8.1.7 数据资产报告模块

数据资产报告模块如图 8-9 所示。

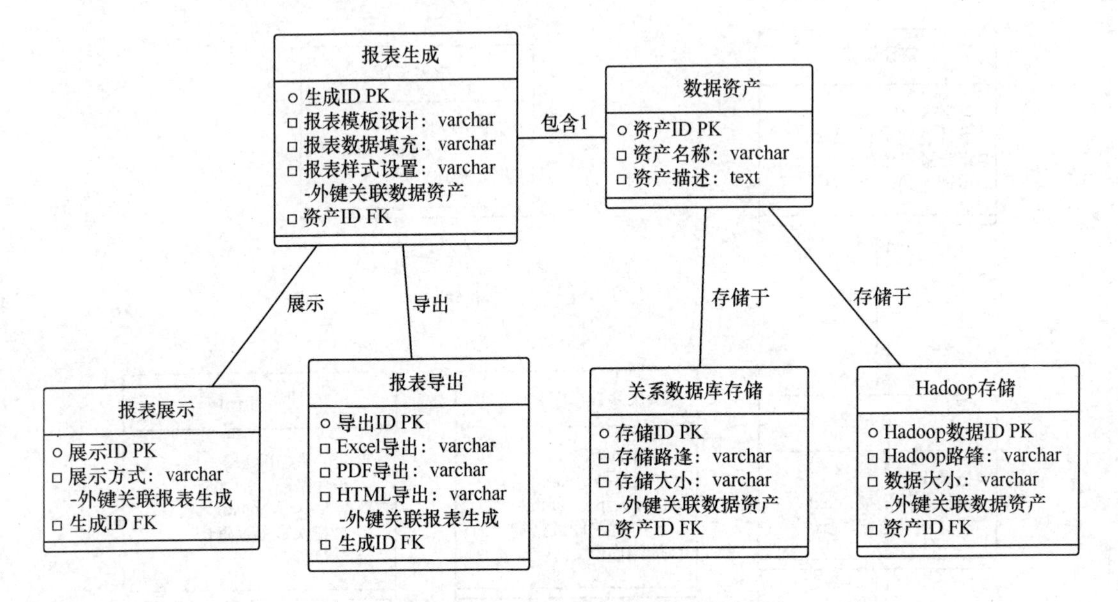

图8-9 数据资产报告模块

① **数据资产**：实体是核心，与报表生成相关联。

② **报表生成**：实体可以生成多个报表展示和报表导出实体，它们分别表示报表的不同展示和导出格式。

③ **关系数据库存储和 Hadoop 存储**：实体表示数据资产的存储方式，与数据资产实体相关联。

8.1.8 系统管理模块

系统管理模块如图 8-10 所示。

① **用户**：实体表示系统中的用户账户信息。

② **角色和权限**：实体表示系统中的权限管理，包括角色定义和权限分配。

③ **用户角色**：实体表示用户和角色之间的关系，实现用户权限分配。

④ API：实体表示系统中的 API 管理，包括 API 认证、限流和监控。

⑤ 关系数据库存储和 Hadoop 存储：实体表示数据的存储方式。

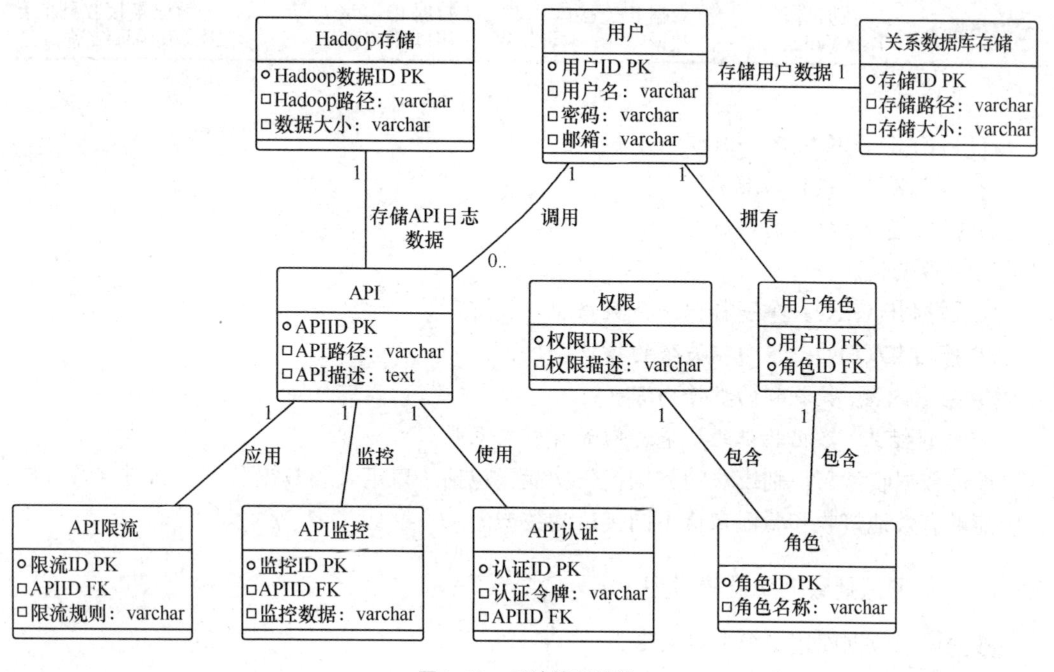

图8-10 系统管理模块

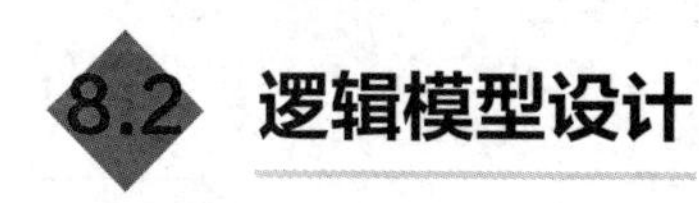

8.2 逻辑模型设计

8.2.1 数据收集与识别模块

数据资产评估系统中的数据收集与识别模块的概念模型，可设计以下数据库逻辑模型。

8.2.1.1 数据接收数据库逻辑模型

数据接收数据库逻辑模型见表 8-1。

表 8-1 数据接收数据库逻辑模型

功能模块	数据库表名	主要字段	主键 / 外键	备注
数据接收	接口定义（Interface Definition）	接口 ID，接口名称，接口描述	接口 ID（PK）	用于存储数据接收接口的定义

续表

功能模块	数据库表名	主要字段	主键 / 外键	备注
数据接收	数据验证（Data Validation）	数据 ID，接口 ID，数据内容，验证结果	数据 ID（PK），接口 ID（FK）	用于记录接收到的数据及其验证结果

（1）接口定义

① **接口 ID（PK）**：唯一标识一个接口。

② **接口名称**：接口的名称。

③ **接口描述**：接口的描述。

（2）数据验证

① **数据 ID（PK）**：唯一标识一条数据。

② **接口 ID（FK）**：指向相关联的接口。

③ **数据内容**：接收到的数据内容。

④ **验证结果**：数据验证的结果，例如有效或无效。

设计数据收集与识别模块的数据接收功能，包括接口定义和数据验证。通过这种方式，系统能够有效地接收和验证来自不同接口的数据。

8.2.1.2 数据识别数据库逻辑模型

数据识别数据库逻辑模型见表 8-2。

表 8-2 数据识别数据库逻辑模型

功能模块	数据库表名	主要字段	主键 / 外键	备注
数据识别	自动识别（Auto Recognition）	识别 ID，数据 ID，识别结果	识别 ID（PK），数据 ID（FK）	用于存储系统自动识别的数据结果
	手动输入（Manual Input）	输入 ID，用户 ID，数据来源，输入时间	输入 ID（PK），用户 ID（FK）	用于记录用户手动输入的数据信息

（1）自动识别

① **识别 ID（PK）**：唯一标识一次识别操作。

② **数据 ID（FK）**：指向相关联的数据。

③ **识别结果**：自动识别的结果，例如成功或失败。

（2）手动输入

① **输入 ID（PK）**：唯一标识一次手动输入。

② **用户 ID（FK）**：指向进行手动输入的用户。

③ **数据来源**：手动输入的数据来源描述。

④ **输入时间**：进行手动输入的时间。

设计支持数据收集与识别模块的数据识别功能，包括自动识别和手动输入。通过这种方式，系统能够有效地识别和记录数据。

8.2.1.3 数据溯源数据库逻辑模型

数据溯源数据库逻辑模型见表 8-3。

表 8-3 数据溯源数据库逻辑模型

功能模块	数据库表名	主要字段	主键 / 外键	备注
数据溯源	记录来源（Record Source）	来源 ID，数据 ID，来源详情	来源 ID（PK），数据 ID（FK）	用于存储数据的原始来源信息
	跟踪历史（Tracking History）	历史 ID，数据 ID，操作详情，操作时间	历史 ID（PK），数据 ID（FK）	用于记录数据的历史操作，包括修改、访问等

（1）记录来源

① **来源 ID(PK)**：唯一标识一个来源。

② **数据 ID(FK)**：指向相关联的数据。

③ **来源详情**：描述数据的原始来源，例如直接用户输入、第三方 API 等。

（2）跟踪历史

① **历史 ID(PK)**：唯一标识一次历史操作。

② **数据 ID(FK)**：指向相关联的数据。

③ **操作详情**：描述进行的操作，例如数据修改、数据访问等。

④ **操作时间**：操作发生的时间。

设计支持数据收集与识别模块的数据溯源功能，包括记录来源和跟踪历史。通过这种方式，系统能够有效地追踪和记录数据的来源和历史操作，确保数据的完整性和可追溯性。

8.2.1.4 资产编号数据库逻辑模型

资产编号数据库逻辑模型见表 8-4。

表 8-4 资产编号数据库逻辑模型

功能模块	数据库表名	主要字段	主键 / 外键	备注
资产编号	唯一标识（Unique Identifier）	标识 ID，资产组 ID，资产编号	标识 ID（PK），资产组 ID（FK）	用于为每个数据资产分配一个唯一的标识
资产编号	资产组（Asset Group）	组 ID，组名称，描述	组 ID（PK）	用于将相关联的数据资产分组，便于管理和访问

（1）唯一标识

① **标识 ID(PK)**：唯一标识一个数据资产的编号。

② 资产组 ID（FK）：指向相关联的资产组。

③ 资产编号：分配给数据资产的唯一编号。

（2）资产组

① 组 ID（PK）：唯一标识一个资产组。

② 组名称：资产组的名称。

③ 描述：资产组的描述。

设计支持数据收集与识别模块的资产编号功能，包括为每个数据资产分配一个唯一的标识，并将数据资产分组。

8.2.2 数据资产分类模块

根据数据资产评估系统中的数据资产分类的概念模型，设计以下数据库逻辑模型。

数据资产分类数据库逻辑模型见表 8-5。

表 8-5 数据资产分类数据库逻辑模型

功能模块	数据库表名	主要字段	主键 / 外键	备注
数据敏感性级别划分	数据敏感性（Data Sensitivity）	敏感级别 ID（PK），敏感级别名称，描述，定义依据	敏感级别 ID（PK）	用于定义和存储不同的数据敏感性级别，例如公开、内部、保密等
	数据敏感性分类（Data Sensitivity Classification）	分类 ID（PK），资产 ID（FK），敏感级别 ID（FK），分类时间	分类 ID（PK），资产 ID（FK），敏感级别 ID（FK）	将数据资产与敏感性级别关联，支持对数据进行敏感性标记
数据来源归类	数据来源（Data Source）	来源 ID（PK），来源名称，来源描述，来源类型	来源 ID（PK）	用于记录数据的来源信息，例如系统生成、用户上传、外部导入等
	数据来源分类（Data Source Classification）	分类 ID（PK），资产 ID（FK），来源 ID（FK），分类时间	分类 ID（PK），资产 ID（FK），来源 ID（FK）	将数据资产与来源信息关联，支持按来源对数据进行分类管理
分类结果管理	分类结果（Classification Result）	结果 ID（PK），资产 ID（FK），分类类型，分类依据，分类时间	结果 ID（PK），资产 ID（FK）	存储数据资产的分类结果，可包括敏感性分类和来源分类

8.2.2.1 数据敏感性级别划分

（1）数据敏感性

① 敏感级别 ID（PK）：唯一标识一个敏感性级别。

② **敏感级别名称**：敏感性级别的名称，例如公开、内部、保密等。

③ **描述**：对敏感性级别的描述。

④ **定义依据**：定义敏感性级别的依据或标准。

（2）数据敏感性分类

① **分类ID（PK）**：唯一标识一个分类条目。

② **资产ID（FK）**：指向资产的唯一标识，表明这个分类属于哪个资产。

③ **敏感级别ID（FK）**：指向敏感性级别的ID，表明这个资产属于哪个敏感性级别。

④ **分类时间**：分类创建或更新的时间。

8.2.2.2　数据来源归类

（1）数据来源

① **来源ID（PK）**：唯一标识一个数据来源。

② **来源名称**：数据来源的名称，例如系统生成、用户上传、外部导入等。

③ **来源描述**：对数据来源的描述。

④ **来源类型**：数据来源的类型。

（2）数据来源分类

① **分类ID（PK）**：唯一标识一个分类条目。

② **资产ID（FK）**：指向资产的唯一标识，表明这个分类属于哪个资产。

③ **来源ID（FK）**：指向数据来源的ID，表明这个资产来自哪个数据来源。

④ **分类时间**：分类创建或更新的时间。

8.2.2.3　分类结果管理

① **结果ID（PK）**：唯一标识一个分类结果。

② **资产ID（FK）**：指向资产的唯一标识，表明这个分类结果属于哪个资产。

③ **分类类型**：分类的类型，例如敏感性分类、来源分类等。

④ **分类依据**：分类的依据或标准。

⑤ **分类时间**：分类创建或更新的时间。

8.2.3　数据资产评估模块

基于数据资产评估系统中的数据资产评估模块的概念模型，设计以下数据库逻辑模型。

8.2.3.1　数据质量评估

数据质量评估模块数据库逻辑模型见表8-6。

表 8-6　数据质量评估模块数据库逻辑模型

功能模块	数据库表名	主要字段	主键 / 外键	备注
数据质量评估	时效性评估（Timeliness Assessment）	评估 ID，数据源，数据更新频率，数据延迟时间，评估时间	评估 ID（PK）	用于评估数据的时效性，包括更新频率和延迟时间分析
	规范性评估（Standardization Assessment）	评估 ID，数据源，格式符合度，编码一致性，评估时间	评估 ID（PK）	用于评估数据的规范性，包括格式和编码的一致性分析
	可访问性评估（Accessibility Assessment）	评估 ID，数据源，访问权限，数据接口兼容性，评估时间	评估 ID（PK）	用于评估数据的可访问性，包括访问权限和接口兼容性分析
	完整性检测（Integrity Check）	记录 ID，检测时间，缺失字段，缺失比例	记录 ID（PK）	用于记录数据完整性检测结果，包括记录缺失和关键字段缺失情况
	一致性检测（Consistency Check）	检测 ID，数据源 1，数据源 2，一致性结果，检测时间	检测 ID（PK）	用于数据一致性验证，包括数据格式一致性和跨数据源一致性验证
	准确性验证（Accuracy Check）	记录 ID，数据项，正确值，实际值，校验结果，检测时间	记录 ID（PK）	存储数据准确性验证的结果，提供校正建议

（1）时效性评估

① **评估 ID**：唯一标识每个时效性评估记录的标识符。

② **数据源**：被评估的数据源名称或标识。

③ **数据更新频率**：数据源更新数据的频率，例如每天、每周等。

④ **数据延迟时间**：从数据生成到可用的延迟时间。

⑤ **评估时间**：进行时效性评估的时间点。

（2）规范性评估

① **评估 ID**：唯一标识每个规范性评估记录的标识符。

② **数据源**：被评估的数据源名称或标识。

③ **格式符合度**：数据是否符合预定的格式标准。

④ **编码一致性**：数据的编码是否一致，例如字符编码、数据类型等。

⑤ **评估时间**：进行规范性评估的时间点。

（3）可访问性评估

① **评估 ID**：唯一标识每个可访问性评估记录的标识符。

② **数据源**：被评估的数据源名称或标识。

③ **访问权限**：数据访问的权限设置，例如公开、私有、需授权等。

④ **数据接口兼容性**：数据接口是否兼容，是否便于不同系统或应用访问。

⑤ **评估时间**：进行可访问性评估的时间点。

（4）完整性检测

① **记录 ID**：唯一标识每个完整性检测记录的标识符。

② **检测时间**：进行完整性检测的时间点。

③ **缺失字段**：数据记录中缺失的字段名称。

④ **缺失比例**：数据记录中缺失字段的比例或数量。

（5）一致性检测

① **检测 ID**：唯一标识每个一致性检测记录的标识符。

② **数据源 1**：参与比较的第一个数据源名称或标识。

③ **数据源 2**：参与比较的第二个数据源名称或标识。

④ **一致性结果**：数据之间的一致性检测结果，例如一致、不一致等。

⑤ **检测时间**：进行一致性检测的时间点。

（6）准确性验证

① **记录 ID**：唯一标识每个准确性验证记录的标识符。

② **数据项**：被验证的数据项或字段名称。

③ **正确值**：数据项的正确值或预期值。

④ **实际值**：数据项的实际值或观测值。

⑤ **校验结果**：表示数据项的准确性，例如准确、不准确等。

⑥ **检测时间**：进行准确性验证的时间点。

评估规则管理模块数据库逻辑模型见表 8-7。

表 8–7 评估规则管理模块数据库逻辑模型

功能模块	数据库表名	主要字段	主键 / 外键	备注
评估规则管理	动态生成规则（Dynamic Rule Generation）	规则 ID，规则名称，生成条件，适用范围，生成时间	规则 ID（PK）	用于存储系统根据预设条件自动生成的评估规则
评估规则管理	规则创建（Rule Creation）	规则 ID，规则名称，创建者，创建时间，生效时间	规则 ID（PK）	用于记录用户手动创建的评估规则，包括规则的基本信息和生效时间
	规则维护（Rule Maintenance）	规则 ID，更新描述，更新时间，操作员	规则 ID（PK）	用于跟踪规则的更新和维护历史，确保规则的持续适用性和准确性

（1）动态生成规则

① **规则 ID**：唯一标识每个动态生成规则的标识符。

② **规则名称**：动态生成的规则的名称。

③ **生成条件**：触发规则生成的条件或阈值。

④ **适用范围**：规则适用的数据范围或业务场景。

⑤ **生成时间**：规则生成的时间点。

（2）规则创建

① **规则 ID**：唯一标识每个手动创建规则的标识符。

② **规则名称**：用户为规则指定的名称。

③ **创建者**：创建该规则的用户或管理员。

④ **创建时间**：规则被创建的时间点。

⑤ **生效时间**：规则开始生效的时间点。

（3）规则维护

① **规则 ID**：唯一标识每个维护操作关联规则的标识符。

② **更新描述**：对规则进行更新或维护的描述。

③ **更新时间**：规则被更新或维护的时间点。

④ **操作员**：执行更新或维护操作的用户或管理员。

评估结果可视化与报告生成模块数据库逻辑模型见表 8-8。

表 8-8 评估结果可视化与报告生成模块数据库逻辑模型

功能模块	数据库表名	主要字段	主键 / 外键	备注
评估结果可视化与报告生成	评估结果可视化（Evaluation Visualization）	可视化 ID，评估 ID，可视化类型，可视化参数，创建时间	可视化 ID（PK）	用于存储数据质量评估结果的可视化配置和输出
评估结果可视化与报告生成	评估报告生成（Evaluation Report Generation）	报告 ID，评估 ID，报告模板，生成时间，报告内容	报告 ID（PK）	用于生成和存储数据质量评估报告，包括报告的模板和具体内容

（1）评估结果可视化

① **可视化 ID**：唯一标识每个可视化实例的标识符。

② **评估 ID**：关联的评估记录 ID，指明可视化所依据的评估数据。

③ **可视化类型**：可视化展示的类型，例如图表、仪表盘、热图等。

④ **可视化参数**：定义可视化展示的具体参数，包括颜色、尺寸、显示维度等。

⑤ **创建时间**：可视化被创建或修改的时间点。

（2）评估报告生成

① **报告 ID**：唯一标识每个报告的标识符。

② **评估 ID**：关联的评估记录 ID，指明报告所依据的评估数据。

③ **报告模板**：用于生成报告的模板或格式。

④ **生成时间**：报告生成的时间点。

⑤ **报告内容**：报告的具体内容，可能包括文本、表格、图表等。

知识管理模块数据库逻辑模型见表 8-9。

表 8–9 知识管理模块数据库逻辑模型

功能模块	数据库表名	主要字段	主键 / 外键	备注
知识管理	评估指标与体系管理（Evaluation Index System）	指标 ID，指标名称，指标描述，创建时间，更新时间	指标 ID（PK）	用于存储数据质量评估指标的定义和描述，便于管理和调用
	原型管理（Prototype Management）	原型 ID，原型名称，原型描述，创建时间，关联指标 ID	原型 ID（PK）	用于存储和管理数据原型，包括原型的基本信息和与评估指标的关联
	规则管理（Rule Management）	规则 ID，规则名称，规则逻辑，创建时间，关联指标 ID	规则 ID（PK）	用于定义和管理数据质量评估中使用的业务规则
	算法管理（Algorithm Management）	算法 ID，算法名称，算法描述，创建时间，关联指标 ID	算法 ID（PK）	用于存储数据质量评估所使用的算法，包括算法的逻辑和相关配置
	知识库管理（Knowledge Base Management）	知识 ID，知识内容，知识类型，创建时间，关联指标 ID	知识 ID（PK）	用于整理和存储数据质量评估领域的知识信息，促进知识的积累和共享

（1）评估指标与体系管理

① **指标 ID：**唯一标识每一个评估指标，是该表的主键。

② **指标名称：**指标的名称，用于描述指标的一般用途或它所衡量的具体质量维度。

③ **指标描述：**提供对指标的详细解释，包括它的计算方法、适用场景和重要性等信息。

④ **创建时间：**记录指标被创建的日期和时间，用于追溯和管理。

⑤ **更新时间：**记录指标信息最后一次被更新的日期和时间，用于确保指标信息的时效性。

（2）原型管理

① **原型 ID：**唯一标识每个数据原型，是该表的主键。

② **原型名称：**数据原型的名称，描述了原型的主要内容或目的。

③ **原型描述：**提供对数据原型的详细说明，包括其结构、用途及关联的评估指标等。

④ **创建时间：**记录数据原型被创建的日期和时间。

⑤ **关联指标 ID：**外键，指向相关的评估指标，表示原型与特定指标之间的关联。

（3）规则管理

① **规则 ID：**唯一标识每条规则，是该表的主键。

② **规则名称：**规则的名称，简要描述规则的核心功能或应用。

③ **规则逻辑：**详细描述规则执行的逻辑或条件。

④ **创建时间：**记录规则被创建的日期和时间。

⑤ **关联指标 ID：**外键，指向规则所影响或涉及的评估指标。

（4）算法管理

① **算法 ID：**唯一标识每种算法，是该表的主键。

② **算法名称：**算法的名称，概述算法的主要作用或类别。

③ **算法描述：**对算法的工作原理、输入输出及其应用场景的详细描述。

④ **创建时间：**记录算法信息被创建的日期。

⑤ **关联指标 ID：**外键，指向算法可能影响的评估指标。

（5）知识库管理

① **知识 ID：**唯一标识每项知识内容，是该表的主键。

② **知识内容：**存储具体的知识信息，可能包括文本、图像或其他媒体形式。

③ **知识类型：**标明知识所属的类别，例如指导手册、案例研究、最佳实践等。

④ **创建时间：**记录知识被添加到知识库的日期和时间。

⑤ **关联指标 ID：**外键，链接与知识内容相关联的评估指标。

8.2.3.2 数据资产价值评估

评估方法管理模块数据库逻辑模型见表 8-10。

表 8-10 评估方法管理模块数据库逻辑模型

功能模块	数据库表名	主要字段	主键 / 外键	备注
评估方法管理	评估方法库（Assessment Methods Library）	方法 ID，方法名称，描述，类型（成本法、市场法、收益法等），操作类型（增加 / 删除 / 更新），操作时间戳	方法 ID（PK）	用于增加、删除或更新数据资产的评估方法
评估方法管理	方法选用准则（Method Selection Criteria）	准则 ID，方法 ID，数据类型，数据用途，推荐方法，说明	准则 ID（PK），方法 ID（FK）	为不同类型和用途的数据资产选择合适的评估方法
	自定义评估方法（Custom Assessment Methods）	自定义 ID，用户 ID，方法名称，自定义参数，创建时间，更新时间	自定义 ID（PK），用户 ID（FK）	允许用户根据特定需求自定义评估方法

（1）评估方法库

① **方法 ID：**唯一标识每一种评估方法。

② **方法名称：**例如成本法、市场法等。

③ **描述：**对评估方法的详细描述。

④ **类型：**评估方法的分类，例如成本法、市场法、收益法等。

⑤ **操作类型：**指示是增加、删除还是更新操作。

⑥ **操作时间戳：**记录操作发生的时间。

（2）方法选用准则

① **准则 ID**：唯一标识每一条选用准则记录。

② **方法 ID**：外键，关联到 Assessment Methods Library 表的方法 ID。

③ **数据类型**：例如结构化数据、非结构化数据等。

④ **数据用途**：例如决策支持、报告、分析等。

⑤ **推荐方法**：根据数据类型和用途推荐的评估方法。

⑥ **说明**：选用该方法的理由或条件。

（3）自定义评估方法

① **自定义 ID**：唯一标识每一个自定义评估方法。

② **用户 ID**：外键，关联到用户表的用户 ID，表示哪个用户创建了这个方法。

③ **方法名称**：用户自定义的评估方法名称。

④ **自定义参数**：自定义评估方法需要的参数或配置信息。

⑤ **创建时间**：记录自定义方法的创建时间。

⑥ **更新时间**：记录自定义方法最后更新的时间。

价值评估指标体系构建数据库逻辑模型见表 8-11。

表 8–11　价值评估指标体系构建数据库逻辑模型

功能模块	数据库表名	主要字段	主键 / 外键	备注
价值评估指标体系构建	价值评估指标（Value Assessment Indicators）	指标 ID，指标名称，描述，数据质量，数据规模与多样性，应用场景，技术因素，外部环境	指标 ID（PK）	定义影响数据资产价值的关键指标
价值评估指标体系构建	指标权重分配（Indicator Weight Allocation）	指标 ID，权重值，说明	指标 ID（PK），权重值（UQ）	为不同指标分配权重，反映其在总体价值评估中的重要性
	指标调整记录（Indicator Adjustment Records）	调整 ID，指标 ID，原权重，新权重，调整时间，调整原因	调整 ID（PK），指标 ID（FK）	根据业务发展和市场变化动态调整指标及其权重

（1）价值评估指标

① **指标 ID**：唯一标识每一个价值评估指标。

② **指标名称**：例如数据质量、数据规模与多样性等。

③ **描述**：对指标的详细描述。

④ **数据质量**：衡量数据的准确性、完整性和一致性等。

⑤ **数据规模与多样性**：考虑数据的量和种类。

⑥ **应用场景**：数据支持的业务范围和场景。

⑦ **技术因素**：涉及存储、处理数据的技术难度和成本。

⑧ **外部环境**：法律法规、市场动态等外部条件对数据价值的影响。

（2）指标权重分配

① **指标 ID**：外键，关联到 Value Assessment Indicators 表的指标 ID。

② **权重值**：指标在数据资产价值评估中的相对重要性。

③ **说明**：对权重分配的额外注释或理由。

（3）指标调整记录

① **调整 ID**：唯一标识每一次指标调整记录。

② **指标 ID**：外键，关联到 Value Assessment Indicators 表的指标 ID。

③ **原权重**：调整前的权重值。

④ **新权重**：调整后的权重值。

⑤ **调整时间**：记录调整发生的时间。

⑥ **调整原因**：调整权重的原因，可能包括市场变化、业务策略调整等。

数据价值量化数据库逻辑模型见表 8-12。

表 8–12　数据价值量化数据库逻辑模型

功能模块	数据库表名	主要字段	主键 / 外键	备注
数据价值量化	数据预处理（Data Preprocessing）	预处理 ID，数据 ID，原始数据，预处理方法，处理时间，处理后数据	预处理 ID（PK），数据 ID（FK）	记录数据收集和预处理的详细信息
数据价值量化	价值量化模型（Value Quantification Models）	模型 ID，方法 ID，数据 ID，量化结果，量化时间	模型 ID（PK），方法 ID（FK），数据 ID（FK）	存储应用特定量化模型得出的数据资产价值评估结果
	量化结果解释（Result Interpretation）	解释 ID，量化结果 ID，解释内容，用户反馈，解释时间	解释 ID（PK），量化结果 ID（FK）	提供对量化结果的详细解释和用户反馈

（1）数据预处理

① **预处理 ID**：唯一标识每一次预处理活动。

② **数据 ID**：外键，关联到数据收集与识别模块的相关数据表。

③ **原始数据**：预处理前的原始数据快照。

④ **预处理方法**：应用于数据上的预处理方法描述。

⑤ **处理时间**：预处理操作发生的时间。

⑥ **处理后数据**：预处理完成后的数据快照。

（2）价值量化模型

① **模型 ID**：唯一标识每一个量化模型的应用实例。

② **方法 ID**：外键，关联到价值评估方法管理相关表的方法 ID。

③ **数据 ID**：外键，关联到数据收集与识别模块的相关数据表。

④ **量化结果**：应用量化模型后得到的数据资产价值。

⑤ **量化时间**：量化操作发生的时间。

（3）量化结果解释

① **解释 ID**：唯一标识每一条结果解释记录。

② **量化结果 ID**：外键，关联到 Value Quantification Models 表的模型 ID。

③ **解释内容**：对量化结果的解释和说明。

④ **用户反馈**：用户对量化结果的反馈信息。

⑤ **解释时间**：提供解释记录的时间。

价值评估模拟与分析数据库逻辑模型见表 8-13。

表 8-13　价值评估模拟与分析数据库逻辑模型

功能模块	数据库表名	主要字段	主键 / 外键	备注
价值评估模拟与分析	情景模拟（Scenario Simulation）	模拟 ID，情景描述，数据 ID，模拟结果，模拟时间	模拟 ID（PK），数据 ID（FK）	用于模拟不同业务和市场情景下的数据资产价值
价值评估模拟与分析	灵敏度分析记录（Sensitivity Analysis）	分析 ID，指标 ID，原值，变动值，影响结果，分析时间	分析 ID（PK），指标 ID（FK）	分析关键指标变化对数据资产价值的影响程度
	价值预测（Value Forecast）	预测 ID，数据 ID，预测方法，预测结果，预测时间	预测 ID（PK），数据 ID（FK）	基于历史数据和市场趋势预测数据资产的未来价值

（1）情景模拟

① **模拟 ID**：唯一标识每一次情景模拟。

② **情景描述**：描述模拟的业务和市场情景。

③ **数据 ID**：外键，关联到数据收集与识别模块的相关数据表。

④ **模拟结果**：情景模拟得到的数据资产价值。

⑤ **模拟时间**：情景模拟执行的时间。

（2）灵敏度分析记录

① **分析 ID**：唯一标识每一条灵敏度分析记录。

② **指标 ID**：外键，关联到价值评估指标体系构建相关表的指标 ID。

③ **原值**：分析前的关键指标值。

④ **变动值**：关键指标的变动幅度。

⑤ **影响结果**：指标变动对数据资产价值的影响结果。

⑥ **分析时间**：灵敏度分析执行的时间。

（3）价值预测

① **预测 ID**：唯一标识每一次价值预测。

② **数据 ID**：外键，关联到数据收集与识别模块的相关数据表。

③ **预测方法**：使用的预测模型或方法描述。

④ **预测结果**：数据资产未来价值的预测值。

⑤ **预测时间**：进行预测的时间。

评估结果管理与优化数据库逻辑模型见表 8-14。

表 8–14 评估结果管理与优化数据库逻辑模型

功能模块	数据库表名	主要字段	主键 / 外键	备注
评估结果管理与优化	评估结果版本（Assessment Versioning）	版本 ID，评估 ID，参数设置，结果数据，时间戳	版本 ID（PK），评估 ID（FK）	保存不同时间点的评估结果和参数设置
	审核记录（Audit Records）	审核 ID，版本 ID，审核意见，审核状态，审核时间	审核 ID（PK），版本 ID（FK）	允许专家审核和验证评估结果的准确性和可靠性
评估结果管理与优化	用户反馈（User Feedback）	反馈 ID，版本 ID，用户 ID，反馈内容，处理状态，反馈时间	反馈 ID（PK），版本 ID（FK），用户 ID（FK）	根据用户和专家的反馈优化评估方法和指标

（1）评估结果版本

① **版本 ID**：唯一标识每一个评估结果版本。

② **评估 ID**：外键，关联到评估操作的相关表。

③ **参数设置**：该版本所使用的评估参数和设置。

④ **结果数据**：对应的评估结果。

⑤ **时间戳**：记录该版本创建的时间。

（2）审核记录

① **审核 ID**：唯一标识每一条审核记录。

② **版本 ID**：外键，关联到 AssessmentVersioning 表的版本 ID。

③ **审核意见**：审核人员对评估结果的意见和建议。

④ **审核状态**：表示审核的结果，例如通过、未通过、待定等。

⑤ **审核时间**：进行审核的时间。

（3）用户反馈

① **反馈 ID**：唯一标识每一条用户反馈。

② **版本 ID**：外键，关联到 AssessmentVersioning 表的版本 ID。

③ **用户 ID**：外键，关联到用户信息表的用户 ID。

④ **反馈内容**：用户对评估结果的反馈内容。

⑤ **处理状态**：表示用户反馈的处理情况，例如已处理、未处理、处理中等。

⑥ **反馈时间**：用户提交反馈的时间。

报告生成与展示数据库逻辑模型见表8-15。

表8-15　报告生成与展示数据库逻辑模型

功能模块	数据库表名	主要字段	主键/外键	备注
报告生成与展示	报告模板库（Report Templates）	模板ID，模板名称，模板类型，模板内容，创建时间	模板ID（PK）	存储不同的报告模板，供生成报告时选择
	可视化配置（Visualization Config）	配置ID，图表类型，数据源，显示参数，创建时间	配置ID（PK）	记录可视化展示的配置信息
	报告分享记录（Report Sharing）	分享ID，报告ID，用户ID，分享方式，导出格式，分享时间	分享ID（PK），报告ID（FK），用户ID（FK）	记录报告的分享和导出操作

（1）报告模板库

① **模板ID**：唯一标识每一个报告模板。

② **模板名称**：模板的名称。

③ **模板类型**：指示模板是标准化还是定制化。

④ **模板内容**：模板的具体内容，可能包括文本、布局、占位符等。

⑤ **创建时间**：模板被创建的时间。

（2）可视化配置

① **配置ID**：唯一标识每一种可视化配置。

② **图表类型**：例如柱状图、折线图、饼图等。

③ **数据源**：指示可视化所使用数据的来源。

④ **显示参数**：包括颜色、尺寸、坐标轴标签等视觉元素。

⑤ **创建时间**：配置创建的时间。

（3）报告分享记录

① **分享ID**：唯一标识每一次分享或导出操作。

② **报告ID**：外键，关联到生成的报告。

③ **用户ID**：外键，关联到执行分享或导出操作的用户。

④ **分享方式**：例如通过电子邮件、生成链接等。

⑤ **导出格式**：例如PDF、Excel、图片等。

⑥ **分享时间**：执行分享或导出操作的时间。

8.2.3.3　数据资产风险评估

数据资产风险识别数据库逻辑模型见表8-16。

表 8-16　数据资产风险识别数据库逻辑模型

功能模块	数据库表名	主要字段	主键 / 外键	备注
数据资产风险识别	风险源（Risk Sources）	风险源 ID，风险源名称，分类 ID，描述，录入时间	风险源 ID（PK），分类 ID（FK）	用于录入和管理风险源信息
	风险识别方法（RiskIdentification Methods）	方法 ID，方法名称，描述，录入时间	方法 ID（PK）	用于录入和维护风险识别方法
	风险识别工具和技术（Tools And Technologies）	工具 ID，技术 ID，工具名称，技术描述，兼容风险源 ID	工具 ID（PK），技术 ID（PK），兼容风险源 ID（FK）	管理风险识别的工具和技术文档

（1）风险源

① **风险源 ID**：唯一标识每一个风险源。

② **风险源名称**：风险源的名称。

③ **分类 ID**：外键，关联到风险源的分类。

④ **描述**：风险源的描述信息。

⑤ **录入时间**：风险源被录入的时间。

（2）风险识别方法

① **方法 ID**：唯一标识每一种风险识别方法。

② **方法名称**：风险识别方法的名称。

③ **描述**：方法的具体描述。

④ **录入时间**：方法被录入的时间。

（3）风险识别工具和技术

① **工具 ID**：唯一标识每一个工具。

② **技术 ID**：唯一标识每一项技术。

③ **工具名称**：工具的名称。

④ **技术描述**：技术的具体描述。

⑤ **兼容风险源 ID**：外键，关联到该方法能有效识别的风险源。

数据资产风险分析数据库逻辑模型见表 8-17。

表 8-17　数据资产风险分析数据库逻辑模型

功能模块	数据库表名	主要字段	主键 / 外键	备注
数据资产风险分析	风险分析方法论（Risk Analysis Methodologies）	方法论 ID，方法论名称，描述，创建时间	方法论 ID（PK）	存储和管理风险分析的方法论
	风险评估（Risk Assessments）	评估 ID，资产 ID，方法论 ID，概率评估，影响评估，评估时间	评估 ID（PK），资产 ID（FK），方法论 ID（FK）	记录风险的概率和影响评估

续表

功能模块	数据库表名	主要字段	主键 / 外键	备注
数据资产风险分析	风险矩阵（Risk Matrices）	矩阵 ID，方法论 ID，配置详情，创建时间	矩阵 ID（PK），方法论 ID（FK）	用于构建和展示风险矩阵

（1）风险分析方法论

① **方法论 ID**：唯一标识每一种风险分析方法论。

② **方法论名称**：方法论的名称。

③ **描述**：对方法论的详细描述。

④ **创建时间**：方法论被创建的时间。

（2）风险评估

① **评估 ID**：唯一标识每一次风险评估。

② **资产 ID**：外键，关联到被评估的数据资产。

③ **方法论 ID**：外键，指示使用的评估方法论。

④ **概率评估**：风险发生的概率。

⑤ **影响评估**：风险影响的评估结果。

⑥ **评估时间**：进行评估的时间。

（3）风险矩阵

① **矩阵 ID**：唯一标识每一个风险矩阵。

② **方法论 ID**：外键，指示构建矩阵所使用的方法论。

③ **配置详情**：矩阵的配置信息，包括等级划分、颜色编码等。

④ **创建时间**：矩阵被创建的时间。

数据资产风险评价数据库逻辑模型见表 8-18。

表 8-18　数据资产风险评价数据库逻辑模型

功能模块	数据库表名	主要字段	主键 / 外键	备注
数据资产风险评价	风险评价标准（Risk Assessment Standards）	标准 ID，标准描述，生效日期，最后更新时间	标准 ID（PK）	用于设定和更新风险评价的标准
	风险等级（Risk Levels）	等级 ID，等级名称，描述，标准 ID，阈值范围	等级 ID（PK），标准 ID（FK）	用于设定和调整风险等级

（1）风险评价标准

① **标准 ID**：唯一标识每一个风险评价标准。

② **标准描述**：对风险评价标准的详细描述。

③ **生效日期**：标准开始生效的日期。

④ **最后更新时间**：标准最后一次更新的时间。

（2）风险等级

① 等级 ID：唯一标识每一个风险等级。

② 等级名称：风险等级的名称。

③ 描述：对风险等级的描述。

④ 标准 ID：外键，指示该等级所属的评价标准。

⑤ 阈值范围：定义该风险等级的分数或概率阈值范围。

数据资产风险评价数据库逻辑模型见表 8-19。

表 8-19　数据资产风险评价数据库逻辑模型

功能模块	数据库表名	主要字段	主键 / 外键	备注
数据资产风险评估模型	评估模型（Assessment Models）	模型 ID，模型名称，算法类型，参数配置，创建时间	模型 ID（PK）	存储风险评估模型的基本信息和配置
	模型验证（Model Validation）	验证 ID，模型 ID，测试数据集 ID，准确率，召回率，F1 分数，验证时间	验证 ID（PK），模型 ID（FK），测试数据集 ID（FK）	记录模型验证结果和性能指标

（1）评估模型

① 模型 ID：唯一标识每一个评估模型。

② 模型名称：评估模型的名称。

③ 算法类型：所使用的算法或模型类型（例如决策树、神经网络等）。

④ 参数配置：模型训练时使用的参数配置。

⑤ 创建时间：模型被创建的时间。

（2）模型验证

① 验证 ID：唯一标识每一次模型验证。

② 模型 ID：外键，关联到被验证的评估模型。

③ 测试数据集 ID：外键，关联到用于验证的测试数据集。

④ 准确率：模型在验证集上的准确率。

⑤ 召回率：模型在验证集上的召回率。

⑥ F1 分数：模型在验证集上的 F1 分数。

⑦ 验证时间：进行模型验证的时间。

8.2.4　数据资产管理模块

根据数据资产评估系统中的数据资产管理模块的概念模型，设计以下数据库逻辑模型。

8.2.4.1 数据资产目录数据库逻辑模型

数据资产目录数据库逻辑模型见表 8-20。

表 8-20 数据资产目录数据库逻辑模型

功能模块	数据库表名	主要字段	主键 / 外键	备注
数据资产目录	数据资产（Data Assets）	记录 ID，资产名称，资产类型，资产状态，资产创建时间，资产更新时间	记录 ID（PK）	存储所有注册数据的基本信息
资产注册	资产注册记录（Asset Registration）	记录 ID，资产 ID，注册时间，注册人	记录 ID（PK），资产 ID（FK）	记录每个资产的注册信息，资产 ID 是外键，指向数据资产表的记录 ID
资产查询	资产查询记录（Asset Query）	记录 ID，资产 ID，查询时间，查询人	记录 ID（PK），资产 ID（FK）	记录每次资产查询的详细信息，资产 ID 是外键，指向数据资产表的记录 ID
资产更新与维护	资产更新记录（Asset Update）	记录 ID，资产 ID，更新时间，更新人，更新详情	记录 ID（PK），资产 ID（FK）	记录每次资产更新和维护的详细信息，资产 ID 是外键，指向数据资产表的记录 ID
资产归档与退役	资产归档记录（Asset Archiving）	记录 ID，资产 ID，归档时间，归档人，退役状态	记录 ID（PK），资产 ID（FK）	记录每个资产的归档和退役信息，资产 ID 是外键，指向数据资产表的记录 ID

（1）数据资产

① **记录 ID（PK）**：唯一标识一个数据资产记录。

② **资产名称**：数据资产的名称。

③ **资产类型**：数据资产的类型，例如表格、报告等。

④ **资产状态**：数据资产的当前状态，例如活动、档案、已删除等。

⑤ **资产创建时间**：数据资产首次创建的时间。

⑥ **资产更新时间**：数据资产最后一次更新的时间。

（2）资产注册记录

① **记录 ID（PK）**：唯一标识一个注册记录。

② **资产 ID（FK）**：指向数据资产表的外键，关联到一个特定的数据资产。

③ **注册时间**：资产被注册的时间。

④ **注册人**：注册该资产的用户。

（3）资产查询记录

① **记录 ID（PK）**：唯一标识一个查询记录。

② **资产 ID（FK）**：指向数据资产表的外键，关联到一个特定的数据资产。

③ **查询时间**：资产被查询的时间。

④ **查询人**：进行查询的用户。

（4）资产更新记录

① **记录 ID（PK）**：唯一标识一个更新记录。

② **资产 ID（FK）**：指向数据资产表的外键，关联到一个特定的数据资产。

③ **更新时间**：资产被更新的时间。

④ **更新人**：进行更新的用户。

⑤ **更新详情**：更新的具体内容或描述。

（5）资产归档记录

① **记录 ID（PK）**：唯一标识一个归档记录。

② **资产 ID（FK）**：指向数据资产表的外键，关联到一个特定的数据资产。

③ **归档时间**：资产被归档的时间。

④ **归档人**：进行归档的用户。

⑤ **退役状态**：指示资产是否已退役或仍活跃。

8.2.4.2 数据资产分发

数据资产分发模块数据库逻辑模型见表 8-21。

表 8-21 数据资产分发模块数据库逻辑模型

功能模块	数据库表名	主要字段	主键 / 外键	备注
数据资产分发	资产分发（Asset Distribution）	分发 ID，资产 ID，分发目标，分发时间，分发状态	分发 ID（PK），资产 ID（FK）	用于跟踪数据资产的分发详情
权限管理	分发权限（Distribution Permission）	权限 ID，用户 ID，分发 ID，权限级别	权限 ID（PK），用户 ID（FK），分发 ID（FK）	定义哪些用户有权分发特定的数据资产
分发监控	分发监控记录（Distribution Monitoring Log）	记录 ID，分发 ID，监控事件，监控时间，监控结果	记录 ID（PK），分发 ID（FK）	记录分发过程中的各种监控事件和结果
分发审计	分发审计记录（Distribution Audit Log）	记录 ID，分发 ID，审计时间，审计结果，审计意见	记录 ID（PK），分发 ID（FK）	记录审计人员对分发活动的审查结果和意见

（1）资产分发

① **分发 ID（PK）**：唯一标识一个分发记录。

② **资产 ID（FK）**：指向数据资产表的外键，关联到一个特定的数据资产。

③ **分发目标**：接收数据资产的个人或部门。

④ **分发时间**：资产被分发的时间。

⑤ **分发状态**：分发的状态（例如进行中、已完成、已取消）。

（2）分发权限

① 权限 ID（PK）：唯一标识一个权限记录。

② 用户 ID（FK）：指向用户表的外键，标识具有权限的用户。

③ 分发 ID（FK）：指向资产分发表的外键，标识被授权分发的资产。

④ 权限级别：用户的权限等级（例如只读、编辑、完全控制）。

（3）分发监控记录

① 记录 ID（PK）：唯一标识一个监控记录。

② 分发 ID（FK）：指向资产分发表的外键，标识被监控的分发活动。

③ 监控事件：监控到的事件类型（例如分发开始、分发完成、错误发生）。

④ 监控时间：事件发生的时间。

⑤ 监控结果：事件的详细结果（例如成功、失败、告警）。

（4）分发审计记录

① 记录 ID（PK）：唯一标识一个审计记录。

② 分发 ID（FK）：指向资产分发表的外键，标识被审计的分发活动。

③ 审计时间：进行审计的时间。

④ 审计结果：审计的结果（例如合规、不合规、建议改进）。

⑤ 审计意见：审计人员的详细意见和建议。

8.2.4.3　合规性与报告

合规性与报告模块数据库逻辑模型见表 8-22。

表 8-22　合规性与报告模块数据库逻辑模型

功能模块	数据库表名	主要字段	主键 / 外键	备注
合规性与报告	合规检查（Compliance Check）	检查 ID，资产 ID，检查结果，检查日期	检查 ID（PK），资产 ID（FK）	记录每次合规检查的详细信息，包括检查日期和结果
	报表生成（Report Generation）	报表 ID，资产 ID，报表内容，生成时间	报表 ID（PK），资产 ID（FK）	存储数据资产的报表生成信息，包括生成时间和内容
	监管审计支持（Regulatory Audit Support）	审计 ID，资产 ID，审计结果，审计建议	审计 ID（PK），资产 ID（FK）	记录监管审计的结果和建议，支持合规性报告

（1）合规检查

① 检查 ID（PK）：唯一标识一个合规检查记录。

② 资产 ID（FK）：指向数据资产表的外键，关联到一个特定的数据资产。

③ 检查结果：合规检查的结果（例如合规、不合规、需要改进）。

④ 检查时间：进行合规检查的时间。

（2）报表生成

① **报表 ID（PK）**：唯一标识一个报表记录。

② **资产 ID（FK）**：指向数据资产表的外键，关联到一个特定的数据资产。

③ **报表内容**：生成报表的主要内容或概述。

④ **生成时间**：报表生成的时间。

（3）监管审计支持

① **审计 ID（PK）**：唯一标识一个监管审计记录。

② **资产 ID（FK）**：指向数据资产表的外键，关联到一个特定的数据资产。

③ **审计结果**：监管审计的结果（例如通过、未通过、建议改进）。

④ **审计建议**：审计过程中提出的建议或改进措施。

8.2.5 数据资产保护模块

基于数据资产评估系统中数据资产保护模块的概念模型，设计以下数据库逻辑模型。

8.2.5.1 访问控制

访问控制模块数据库逻辑模型见表 8-23。

表 8-23 访问控制模块数据库逻辑模型

功能模块	数据库表名	主要字段	主键 / 外键	备注
访问控制	用户身份认证（User Authentication）	用户 ID，用户名，密码，认证类型	用户 ID（PK）	用于存储用户的登录信息和认证方式
	角色授权（Role Authorization）	角色 ID，角色名称，描述	角色 ID（PK）	用于定义系统中的角色及其权限描述
	访问控制列表（Access ControlList）	访问控制 ID，用户 ID（FK），资源 ID（FK），权限类型	访问控制 ID（PK）	用于定义特定用户对特定资源的访问权限
	资源（Resource）	资源 ID，资源名称，资源类型	资源 ID（PK）	用于存储系统内的资源信息，例如数据资产、接口等

（1）用户身份认证

① **用户 ID**：是表的主键，用于唯一标识每个用户。该字段通常设置为整数或字符串类型，并具有唯一性约束，确保每个用户在系统中有唯一的标识。

② **用户名**：用于存储用户登录时使用的识别名称。该字段应选择可变长度的字符串类型，以适应不同长度的用户名。

③ **密码**：用于存储用户的登录密码。此字段应存储密码的加密版本，而不是明文密码，

以提升安全性。

④ **认证类型**：描述用户认证的方式，例如单因素认证、多因素认证等。该字段通常为固定长度的字符串或枚举类型。

（2）角色授权

① **角色 ID**：是表的主键，用于唯一标识每个角色。该字段通常设置为整数或字符串类型，并具有唯一性约束。

② **角色名称**：用于描述角色的名称，例如管理员、用户等。这个字段通常是可变长度的字符串类型。

③ **描述**：提供角色的详细描述，包括其权限和责任。此字段通常为文本类型，以支持较长的描述。

（3）访问控制列表

① **访问控制 ID**：是表的主键，用于唯一标识每个访问控制记录。该字段通常设置为整数或字符串类型，并具有唯一性约束。

② **用户 ID（FK）**：是外键，关联到用户身份认证表的用户 ID，表示该访问控制记录所属的用户。

③ **资源 ID（FK）**：是外键，关联到资源表的资源 ID，表示被访问控制的资源。

④ **权限类型**：描述用户对资源的具体权限，例如读、写、删除等。该字段通常为固定长度的字符串或枚举类型。

（4）资源

① **资源 ID**：是表的主键，用于唯一标识每个资源。该字段通常设置为整数或字符串类型，并具有唯一性约束。

② **资源名称**：提供资源的名称，例如数据资产名称、接口名称等。此字段通常为可变长度的字符串类型。

③ **资源类型**：描述资源的类型，例如数据资产、服务接口、文件等。该字段可以为固定长度的字符串或枚举类型。

8.2.5.2 数据脱敏

数据脱敏模块数据库逻辑模型见表 8-24。

表 8-24 数据脱敏模块数据库逻辑模型

功能模块	数据库表名	主要字段	主键 / 外键	备注
数据脱敏	数据掩码（Data Masking）	掩码 ID，原始数据，掩码后数据，掩码类型	掩码 ID（PK）	用于存储数据掩码的相关信息，例如，掩码类型可以是部分掩码或完全掩码

续表

功能模块	数据库表名	主要字段	主键 / 外键	备注
数据脱敏	数据加密（Data Encryption）	加密 ID，原始数据，加密算法，加密后数据	加密 ID（PK）	用于存储数据加密的相关信息，包括使用的加密算法和加密后的数据
	数据删除（Data Deletion）	删除 ID，数据 ID，删除时间，删除原因	删除 ID（PK）	用于记录数据删除的相关信息，例如删除的时间和原因

（1）数据掩码

① **掩码 ID**：唯一标识每个数据掩码记录的主键。

② **原始数据**：存储未处理前的敏感数据。

③ **掩码后数据**：存储经过掩码处理后的数据。

④ **掩码类型**：描述数据掩码的类型，例如部分掩码或完全掩码。

（2）数据加密

① **加密 ID**：唯一标识每个数据加密记录的主键。

② **原始数据**：存储未加密的敏感数据。

③ **加密算法**：描述用于加密数据的算法。

④ **加密后数据**：存储加密后的数据。

（3）数据删除

① **删除 ID**：唯一标识每个数据被删除记录的主键。

② **数据 ID**：关联到被删除的数据资产表的外键。

③ **删除时间**：记录数据被删除的时间。

④ **删除原因**：描述数据被删除的原因。

8.2.5.3 安全备份与恢复

安全备份与恢复模块数据库逻辑模型见表 8-25。

表 8–25 安全备份与恢复模块数据库逻辑模型

功能模块	数据库表名	主要字段	主键 / 外键	备注
安全备份与恢复	定期备份（Regular Backups）	备份 ID，资产 ID，备份时间，备份位置，备份状态	备份 ID（PK）	用于记录数据资产的定期备份信息，包括备份的时间和存储位置
	灾难恢复计划（Disaster Recovery Plan）	计划 ID，资产 ID，恢复策略，最近测试时间，状态	计划 ID（PK）	用于制订和记录数据资产的灾难恢复计划，确保在灾难发生时能快速恢复

（1）定期备份

① **备份 ID**：唯一标识每个备份记录的主键。

② **资产 ID**：关联到数据资产表的外键，指明了被备份的数据资产。

③ **备份时间**：记录执行备份的具体时间。

④ **备份位置**：存储备份数据的位置，可以是本地服务器、云存储等。

⑤ **备份状态**：标记备份操作的状态，成功、进行中、失败等。

（2）灾难恢复计划

① **计划 ID**：唯一标识每个灾难恢复计划的主键。

② **资产 ID**：关联到数据资产表的外键，指明了纳入灾难恢复计划的数据资产。

③ **恢复策略**：描述在灾难发生时的恢复策略，包括恢复优先级、恢复步骤等。

④ **最近测试时间**：记录最近一次测试灾难恢复计划的时间。

⑤ **状态**：表示灾难恢复计划的当前状态，例如激活、待测试、已过期等。

8.2.6　数据资产审计模块

基于数据资产评估系统中数据资产审计模块的概念模型，设计以下数据库逻辑模型。

8.2.6.1　审计策略

审计策略模块数据库逻辑模型见表 8-26。

表 8-26　审计策略模块数据库逻辑模型

功能模块	数据库表名	主要字段	主键 / 外键	备注
审计策略	审计规则定义（Audit Rule Definition）	规则 ID，规则名称，规则描述，规则表达式	规则 ID（PK）	存储审计规则的详细信息，规则表达式用于定义具体的审计逻辑
	审计触发条件（Audit Trigger Condition）	条件 ID，规则 ID，触发事件，触发条件表达式	条件 ID（PK），规则 ID（FK）	定义特定审计规则的触发条件，一个规则可以有多个触发条件
	审计通知设置（Audit Notification Setting）	通知 ID，规则 ID，通知类型，通知接收者，通知模板	通知 ID（PK），规则 ID（FK）	设定审计规则被触发时的通知方式和接收者信息

（1）审计规则定义

① **规则 ID（PK）**：唯一标识一个审计规则。

② **规则名称**：规则的名称，用于标识和参考。

③ **规则描述**：对规则的详细描述，包括其作用和影响范围。

④ **规则表达式**：用于定义审计规则的逻辑表达式或脚本。

（2）审计触发条件

① **条件 ID（PK）**：唯一标识一个审计触发条件。

② **规则 ID（FK）**：指向相关联的审计规则。

③ **触发事件**：描述触发审计规则的事件类型（例如数据访问、结构变更等）。

④ **触发条件表达式**：用于详细定义何时触发审计规则的条件表达式。

（3）审计通知设置

① **通知 ID（PK）**：唯一标识一个审计通知设置。

② **规则 ID（FK）**：指向相关联的审计规则。

③ **通知类型**：通知的方式（例如电子邮件、短信、系统内通知等）。

④ **通知接收者**：接收通知的个人或群组。

⑤ **通知模板**：通知内容的模板，可以包含占位符，用于动态插入审计详情。

以上表格设计支持灵活的审计策略设置，允许管理员定义具体的审计规则、触发这些规则的条件，以及规则触发时的通知方式和接收者。通过这种方式，数据资产审计模块能够有效地监控和记录数据资产的使用和变更情况。

8.2.6.2 审计记录

审计记录模块数据库逻辑模型见表 8-27。

表 8-27 审计记录模块数据库逻辑模型

功能模块	数据库表名	主要字段	主键 / 外键	备注
审计记录	审计事件记录（Audit Event Record）	事件 ID，审计时间，事件类型，事件详情	事件 ID（PK）	用于记录每个审计事件的详细信息
	审计结果存储（Audit Result Storage）	结果 ID，事件 ID，审计结果，审计建议	结果 ID（PK），事件 ID（FK）	用于记录每个审计事件的审计结果和建议

（1）审计事件记录

① **事件 ID（PK）**：唯一标识一个审计事件。

② **审计时间**：事件发生的时间戳。

③ **事件类型**：描述审计事件的类型（例如数据访问、结构变更等）。

④ **事件详情**：对审计事件的详细描述，包括涉及的数据资产、操作人员等信息。

（2）审计结果存储

① **结果 ID（PK）**：唯一标识一个审计结果。

② **事件 ID（FK）**：指向相关联的审计事件。

③ **审计结果**：对审计事件的评估结果（例如合规、不合规等）。

④ **审计建议**：根据审计结果给出的改进建议或措施。

设计支持审计记录的存储和管理，允许系统记录每个审计事件的详细信息，并根据审计结果给出相应的建议和措施。通过这种方式，数据资产审计模块能够有效地监控和记录数据资产的使用和变更情况，确保数据资产的合规性和安全性。

8.2.6.3 审计报告

审计报告模块数据库逻辑模型见表8-28。

表8-28 审计报告模块数据库逻辑模型

功能模块	数据库表名	主要字段	主键/外键	备注
审计报告	审计报告生成（Audit Report Generation）	报告ID，审计时间，审计结果，审计建议	报告ID（PK）	用于记录每个审计事件的审计结果和建议
	审计报告发送（Audit Report Sending）	报告ID，发送时间，接收者，发送状态	报告ID（PK）	用于记录审计报告的发送情况，包括发送时间、接收者和发送状态等

（1）审计报告生成

① **报告ID（PK）**：唯一标识一个审计报告。

② **审计时间**：审计事件发生的时间戳。

③ **审计结果**：对审计事件的评估结果（例如合规、不合规等）。

④ **审计建议**：根据审计结果给出的改进建议或措施。

（2）审计报告发送

① **报告ID（PK）**：唯一标识一个审计报告。

② **发送时间**：审计报告发送的时间戳。

③ **接收者**：审计报告的接收人或接收组。

④ **发送状态**：审计报告的发送状态（例如成功、失败等）。

设计审计报告的生成和发送管理，允许系统根据审计事件的结果生成相应的审计报告，并将其发送给指定的接收者。通过这种方式，数据资产审计模块能够有效地监控和记录数据资产的使用和变更情况，确保数据资产的合规性和安全性。

8.2.7 数据资产报告模块

基于数据资产评估系统中的数据资产报告模块的概念模型，设计以下数据库逻辑模型。

8.2.7.1 报表生成

报表生成模块数据库逻辑模型见表8-29。

表 8-29 报表生成模块数据库逻辑模型

功能模块	数据库表名	主要字段	主键 / 外键	备注
报表生成	报表模板设计（Report Template Design）	模板 ID，模板名称，模板内容	模板 ID（PK）	用于记录报表的模板信息，包括模板的名称、内容等
	报表数据填充（Report Data Filling）	数据 ID，报表 ID，数据内容	数据 ID（PK），报表 ID（FK）	用于记录报表的数据填充信息，包括数据的内容和对应的报表
	报表样式设置（Report Style Setting）	样式 ID，报表 ID，样式内容	样式 ID（PK），报表 ID（FK）	用于记录报表的样式设置信息，包括样式的内容和对应的报表

（1）报表模板设计

① **模板 ID（PK）**：唯一标识一个报表模板。

② **模板名称**：报表模板的名称，用于标识和参考。

③ **模板内容**：报表模板的具体内容，包括表格、图表等元素。

（2）报表数据填充

① **数据 ID（PK）**：唯一标识一条报表数据。

② **报表 ID（FK）**：指向相关联的报表。

③ **数据内容**：报表数据的具体内容，包括数值、文本等。

（3）报表样式设置

① **样式 ID（PK）**：唯一标识一个报表样式。

② **报表 ID（FK）**：指向相关联的报表。

③ **样式内容**：报表样式的具体内容，包括字体、颜色等。

设计报表的生成和管理，允许系统根据报表模板、数据填充和样式设置来生成最终的报表。通过这种方式，数据资产报告模块能够有效地生成符合要求和规范的报表，为决策者提供准确的数据支持。

8.2.7.2 报表展示

报表展示模块数据库逻辑模型见表 8-30。

表 8-30 报表展示模块数据库逻辑模型

功能模块	数据库表名	主要字段	主键 / 外键	备注
报表展示	Web 界面展示（Web Display）	报告 ID，用户 ID，展示时间	报告 ID（PK），用户 ID（FK）	用于记录用户在 Web 界面上查看报告的信息
	PDF 文件输出（PDF Output）	报告 ID，用户 ID，输出时间	报告 ID（PK），用户 ID（FK）	用于记录用户将报告导出为 PDF 文件的信息

续表

功能模块	数据库表名	主要字段	主键 / 外键	备注
报表展示	邮件发送（Email Sending）	报告 ID，用户 ID，发送时间	报告 ID（PK），用户 ID（FK）	用于记录用户通过邮件发送报告的信息

（1）Web 界面展示

① **报告 ID（PK）**：唯一标识一个报告。

② **用户 ID（FK）**：指向相关联的用户。

③ **展示时间**：用户在 Web 界面上查看报告的时间戳。

（2）PDF 文件输出

① **报告 ID（PK）**：唯一标识一个报告。

② **用户 ID（FK）**：指向相关联的用户。

③ **输出时间**：用户将报告导出为 PDF 文件的时间戳。

（3）邮件发送

① **报告 ID（PK）**：唯一标识一个报告。

② **用户 ID（FK）**：指向相关联的用户。

③ **发送时间**：用户通过邮件发送报告的时间戳。

设计报表的展示和分享功能，允许系统根据用户的请求在 Web 界面上展示报告、将报告导出为 PDF 文件或通过邮件发送给其他用户。通过这种方式，数据资产报告模块能够有效地提供多样化的报告展示方式，满足不同用户的需求。

8.2.7.3　报表导出

报表导出模块数据库逻辑模型见表 8-31。

表 8-31　报表导出模块数据库逻辑模型

功能模块	数据库表名	主要字段	主键 / 外键	备注
报表导出	Excel 导出（Excel Export）	报告 ID，用户 ID，导出时间	报告 ID（PK），用户 ID（FK）	用于记录用户将报表导出为 Excel 文件的信息
	PDF 导出（PDF Export）	报告 ID，用户 ID，导出时间	报告 ID（PK），用户 ID（FK）	用于记录用户将报表导出为 PDF 文件的信息
	HTML 导出（HTML Export）	报告 ID，用户 ID，导出时间	报告 ID（PK），用户 ID（FK）	用于记录用户将报表导出为 HTML 文件的信息

（1）Excel 导出

① **报告 ID（PK）**：唯一标识一个报告。

② 用户 ID（FK）：指向相关联的用户。

③ 导出时间：用户将报表导出为 Excel 文件的时间戳。

（2）PDF 导出

① 报告 ID（PK）：唯一标识一个报告。

② 用户 ID（FK）：指向相关联的用户。

③ 导出时间：用户将报表导出为 PDF 文件的时间戳。

（3）HTML 导出

① 报告 ID（PK）：唯一标识一个报告。

② 用户 ID（FK）：指向相关联的用户。

③ 导出时间：用户将报表导出为 HTML 文件的时间戳。

设计报表的导出功能，允许系统根据用户的请求将报告导出为 Excel、PDF 或 HTML 文件。通过这种方式，数据资产报告模块能够有效地提供多样化的报表导出方式，满足不同用户的需求。

8.2.8 系统管理模块

基于数据资产评估系统中的系统管理模块的概念模型，设计以下数据库逻辑模型。

8.2.8.1 用户管理

用户管理模块数据库逻辑模型见表 8-32。

表 8-32 用户管理模块数据库逻辑模型

功能模块	数据库表名	主要字段	主键 / 外键	备注
用户管理	用户注册（User Registration）	用户 ID，用户名，密码，电子邮箱，注册时间	用户 ID（PK）	用于记录用户的注册信息
	用户登录（User Login）	登录 ID，登录时间，用户 ID，IP 地址	登录 ID（PK），用户 ID（FK）	用于记录用户的登录活动
	用户权限分配（User Permission）	用户 ID，权限级别	用户 ID（FK），权限 ID（FK）	用于为用户分配权限，权限级别如管理员、普通用户等

（1）用户注册

① 用户 ID（PK）：唯一标识一个用户。

② 用户名：用户的登录名。

③ 密码：用户的登录密码。

④ **电子邮箱**：用户的电子邮箱地址。

⑤ **注册时间**：用户注册的时间戳。

（2）用户登录

① **登录ID（PK）**：唯一标识一次登录活动。

② **登录时间**：用户登录的时间戳。

③ **用户ID（FK）**：指向相关联的用户。

④ **IP地址**：用户登录时的IP地址。

（3）用户权限分配

① **用户ID（FK）**：指向相关联的用户。

② **权限级别**：用户的权限级别，例如管理员、普通用户等。

设计系统管理模块的用户管理功能，包括用户注册、登录和权限分配。通过这种方式，系统管理模块能够有效地管理用户的信息和访问权限，确保系统的安全性和数据的完整性。

8.2.8.2 权限管理

权限管理模块数据库逻辑模型见表8-33。

表8-33 权限管理模块数据库逻辑模型

功能模块	数据库表名	主要字段	主键/外键	备注
权限管理	角色定义（Role Definition）	角色ID，角色名称，描述	角色ID（PK）	用于定义系统中的角色，例如管理员、分析师等
	权限分配（Permission Assignment）	分配ID，用户ID，角色ID	分配ID（PK），用户ID（FK），角色ID（FK）	用于为用户分配角色，一个用户可以有多个角色
	权限继承关系（Permission Inheritance）	父角色ID，子角色ID	父角色ID（FK），子角色ID（FK）	用于定义角色之间的权限继承关系，例如高级管理员继承管理员的权限

（1）角色定义

① **角色ID（PK）**：唯一标识一个角色。

② **角色名称**：角色的名称。

③ **描述**：角色的描述。

（2）权限分配

① **分配ID（PK）**：唯一标识一次权限分配。

② **用户ID（FK）**：指向相关联的用户。

③ **角色ID（FK）**：指向分配给用户的角色。

（3）权限继承关系

① 父角色 ID（FK）：指向权限更高的父角色。

② 子角色 ID（FK）：指向继承父角色权限的子角色。

设计系统管理模块的权限管理功能，包括角色定义、权限分配和权限继承关系。

8.2.8.3 API 管理

API 管理模块数据库逻辑模型见表 8-34。

表 8-34 API 管理模块数据库逻辑模型

功能模块	数据库表名	主要字段	主键 / 外键	备注
API 管理	API 认证（API Authentication）	API ID，开发者 ID，认证令牌，过期日期	API 认证 ID（PK），API ID（FK），开发者 ID（FK）	用于记录 API 的认证信息和访问令牌
	API 流量限制（API RateLimiting）	流量限制 ID，API ID，每小时最大请求数，当前小时请求数，重置时间	流量限制 ID（PK），API ID（FK）	跟踪 API 的请求率限制和当前使用情况
	API 监控（API Monitoring）	监控 ID，API ID，请求计数，错误计数，时间戳	监控 ID（PK），API ID（FK）	记录特定时间段内 API 的使用情况和性能指标

（1）API 认证

① API ID：标识相关联的 API。

② 开发者 ID：认证请求的发送者，可以是第三方开发者或系统。

③ 认证令牌：用于访问 API 的令牌，通常为一串长字符，具有时效性。

④ 过期日期：令牌失效的时间，确保安全性。

（2）API 流量限制

① 流量限制 ID：表内记录的唯一标识。

② API ID：受限的 API 标识。

③ 每小时最大请求数：在一小时内允许的最多的请求次数。

④ 当前小时请求数：当前小时内已使用的请求次数。

⑤ 重置时间：请求计数器重置的时间，通常设定在每小时的开始。

（3）API 监控

① 监控 ID：表内记录的唯一标识。

② API ID：被监控的 API 标识。

③ 请求计数：特定时间段内的请求总数。

④ 错误计数：在该时间段内发生的错误请求数量。

⑤ 时间戳：记录的时间点，用于了解这些数据是何时被记录的。

8.3 物理模型设计

8.3.1 数据收集与识别模块

1. 表的结构

（1）接口定义

接口定义见表 8-35。

表 8-35　接口定义

列名	数据类型	约束	主键 / 外键	备注
InterfaceID	INT	AUTO_INCREMENT	是	主键，自增
InterfaceName	VARCHAR（255）	—	否	接口名称
InterfaceType	VARCHAR（100）	—	否	接口类型
DataFormat	VARCHAR（100）	—	否	数据格式
ValidationRules	TEXT	—	否	验证规则

（2）数据验证

数据验证见表 8-36。

表 8-36　数据验证

列名	数据类型	约束	主键 / 外键	备注
ValidationID	INT	AUTO_INCREMENT	是	主键，自增
DataReceivedID	INT	FOREIGN KEY	否 / 是	外键，关联到 DataReceived 表
Result	BOOLEAN	—	否	验证结果
Comments	VARCHAR（500）	—	否	注释

（3）自动识别

自动识别见表 8-37。

表 8-37　自动识别

列名	数据类型	约束	主键 / 外键	备注
AutoID	INT	AUTO_INCREMENT	是	主键，自增

续表

列名	数据类型	约束	主键 / 外键	备注
DataReceivedID	INT	FOREIGN KEY	否 / 是	外键，关联到 DataReceived 表

（4）手动输入

手动输入见表 8-38。

表 8-38　手动输入

列名	数据类型	约束	主键 / 外键	备注
ManualInputID	INT	AUTO_INCREMENT	是	主键，自增
DataReceivedID	INT	FOREIGN KEY	否 / 是	外键，关联到 DataReceived 表
InputData	VARCHAR（500）	—	否	手动输入数据

（5）记录来源

记录来源见表 8-39。

表 8-39　记录来源

列名	数据类型	约束	主键 / 外键	备注
RecordSourceID	INT	AUTO_INCREMENT	是	主键，自增
DataReceivedID	INT	FOREIGN KEY	否 / 是	外键，关联到 DataReceived 表
Source	VARCHAR（255）	—	否	记录来源

（6）跟踪历史

跟踪历史见表 8-40。

表 8-40　跟踪历史

列名	数据类型	约束	主键 / 外键	备注
HistoryID	INT	AUTO_INCREMENT	是	主键，自增
DataReceivedID	INT	FOREIGN KEY	否 / 是	外键，关联到 DataReceived 表
Changes	TEXT	—	否	跟踪历史

（7）唯一标识

唯一标识见表 8-41。

表 8-41　唯一标识

列名	数据类型	约束	主键 / 外键	备注
UniqueID	INT	AUTO_INCREMENT	是	主键，自增
DataReceivedID	INT	FOREIGN KEY	否 / 是	外键，关联到 DataReceived 表

（8）资产组

资产组见表 8-42。

表 8–42　资产组

列名	数据类型	约束	主键 / 外键	备注
AssetGroupID	INT	AUTO_INCREMENT	是	主键，自增
DataReceivedID	INT	FOREIGN KEY	否 / 是	外键，关联到 DataReceived 表
GroupName	VARCHAR（255）	—	否	资产组名称

2. 索引

① InterfaceDefinition 表的 InterfaceName 和 DataFormat 列应建立索引，以加快查询。

② DataReceived 表的 InterfaceID 和 ReceivingTime 列应建立索引，以加快查询。

③ AutoIdentification、ManualInput、RecordSource、TrackingHistory、UniqueIdentifier 和 AssetGroup 表的 DataReceivedID 列应建立索引，以加快查询。

3. 视图

创建一个视图（Data Received View），包含 Data Received 表的所有列，方便查询。

4. 存储结构

① 所有表都应该使用 InnoDB 存储引擎，因为它支持事务处理和行级锁定。

② 根据预期的数据量和访问模式，可以调整数据文件和索引文件的缓冲池配置。

5. 分区和分表

① 如果 DataReceived 表中的数据量非常大，可以考虑根据 ReceptionTimestamp 进行范围分区，以便快速访问特定时间段的数据。

② DataValidation 表可以根据 ValidationResult 进行分区，以提高查询和维护的效率，特别是当需要针对特定验证结果进行操作的时候。

6. 非结构化数据存储

① 非结构化数据（例如日志文件、图片、视频等）将存储在 Hadoop 集群中，利用 HDFS 进行高效存储和分布式处理。

② 数据收集与识别模块将处理结构化数据并存储到关系数据库中，同时将非结构化数据上传到 Hadoop 集群，并在需要时通过 Hadoop 生态系统（例如 Hive、Spark 等）进一步处理和分析。

7. 数据操作

（1）接口定义（Interface Definition）

——创建接口定义表

```
CREATE TABLE InterfaceDefinition (
```

```
    InterfaceID INT AUTO_INCREMENT PRIMARY KEY,
    InterfaceName VARCHAR(255),
    InterfaceType VARCHAR(100),
    DataFormat VARCHAR(100),
    ValidationRules TEXT
);
```

——插入数据为一个接口添加数据验证记录

```
INSERT INTO InterfaceDefinition (InterfaceName, InterfaceType, DataFormat, ValidationRules)
VALUES('接口名称 1', '接口类型 1', '数据格式 1', '验证规则 1');
```

——查询所有数据

```
SELECT * FROM InterfaceDefinition;
```

——查询指定接口名称的数据

```
SELECT * FROM InterfaceDefinition WHERE InterfaceName = '接口名称 1';
```

——更新指定接口名称的数据

```
UPDATE InterfaceDefinition
SET InterfaceName = '新的接口名称', InterfaceType = '新的接口类型', DataFormat = '新的数据格式', ValidationRules = '新的验证规则'
WHERE InterfaceID = 2024081000;
```

——删除指定接口 ID 的数据

```
DELETE FROM InterfaceDefinition WHERE InterfaceID = 2024081000;
```

（2）数据验证（Data Validation）

——创建数据验证表

```
CREATE TABLE DataValidation (
    ValidationID INT AUTO_INCREMENT PRIMARY KEY,
    DataReceivedID INT,
    Result BOOLEAN,
    Comments VARCHAR(500),
    FOREIGN KEY (DataReceivedID) REFERENCES DataReceived(DataReceivedID)
);
```

——插入数据到数据验证表

```
INSERT INTO DataValidation (DataReceivedID, Result, Comments)
VALUES(1, true, ' 验证通过 ');
```

——查询数据验证表

```
SELECT * FROM DataValidation;
```

——更新数据验证表中的数据

```
UPDATE DataValidation
SET Result = false, Comments = ' 验证失败 '
WHERE DataReceivedID = 2024081000;
```

——删除数据验证表中的数据

```
DELETE FROM DataValidation
WHERE DataReceivedID = 2024081000;
```

（3）自动识别（Auto Identification）

——创建自动识别表

```
CREATE TABLE AutoIdentification (
    AutoID INT AUTO_INCREMENT PRIMARY KEY,
    DataReceivedID INT,
    FOREIGN KEY (DataReceivedID) REFERENCES DataReceived(DataReceivedID)
);
```

——插入数据到自动识别表

```
INSERT INTO AutoIdentification (DataReceivedID)
VALUES (1);
```

——查询自动识别表

```
SELECT * FROM AutoIdentification;
```

——更新自动识别表中的数据

```
UPDATE AutoIdentification
SET DataReceivedID = 2
WHERE DataReceivedID = 2024081000;
```

——删除自动识别表中的数据

```
DELETE FROM AutoIdentification
WHERE DataReceivedID = 2024081000;
```

（4）手动输入（Manual Input）

——创建手动输入表

```
CREATE TABLE ManualInput (
    ManualInputID INT AUTO_INCREMENT PRIMARY KEY,
    DataReceivedID INT,
    InputData VARCHAR(500),
    FOREIGN KEY (DataReceivedID) REFERENCES DataReceived(DataReceivedID)
);
```

——插入数据到手动输入表

```
INSERT INTO ManualInput (DataReceivedID, InputData)
VALUES(1, ' 手动输入数据 ');
```

——查询手动输入表

```
SELECT * FROM ManualInput;
```

——更新手动输入表中的数据

```
UPDATE ManualInput
SET InputData = ' 新的手动输入数据 '
WHERE DataReceivedID = 2024081000;
```

——删除手动输入表中的数据

```
DELETE FROM ManualInput
WHERE DataReceivedID = 2024081000;
```

（5）记录来源（Record Source）

——创建记录来源表

```
CREATE TABLE RecordSource (
    RecordSourceID INT AUTO_INCREMENT PRIMARY KEY,
    DataReceivedID INT,
    Source VARCHAR(255),
    FOREIGN KEY (DataReceivedID) REFERENCES DataReceived(DataReceivedID)
);
```

——插入数据到记录来源表

```
INSERT INTO RecordSource (DataReceivedID, Source)
VALUES(1, '记录来源');
```

——查询记录来源表

```
SELECT * FROM RecordSource;
```

——更新记录来源表中的数据

```
UPDATE RecordSource
SET Source = '新的记录来源'
WHERE DataReceivedID = 2024081000;
```

——删除记录来源表中的数据

```
DELETE FROM RecordSource
WHERE DataReceivedID = 2024081000;
```

（6）跟踪历史（Tracking History）

——创建跟踪历史表

```
CREATE TABLE TrackingHistory (
    HistoryID INT AUTO_INCREMENT PRIMARY KEY,
    DataReceivedID INT,
    Changes TEXT,
    FOREIGN KEY (DataReceivedID) REFERENCES DataReceived(DataReceivedID)
);
```

——插入数据到跟踪历史表

```
INSERT INTO TrackingHistory (DataReceivedID, Changes)
VALUES(1, '跟踪历史');
```

——查询跟踪历史表

```
SELECT * FROM TrackingHistory;
```

——更新跟踪历史表中的数据

```
UPDATE TrackingHistory
SET Changes = '新的跟踪历史'
WHERE DataReceivedID = 2024081000;
```

——删除跟踪历史表中的数据

```
DELETE FROM TrackingHistory
WHERE DataReceivedID = 2024081000;
```

（7）唯一标识（Unique Identifier）

——创建唯一标识表

```
CREATE TABLE UniqueIdentifier (
  UniqueID INT AUTO_INCREMENT PRIMARY KEY,
  DataReceivedID INT,
  FOREIGN KEY (DataReceivedID) REFERENCES DataReceived(DataReceivedID)
);
```

——插入数据到唯一标识表

```
INSERT INTO UniqueIdentifier (DataReceivedID)
VALUES (1);
```

——查询唯一标识表

```
SELECT * FROM UniqueIdentifier;
```

——更新唯一标识表中的数据

```
UPDATE UniqueIdentifier
SET DataReceivedID = 2
WHERE DataReceivedID = 2024081000;
```

——删除唯一标识表中的数据

```
DELETE FROM UniqueIdentifier
WHERE DataReceivedID = 2024081000;
```

（8）资产组（Asset Group）

——创建资产组表

```
CREATE TABLE AssetGroup (
  AssetGroupID INT AUTO_INCREMENT PRIMARY KEY,
  DataReceivedID INT,
  GroupName VARCHAR(255),
  FOREIGN KEY (DataReceivedID) REFERENCES DataReceived(DataReceivedID)
);
```

——插入数据到资产组表

```
INSERT INTO AssetGroup (DataReceivedID, GroupName)
VALUES(1, '资产组名称');
```

——查询资产组表

```
SELECT * FROM AssetGroup;
```

——更新资产组表中的数据

```
UPDATE AssetGroup
SET GroupName = '新的资产组名称'
WHERE DataReceivedID = 2024081000;
```

——删除资产组表中的数据

```
DELETE FROM AssetGroup
WHERE DataReceivedID = 2024081000;
```

8.3.2　数据资产分类模块

数据资产分类模块的物理模型设计，主要涉及数据类型识别、数据敏感性级别划分、数据来源归类，以及分类结果管理。

1. 表的结构

（1）数据敏感性

数据敏感性见表8-43。

表8-43　数据敏感性

列名	数据类型	约束	主键/外键	备注
SensitivityID	INT	AUTO_INCREMENT	是	主键，自增
SensitivityLevel	VARCHAR（100）	—	否	敏感级别
Description	TEXT	—	否	描述

（2）数据敏感性分类

数据敏感性分类见表8-44。

表8-44　数据敏感性分类

列名	数据类型	约束	主键/外键	备注
ClassificationID	INT	AUTO_INCREMENT	是	主键，自增

续表

列名	数据类型	约束	主键 / 外键	备注
DataID	INT	FOREIGN KEY	否 / 是	外键，关联到 DataReceived 表
SensitivityID	INT	FOREIGN KEY	否 / 是	外键，关联到 DataSensitivity 表

（3）数据来源

数据来源见表 8-45。

表 8-45 数据来源

列名	数据类型	约束	主键 / 外键	备注
SourceID	INT	AUTO_INCREMENT	是	主键，自增
SourceName	VARCHAR（255）	—	否	来源名称
SourceType	VARCHAR（100）	—	否	来源类型

（4）数据来源分类

数据来源分类见表 8-46。

表 8-46 数据来源分类

列名	数据类型	约束	主键 / 外键	备注
ClassificationID	INT	AUTO_INCREMENT	是	主键，自增
DataID	INT	FOREIGN KEY	否 / 是	外键，关联到 DataReceived 表
SourceID	INT	FOREIGN KEY	否 / 是	外键，关联到 DataSource 表

（5）分类结果

分类结果见表 8-47。

表 8-47 分类结果

列名	数据类型	约束	主键 / 外键	备注
ResultID	INT	AUTO_INCREMENT	是	主键，自增
DataID	INT	FOREIGN KEY	否 / 是	外键，关联到 DataReceived 表
ClassificationID	INT	FOREIGN KEY	否 / 是	外键，关联到 DataSensitivityClassification 或 DataSourceClassification 表

续表

列名	数据类型	约束	主键 / 外键	备注
Result	VARCHAR（255）	—	否	分类结果

2. 索引

① DataSensitivity 表的 SensitivityLevel 列应建立索引，以加快查询。

② DataSource 表的 SourceName 和 SourceType 列应建立索引，以加快查询。

③ DataSensitivityClassification、DataSourceClassification 和 ClassificationResult 表的 DataID 和 ClassificationID 列应建立索引，以加快查询。

3. 视图

创建视图 DataClassificationView，包含所有分类表的所有列，方便查询。

4. 存储结构

① 所有表都应该使用 InnoDB 存储引擎，因为它支持事务处理和行级锁定。

② 根据预期的数据量和访问模式，可以调整数据文件和索引文件的缓冲池配置。

5. 分区和分表

如果数据量非常大，可以考虑对 DataSensitivityClassification、DataSourceClassification 和 ClassificationResult 表进行分区，根据实际业务需求按时间或 ID 范围进行分区。

6. 数据操作

（1）数据敏感性（Data Sensitivity）

——创建数据敏感性表

```
CREATE TABLE DataSensitivity (
  SensitivityID INT AUTO_INCREMENT PRIMARY KEY, ——主键，自增
  SensitivityLevel VARCHAR(100), ——敏感级别
  Description TEXT ——描述
);
```

——插入数据到数据敏感性表

```
INSERT INTO DataSensitivity (SensitivityLevel, Description)
VALUES(' 高 ', ' 非常敏感的数据 ');
```

——查询数据敏感性表

```
SELECT * FROM DataSensitivity;
```

——更新数据敏感性表中的数据

```
UPDATE DataSensitivity
```

```
SET SensitivityLevel = '中'
WHERE SensitivityID = 2024081000;
```

——删除数据敏感性表中的数据

```
DELETE FROM DataSensitivity
WHERE SensitivityID = 2024081000;
```

（2）数据敏感性分类（Data Sensitivity Classification）

——创建数据敏感性分类表

```
CREATE TABLE DataSensitivityClassification (
   ClassificationID INT AUTO_INCREMENT PRIMARY KEY, ——主键，自增
   DataID INT, ——外键，关联到 DataReceived 表
   SensitivityID INT, ——外键，关联到 DataSensitivity 表
   FOREIGN KEY(DataID)REFERENCES DataReceived(DataID),
   FOREIGN KEY(SensitivityID) REFERENCES DataSensitivity(SensitivityID)
);
```

——插入数据到数据敏感性分类表

```
INSERT INTO DataSensitivityClassification (DataID, SensitivityID)
VALUES (1, 1);
```

——查询数据敏感性分类表

```
SELECT * FROM DataSensitivityClassification;
```

——更新数据敏感性分类表中的数据

```
UPDATE DataSensitivityClassification
SET SensitivityID = 2
WHERE ClassificationID = 2024081000;
```

——删除数据敏感性分类表中的数据

```
DELETE FROM DataSensitivityClassification
WHERE ClassificationID = 2024081000;
```

（3）数据来源（Data Source）

——创建数据来源表

```
CREATE TABLE DataSource (
```

```
    SourceID INT AUTO_INCREMENT PRIMARY KEY, ——主键，自增
    SourceName VARCHAR(255), ——来源名称
    SourceType VARCHAR(100) ——来源类型
);
```

——插入数据到数据来源表

```
INSERT INTO DataSource (SourceName, SourceType)
VALUES(' 社交媒体平台 ', ' 用户喜好 ');
```

——查询数据来源表

```
SELECT * FROM DataSource;
```

——更新数据来源表中的数据

```
UPDATE DataSource
SET SourceType = ' 社交媒体 '
WHERE SourceID = 2024081000;
```

——删除数据来源表中的数据

```
DELETE FROM DataSource
WHERE SourceID = 2024081000;
```

（4）数据来源分类（Data Source Classification）

——创建数据来源分类表

```
CREATE TABLE DataSourceClassification ( ·
    ClassificationID INT AUTO_INCREMENT PRIMARY KEY, ——主键，自增
    DataID INT, ——外键，关联到 DataReceived 表
    SourceID INT, ——外键，关联到 DataSource 表
    FOREIGN KEY (DataID) REFERENCES DataReceived(DataID),
    FOREIGN KEY (SourceID) REFERENCES DataSource(SourceID)
);
```

——插入数据到数据来源分类表

```
INSERT INTO DataSourceClassification (DataID, SourceID)
VALUES (1, 1);
```

——查询数据来源分类表

```
SELECT * FROM DataSourceClassification;
```

——更新数据来源分类表中的数据

```
UPDATE DataSourceClassification
SET SourceID = 2
WHERE ClassificationID = 2024081000;
```

——删除数据来源分类表中的数据

```
DELETE FROM DataSourceClassification
WHERE ClassificationID = 2024081000;
```

（5）分类结果（Classification Result）

——创建分类结果表

```
CREATE TABLE ClassificationResult (
  ResultID INT AUTO_INCREMENT PRIMARY KEY, ——主键，自增
  DataID INT, ——外键，关联到 DataReceived 表
  ClassificationID INT, ——外键，关联到 DataSensitivityClassification 或 DataSource
Classification 表
  Result VARCHAR(255), ——分类结果
  FOREIGN KEY (DataID) REFERENCES DataReceived(DataID),
  FOREIGN KEY (ClassificationID) REFERENCES DataSensitivityClassification(Classi
ficationID) OR DataSensitivityClassification(ClassificationID)
);
```

——插入数据到分类结果表

```
INSERT INTO ClassificationResult (DataID, ClassificationID, Result)
VALUES(1, 1, ' 敏感 ');
```

——查询分类结果表

```
SELECT * FROM ClassificationResult;
```

——更新分类结果表中的数据

```
UPDATE ClassificationResult
SET Result = ' 不敏感 '
WHERE ResultID = 2024081000;
```

——删除分类结果表中的数据

```
DELETE FROM ClassificationResult
WHERE ResultID = 2024081000;
```

8.3.3　数据资产评估模块

8.3.3.1　数据质量评估

1. 表的结构

（1）时效性评估

时效性评估见表 8-48。

表 8-48　时效性评估

列名	数据类型	约束	主键 / 外键	备注
AssessmentID	INT	AUTO_INCREMENT	是	主键，自增
DataSource	VARCHAR（255）	NOT NULL	否	—
DataUpdateFrequency	FLOAT	—	否	数据更新的频率次数
DataLatencyTime	INT	—	否	数据从生成到可用的延迟时间
AssessmentTime	DATETIME	—	否	进行时效性评估的时间点

（2）规范性评估

规范性评估见表 8-49。

表 8-49　规范性评估

列名	数据类型	约束	主键 / 外键	备注
AssessmentID	INT	AUTO_INCREMENT	是	主键，自增
DataSource	VARCHAR（255）	NOT NULL	否	—
FormatCompliance	FLOAT	—	否	数据格式符合预设标准的程度
CodingConsistency	INT	—	否	数据编码的一致性评分
AssessmentTime	DATETIME	—	否	进行规范性评估的时间点

（3）可访问性评估

可访问性评估见表 8-50。

表 8-50　可访问性评估

列名	数据类型	约束	主键 / 外键	备注
AssessmentID	INT	AUTO_INCREMENT	是	主键，自增
DataSource	VARCHAR（255）	NOT NULL	否	—
AccessPermission	VARCHAR（255）	—	否	数据访问的权限设置
DataInterface Compatibility	INT	—	否	数据接口与其他系统兼容性评分

续表

列名	数据类型	约束	主键 / 外键	备注
AssessmentTime	DATETIME	—	否	进行可访问性评估的时间点

（4）完整性检测

完整性检测见表 8-51。

表 8-51　完整性检测

列名	数据类型	约束	主键 / 外键	备注
RecordID	INT	AUTO_INCREMENT	是	主键，自增
DetectionTime	DATETIME	—	否	进行完整性检测的时间点
MissingFields	VARCHAR（255）	—	否	缺失的数据字段名称
MissingRatio	FLOAT	—	否	记录中缺失字段的比例

（5）一致性检测

一致性检测见表 8-52。

表 8-52　一致性检测

列名	数据类型	约束	主键 / 外键	备注
DetectionID	INT	AUTO_INCREMENT	是	主键，自增
DataSource1	VARCHAR（255）	NOT NULL	否	—
DataSource2	VARCHAR（255）	NOT NULL	否	—
ConsistencyResult	INT	—	否	数据之间的一致性检测结果评分
DetectionTime	DATETIME	—	否	进行一致性检测的时间点

（6）准确性验证

准确性验证见表 8-53。

表 8-53　准确性验证

列名	数据类型	约束	主键 / 外键	备注
RecordID	INT	AUTO_INCREMENT	是	主键，自增
DataItem	VARCHAR（255）	—	否	需要验证准确性的数据项
CorrectValue	VARCHAR（255）	—	否	数据项的正确值或预期值
ActualValue	VARCHAR（255）	—	否	数据项的实际观测值
VerificationResult	INT	—	否	表示数据项的准确性，例如准确、不准确等

续表

列名	数据类型	约束	主键 / 外键	备注
DetectionTime	DATETIME	—	否	进行准确性验证的时间点

（7）动态生成规则

动态生成规则见表 8-54。

表 8-54　动态生成规则

列名	数据类型	约束	主键 / 外键	备注
RuleID	INT	AUTO_INCREMENT	是	主键，自增
RuleName	VARCHAR(255)	NOT NULL	否	—
GenerationCondition	TEXT	NOT NULL	否	描述规则生成的具体条件
ScopeOfApplication	VARCHAR(255)	—	否	描述规则适用的数据范围或业务场景
GenerationTime	DATETIME	—	否	规则生成的时间点

（8）规则创建

规则创建见表 8-55。

表 8-55　规则创建

列名	数据类型	约束	主键 / 外键	备注
RuleID	INT	AUTO_INCREMENT	是	主键，自增
RuleName	VARCHAR(255)	NOT NULL	否	—
Creator	VARCHAR(255)	NOT NULL	否	规则的创建者
CreationTime	DATETIME	—	否	规则被创建的时间点
EffectiveTime	DATETIME	—	否	规则开始生效的时间点

（9）规则维护

规则维护见表 8-56。

表 8-56　规则维护

列名	数据类型	约束	主键 / 外键	备注
RuleID	INT	AUTO_INCREMENT	是	主键，自增
UpdateDescription	TEXT	NOT NULL	否	描述规则更新的具体内容
UpdateTime	DATETIME	—	否	规则被更新的时间点
Operator	VARCHAR(255)	NOT NULL	否	进行更新操作的用户

（10）评估结果可视化

评估结果可视化见表 8-57。

表 8-57　评估结果可视化

列名	数据类型	约束	主键 / 外键	备注
AssessmentID	INT	AUTO_INCREMENT	是	主键，自增
VisualizationType	INT	—	否	关联的评估记录 ID
Visualization Parameters	VARCHAR（255）	NOT NULL	否	描述可视化的类型，例如图表、仪表盘等
CreationTime	TEXT	—	否	定义可视化展示的具体参数
AssessmentID	DATETIME	—	否	可视化被创建或修改的时间点

（11）评估报告生成

评估报告生成见表 8-58。

表 8-58　评估报告生成

列名	数据类型	约束	主键 / 外键	备注
ReportID	INT	AUTO_INCREMENT	是	主键，自增
AssessmentID	INT	—	否 / 是	关联的评估记录 ID
ReportTemplate	VARCHAR（255）	—	否	用于生成报告的模板或格式
GenerationTime	DATETIME	—	否	报告生成的时间点
ReportContent	TEXT	—	否	报告的具体内容，可能包括文本、表格、图表等

（12）评估指标与体系管理

评估指标与体系管理见表 8-59。

表 8-59　评估指标与体系管理

列名	数据类型	约束	主键 / 外键	备注
IndicatorID	INT	AUTO_INCREMENT	是	主键，自增
IndicatorName	VARCHAR（255）	NOT NULL	否	—
IndicatorDescription	TEXT	—	否	—
CreationTime	DATETIME	—	否	—
UpdateTime	DATETIME	—	否	—

（13）原型管理

原型管理见表 8-60。

表 8-60 原型管理

列名	数据类型	约束	主键 / 外键	备注
PrototypeID	INT	AUTO_INCREMENT	是	主键，自增
PrototypeName	VARCHAR（255）	NOT NULL	否	—
PrototypeDescription	TEXT	—	否	—
CreationTime	DATETIME	—	否	—
AssociatedIndicatorID	INT	—	否 / 是	指向评估指标与体系管理的外键

（14）规则管理

规则管理见表 8-61。

表 8-61 规则管理

列名	数据类型	约束	主键 / 外键	备注
RuleID	INT	AUTO_INCREMENT	是	主键，自增
RuleName	VARCHAR（255）	NOT NULL	否	—
RuleLogic	TEXT	—	否	—
CreationTime	DATETIME	—	否	—
AssociatedIndicatorID	INT	—	否 / 是	指向评估指标与体系管理的外键

（15）算法管理

算法管理见表 8-62。

表 8-62 算法管理

列名	数据类型	约束	主键 / 外键	备注
AlgorithmID	INT	AUTO_INCREMENT	是	主键，自增
AlgorithmName	VARCHAR（255）	NOT NULL	否	—
AlgorithmDescription	TEXT	—	否	—
CreationTime	DATETIME	—	否	—
AssociatedIndicatorID	INT	—	否 / 是	指向评估指标与体系管理的外键

（16）知识库管理

知识库管理见表 8-63。

表 8–63 知识库管理

列名	数据类型	约束	主键 / 外键	备注
KnowledgeID	INT	AUTO_INCREMENT	是	主键，自增
KnowledgeContent	TEXT	—	否	—
KnowledgeType	VARCHAR（255）	—	否	—
CreationTime	DATETIME	—	否	—
AssociatedIndicatorID	INT	—	否 / 是	指向评估指标与体系管理的外键

2. 索引

① TimelinessAssessment: AssessmentID（唯一索引，用于数据完整性和快速访问）。

② StandardizationAssessment: AssessmentID（唯一索引，用于数据完整性和快速访问）。

③ AccessibilityAssessment: AssessmentID（唯一索引，用于数据完整性和快速访问）。

④ IntegrityCheck: CheckID（唯一索引，用于数据完整性和快速访问）。

⑤ ConsistencyCheck: CheckID（唯一索引，用于数据完整性和快速访问）。

⑥ AccuracyCheck: CheckID（唯一索引，用于数据完整性和快速访问）。

⑦ DynamicRuleGeneration: RuleID（唯一索引，用于数据完整性和快速访问）。

⑧ RuleCreation: RuleID（唯一索引，用于数据完整性和快速访问）。

⑨ RuleMaintenance: RuleID（唯一索引，用于数据完整性和快速访问）。

⑩ EvaluationVisualization: VisualizationID（唯一索引，用于数据完整性和快速访问）。

⑪ EvaluationReportGeneration: ReportID（唯一索引，用于数据完整性和快速访问）。

⑫ EvaluationIndexSystem: IndexID（唯一索引，用于数据完整性和快速访问）。

⑬ PrototypeManagement: PrototypeID（唯一索引，用于数据完整性和快速访问）。

⑭ RuleManagement: RuleID（唯一索引，用于数据完整性和快速访问）。

⑮ AlgorithmManagement: AlgorithmID（唯一索引，用于数据完整性和快速访问）。

⑯ KnowledgeBaseManagement: KnowledgeID（唯一索引，用于数据完整性和快速访问）。

3. 视图

创建视图 DataAssessmentView，包含所有表中的所有列，方便进行跨表查询。

4. 存储结构

所有表都应该使用 InnoDB 存储引擎，因为它支持事务处理和行级锁定。

5. 分区和分表

如果数据量非常大，可以考虑对表进行分区，尤其是那些预计会有大量插入和查询操作的表。例如，可以考虑根据时间和 ID 范围对以下表进行分区。

① TimelinessAssessment，StandardizationAssessment，AccessibilityAssessment 等可以根据评估时间进行分区。

② EvaluationReportGeneration 可以根据报告生成时间或报告 ID 范围进行分区。

6. 数据操作

（1）时效性评估（Timeliness Assessment）

——创建时效性评估表

```
CREATE TABLE TimelinessAssessment (
    AssessmentID INT AUTO_INCREMENT PRIMARY KEY,
    Description TEXT NOT NULL,
    DatePerformed DATE NOT NULL,
    Result VARCHAR(255)
);
```

——插入数据到时效性评估表

```
INSERT INTO TimelinessAssessment (Description, DatePerformed, Result) VALUES
('描述1', '2024-08-01', '结果1');
```

——查询时效性评估表

```
SELECT * FROM TimelinessAssessment;
```

——更新时效性评估表中的数据

```
UPDATE TimelinessAssessment SET Result = ' 新的结果 ' WHERE AssessmentID =
2024081000;
```

——删除时效性评估表中的数据

```
DELETE FROM TimelinessAssessment WHERE AssessmentID = 2024081000;
```

（2）规范性评估（Standardization Assessment）

——创建规范性评估表

```
CREATE TABLE StandardizationAssessment (
    AssessmentID INT AUTO_INCREMENT PRIMARY KEY,
    Description TEXT NOT NULL,
    DatePerformed DATE NOT NULL,
```

```
    Result VARCHAR(255)
);
```

——插入数据到规范性评估表

```
INSERT INTO StandardizationAssessment (Description, DatePerformed, Result) VALUES(' 描述 2', '2024-08-02', ' 结果 2');
```

——查询规范性评估表

```
SELECT * FROM StandardizationAssessment;
```

——更新规范性评估表中的数据

```
UPDATE StandardizationAssessment SET Result = ' 新的结果 ' WHERE AssessmentID = 2;
```

——删除规范性评估表中的数据

```
DELETE FROM StandardizationAssessment WHERE AssessmentID = 2;
```

（3）可访问性评估（Accessibility Assessment）

——创建可访问性评估表

```
CREATE TABLE AccessibilityAssessment (
    AssessmentID INT AUTO_INCREMENT PRIMARY KEY,
    Description TEXT NOT NULL,
    DatePerformed DATE NOT NULL,
    Result VARCHAR(255)
);
```

——插入数据到可访问性评估表

```
INSERT INTO AccessibilityAssessment (Description, DatePerformed, Result) VALUES (' 描述 3', '2024-08-03', ' 结果 3');
```

——查询可访问性评估表

```
SELECT * FROM AccessibilityAssessment;
```

——更新可访问性评估表中的数据

```
UPDATE AccessibilityAssessment SET Result = ' 新的结果 ' WHERE AssessmentID = 3;
```

——删除可访问性评估表中的数据

```
DELETE FROM AccessibilityAssessment WHERE AssessmentID = 3;
```

（4）完整性检测（Integrity Check）

——创建完整性检测表

```
CREATE TABLE IntegrityCheck (
    CheckID INT AUTO_INCREMENT PRIMARY KEY,
    Description TEXT NOT NULL,
    DatePerformed DATE NOT NULL,
    Result VARCHAR(255)
);
```

——插入数据到完整性检测表

```
INSERT INTO IntegrityCheck (Description, DatePerformed, Result) VALUES (' 描述 4', '2024-08-04', ' 结果 4' );
```

——查询完整性检测表

```
SELECT * FROM IntegrityCheck;
```

——更新完整性检测表中的数据

```
UPDATE IntegrityCheck SET Result = ' 新的结果 ' WHERE CheckID = 4;
```

——删除完整性检测表中的数据

```
DELETE FROM IntegrityCheck WHERE CheckID = 4;
```

（5）一致性检测（Consistency Check）

——创建一致性检测表

```
CREATE TABLE ConsistencyCheck (
    CheckID INT AUTO_INCREMENT PRIMARY KEY,
    Description TEXT NOT NULL,
    DatePerformed DATE NOT NULL,
    Result VARCHAR(255)
);
```

——插入数据到一致性检测表

```
INSERT INTO ConsistencyCheck (Description, DatePerformed, Result) VALUES(' 描述 5', '2024-08-05', ' 结果 5');
```

——查询一致性检测表

```
SELECT * FROM ConsistencyCheck;
```

——更新一致性检测表中的数据

```
UPDATE ConsistencyCheck SET Result = '新的结果' WHERE CheckID = 5;
```

——删除一致性检测表中的数据

```
DELETE FROM ConsistencyCheck WHERE CheckID = 5;
```

（6）准确性验证（Accuracy Check）

——创建准确性验证表

```
CREATE TABLE AccuracyCheck (
    CheckID INT AUTO_INCREMENT PRIMARY KEY,
    ModelID INT,
    AccuracyScore FLOAT,
    FOREIGN KEY (ModelID) REFERENCES RiskAssessmentModel(ModelID)
);
```

——插入数据到准确性验证表

```
INSERT INTO AccuracyCheck (ModelID, AccuracyScore) VALUES (1, 0.95);
```

——查询准确性验证表

```
SELECT * FROM AccuracyCheck;
```

——更新准确性验证表中的数据

```
UPDATE AccuracyCheck SET AccuracyScore = 0.98 WHERE CheckID = 2024081000;
```

——删除准确性验证表中的数据

```
DELETE FROM AccuracyCheck WHERE CheckID = 2024081000;
```

（7）动态生成规则（Dynamic Rule Generation）

——创建动态生成规则表

```
CREATE TABLE DynamicRuleGeneration (
    RuleID INT AUTO_INCREMENT PRIMARY KEY,
    RuleName VARCHAR(255) NOT NULL,
    RuleContent TEXT,
    ModelID INT,
    FOREIGN KEY (ModelID) REFERENCES RiskAssessmentModel(ModelID)
);
```

——插入数据到动态生成规则表

```
INSERT INTO DynamicRuleGeneration (RuleName, RuleContent, ModelID) VALUES ('规则 1', '规则内容', 1);
```

——查询动态生成规则表

```
SELECT * FROM DynamicRuleGeneration;
```

——更新动态生成规则表中的数据

```
UPDATE DynamicRuleGeneration SET RuleContent = '新的规则内容' WHERE RuleID = 2024081000;
```

——删除动态生成规则表中的数据

```
DELETE FROM DynamicRuleGeneration WHERE RuleID = 2024081000;
```

（8）规则创建（Rule Creation）

——创建规则创建表

```
CREATE TABLE RuleCreation (
    RuleID INT AUTO_INCREMENT PRIMARY KEY,
    RuleName VARCHAR(255) NOT NULL,
    RuleContent TEXT,
    ModelID INT,
    FOREIGN KEY (ModelID) REFERENCES RiskAssessmentModel(ModelID)
);
```

——插入数据到规则创建表

```
INSERT INTO RuleCreation (RuleName, RuleContent, ModelID) VALUES('规则 2', '规则内容', 1);
```

——查询规则创建表

```
SELECT * FROM RuleCreation;
```

——更新规则创建表中的数据

```
UPDATE RuleCreation SET RuleContent = '新的规则内容' WHERE RuleID = 2;
```

——删除规则创建表中的数据

```
DELETE FROM RuleCreation WHERE RuleID = 2;
```

（9）规则维护（Rule Maintenance）

——创建规则维护表

```
CREATE TABLE RuleMaintenance (
    MaintenanceID INT AUTO_INCREMENT PRIMARY KEY,
    RuleID INT,
    MaintenanceDate DATE,
    MaintenanceAction VARCHAR(255),
    FOREIGN KEY (RuleID) REFERENCES RuleCreation(RuleID)
);
```

——插入数据到规则维护表

```
INSERT INTO RuleMaintenance (RuleID, MaintenanceDate, MaintenanceAction) VALUES(1, '2023-01-01', ' 更新 ');
```

——查询规则维护表

```
SELECT * FROM RuleMaintenance;
```

——更新规则维护表中的数据

```
UPDATE RuleMaintenance SET MaintenanceAction = ' 删除 ' WHERE MaintenanceID = 2024081000;
```

——删除规则维护表中的数据

```
DELETE FROM RuleMaintenance WHERE MaintenanceID = 2024081000;
```

（10）评估结果可视化（Evaluation Visualization）

——创建评估结果可视化表

```
CREATE TABLE EvaluationVisualization (
    VisualizationID INT AUTO_INCREMENT PRIMARY KEY,
    ModelID INT,
    VisualizationType VARCHAR(255),
    VisualizationData BLOB,
    FOREIGN KEY (ModelID) REFERENCES RiskAssessmentModel(ModelID)
);
```

——插入数据到评估结果可视化表

```
INSERT INTO EvaluationVisualization (ModelID, VisualizationType, VisualizationData) VALUES(1, ' 图表 ', ' 二进制数据 ');
```

——查询评估结果可视化表

```
SELECT * FROM EvaluationVisualization;
```

——更新评估结果可视化表中的数据

```
UPDATE EvaluationVisualization SET VisualizationType = '表格' WHERE VisualizationID = 2024081000;
```

——删除评估结果可视化表中的数据

```
DELETE FROM EvaluationVisualization WHERE VisualizationID = 2024081000;
```

（11）评估报告生成（Evaluation Report Generation）

——创建评估报告生成表

```
CREATE TABLE EvaluationReportGeneration (
    ReportID INT AUTO_INCREMENT PRIMARY KEY,
    ReportName VARCHAR(255) NOT NULL,
    GeneratedDate DATE,
    ModelID INT,
    FOREIGN KEY (ModelID) REFERENCES RiskAssessmentModel(ModelID)
);
```

——插入数据到评估报告生成表

```
INSERT INTO EvaluationReportGeneration (ReportName, GeneratedDate, ModelID) VALUES('报告 1', '2024-08-01', 1);
```

——查询评估报告生成表

```
SELECT * FROM EvaluationReportGeneration;
```

——更新评估报告生成表中的数据

```
UPDATE EvaluationReportGeneration SET ReportName = '新的报告名称' WHERE ReportID = 2024081000;
```

——删除评估报告生成表中的数据

```
DELETE FROM EvaluationReportGeneration WHERE ReportID = 2024081000;
```

（12）评估指标与体系管理（Evaluation Index System）

——创建评估指标与体系管理表

```
CREATE TABLE EvaluationIndexSystem (
    IndexID INT AUTO_INCREMENT PRIMARY KEY,
```

```
    IndexName VARCHAR(255) NOT NULL,
    Description TEXT,
    ModelID INT,
    FOREIGN KEY (ModelID) REFERENCES RiskAssessmentModel(ModelID)
);
```

——插入数据到评估指标与体系管理表

```
INSERT INTO EvaluationIndexSystem (IndexName, Description, ModelID) VALUES ('指标 1', '指标描述', 1);
```

——查询评估指标与体系管理表

```
SELECT * FROM EvaluationIndexSystem;
```

——更新评估指标与体系管理表中的数据

```
UPDATE EvaluationIndexSystem SET IndexName = '新的指标名称' WHERE IndexID = 2024081000;
```

——删除评估指标与体系管理表中的数据

```
DELETE FROM EvaluationIndexSystem WHERE IndexID = 2024081000;
```

（13）原型管理（PrototypeManagement）

——创建原型管理表

```
CREATE TABLE PrototypeManagement (
    PrototypeID INT AUTO_INCREMENT PRIMARY KEY,
    PrototypeName VARCHAR(255) NOT NULL,
    Description TEXT,
    Status ENUM('草稿', '审核中', '已发布')
);
```

——插入数据到原型管理表

```
INSERT INTO PrototypeManagement (PrototypeName, Description, Status) VALUES ('原型 1', '原型描述', '草稿');
```

——查询原型管理表

```
SELECT * FROM PrototypeManagement;
```

——更新原型管理表中的数据

```
UPDATE PrototypeManagement SET PrototypeName = '新的原型名称' WHERE PrototypeID = 2024081000;
```

——删除原型管理表中的数据

```
DELETE FROM PrototypeManagement WHERE PrototypeID = 2024081000;
```

（14）规则管理（RuleManagement）

——创建规则管理表

```
CREATE TABLE RuleManagement (
    RuleID INT AUTO_INCREMENT PRIMARY KEY,
    RuleName VARCHAR(255) NOT NULL,
    Description TEXT,
    Status ENUM('启用','禁用')
);
```

——插入数据到规则管理表

```
INSERT INTO RuleManagement (RuleName, Description, Status) VALUES('规则1','规则描述','启用');
```

——查询规则管理表

```
SELECT * FROM RuleManagement;
```

——更新规则管理表中的数据

```
UPDATE RuleManagement SET RuleName = '新的规则名称' WHERE RuleID = 2024081000;
```

——删除规则管理表中的数据

```
DELETE FROM RuleManagement WHERE RuleID = 2024081000;
```

（15）算法管理（Algorithm Management）

——创建算法管理表

```
CREATE TABLE AlgorithmManagement (
    AlgorithmID INT AUTO_INCREMENT PRIMARY KEY,
    AlgorithmName VARCHAR(255) NOT NULL,
    Description TEXT,
    Status ENUM('开发中','已上线','已下线')
);
```

——插入数据到算法管理表

```
INSERT INTO AlgorithmManagement (AlgorithmName, Description, Status) VALUES ('算法 1', '算法描述', '开发中');
```

——查询算法管理表

```
SELECT * FROM AlgorithmManagement;
```

——更新算法管理表中的数据

```
UPDATE AlgorithmManagement SET AlgorithmName = '新的算法名称' WHERE AlgorithmID = 2024081000;
```

——删除算法管理表中的数据

```
DELETE FROM AlgorithmManagement WHERE AlgorithmID = 2024081000;
```

（16）知识库管理（Knowledge Base Management）

——创建知识库管理表

```
CREATE TABLE KnowledgeBaseManagement (
  KnowledgeID INT AUTO_INCREMENT PRIMARY KEY,
  Title VARCHAR(255) NOT NULL,
  Content TEXT,
  Category ENUM('技术', '业务', '政策')
);
```

——插入数据到知识库管理表

```
INSERT INTO KnowledgeBaseManagement (Title, Content, Category) VALUES('知识 1', '知识内容', '技术');
```

——查询知识库管理表

```
SELECT * FROM KnowledgeBaseManagement;
```

——更新知识库管理表中的数据

```
UPDATE KnowledgeBaseManagement SET Title = '新的知识标题' WHERE KnowledgeID = 2024081000;
```

——删除知识库管理表中的数据

```
DELETE FROM KnowledgeBaseManagement WHERE KnowledgeID = 2024081000;
```

8.3.3.2　数据资产价值评估

1. 表的结构

（1）评估方法库

评估方法库见表 8-64。

表 8-64　评估方法库

列名	数据类型	约束	主键 / 外键	备注
MethodID	INT	AUTO_INCREMENT	是	主键，自增
MethodName	VARCHAR（255）	NOT NULL	否	—
Description	TEXT	—	否	—
Type	ENUM（'成本法', '市场法', '收益法'）	NOT NULL	否	枚举类型，限制为成本法、市场法、收益法等
OperationType	ENUM（'增加', '删除', '更新'）	—	否	记录操作类型
OperationTimestamp	DATETIME	NOT NULL DEFAULT CURRENT_TIMESTAMP	否	操作发生的时间

（2）方法选用准则

方法选用准则见表 8-65。

表 8-65　方法选用准则

列名	数据类型	约束	主键 / 外键	备注
CriteriaID	INT	AUTO_INCREMENT	是	主键，自增
MethodID	INT	NOT NULL	是	外键，关联到评估方法库的方法 ID
DataType	VARCHAR（255）	NOT NULL	否	—
DataPurpose	VARCHAR（255）	NOT NULL	否	—
RecommendedMethod	VARCHAR（255）	—	否	—
Explanation	TEXT	—	否	—

（3）自定义评估方法

自定义评估方法见表 8-66。

表 8-66　自定义评估方法

列名	数据类型	约束	主键 / 外键	备注
CustomID	INT	AUTO_INCREMENT	是	主键，自增

续表

列名	数据类型	约束	主键 / 外键	备注
UserID	INT	NOT NULL	是	外键，关联用户表的用户 ID
MethodName	VARCHAR（255）	NOT NULL	否	—
CustomParameters	TEXT	—	否	—
CreationTime	DATETIME	NOT NULL DEFAULT CURRENT_TIMESTAMP	否	—
UpdateTime	DATETIME	—	否	—

（4）价值评估指标

价值评估指标见表 8-67。

表 8-67　价值评估指标

列名	数据类型	约束	主键 / 外键	备注
IndicatorID	INT	AUTO_INCREMENT	是	主键，自增
IndicatorName	VARCHAR（255）	NOT NULL	否	—
Description	TEXT	—	否	—
DataQuality	VARCHAR（255）	—	否	—
DataScaleAndDiversity	VARCHAR（255）	—	否	—
ApplicationScenarios	VARCHAR（255）	—	否	—
TechnologicalFactors	VARCHAR（255）	—	否	—
ExternalEnvironment	VARCHAR（255）	—	否	—

（5）指标权重分配

指标权重分配见表 8-68。

表 8-68　指标权重分配

列名	数据类型	约束	主键 / 外键	备注
IndicatorID	INT	NOT NULL	是	外键，关联到价值评估指标的指标 ID
WeightValue	FLOAT	NOT NULL CHECK（权重值 ≥ 0 AND 权重值 ≤ 1）	是	唯一性约束，确保权重值在 0 ～ 1
Explanation	TEXT	—	否	—

（6）指标调整记录

指标调整记录见表 8-69。

表 8-69　指标调整记录

列名	数据类型	约束	主键 / 外键	备注
AdjustmentID	INT	AUTO_INCREMENT	是	主键，自增
IndicatorID	INT	NOT NULL	是	外键，关联到价值评估指标的指标 ID
OriginalWeight	FLOAT	NOT NULL	否	—
NewWeight	FLOAT	NOT NULL	否	—
AdjustmentTime	DATETIME	NOT NULL DEFAULT CURRENT_TIMESTAMP	否	—
ReasonForAdjustment	TEXT	—	否	—

（7）数据预处理

数据预处理见表 8-70。

表 8-70　数据预处理

列名	数据类型	约束	主键 / 外键	备注
PreprocessingID	INT	AUTO_INCREMENT	是	主键，自增
DataID	INT	NOT NULL	是	外键，关联到数据集中的数据 ID
OriginalData	TEXT	—	否	记录原始数据内容
PreprocessingMethod	VARCHAR（255）	NOT NULL	否	描述预处理的具体方法
ProcessingTime	DATETIME	NOT NULL DEFAULT CURRENT_TIMESTAMP	否	记录预处理的时间
ProcessedData	TEXT	—	否	记录预处理后的数据内容

（8）价值量化模型

价值量化模型见表 8-71。

表 8-71　价值量化模型

列名	数据类型	约束	主键 / 外键	备注
ModelID	INT	AUTO_INCREMENT	是	主键，自增
MethodID	INT	NOT NULL	是	外键，关联到评估方法库的方法 ID
DataID	INT	NOT NULL	是	外键，关联到数据集中的数据 ID
QuantificationResult	FLOAT	—	否	存储价值量化的结果值
QuantificationTime	DATETIME	NOT NULL DEFAULT CURRENT_TIMESTAMP	否	记录量化的时间

（9）量化结果解释

量化结果解释见表 8-72。

表 8-72　量化结果解释

列名	数据类型	约束	主键 / 外键	备注
ExplanationID	INT	AUTO_INCREMENT	是	主键，自增
QuantificationResultID	INT	NOT NULL	是	外键，关联到价值量化模型的模型 ID
ExplanationContent	TEXT	—	否	提供对量化结果的解释
UserFeedback	TEXT	—	否	收集用户对量化结果的反馈
ExplanationTime	DATETIME	NOT NULL DEFAULT CURRENT_TIMESTAMP	—	记录解释的时间

（10）情景模拟

情景模拟见表 8-73。

表 8-73　情景模拟

列名	数据类型	约束	主键 / 外键	备注
SimulationID	INT	AUTO_INCREMENT	是	主键，自增
ScenarioDescription	TEXT	—	否	描述模拟的业务和市场情景
DataID	INT	NOT NULL	是	外键，关联到数据集的数据 ID
SimulationResult	VARCHAR（255）	—	否	存储模拟的结果
SimulationTime	DATETIME	NOT NULL DEFAULT CURRENT_TIMESTAMP	—	记录模拟的时间

（11）灵敏度分析记录

灵敏度分析记录见表 8-74。

表 8-74　灵敏度分析记录

列名	数据类型	约束	主键 / 外键	备注
AnalysisID	INT	AUTO_INCREMENT	是	主键，自增
IndicatorID	INT	NOT NULL	是	外键，关联到评估指标库的指标 ID
OriginalValue	FLOAT	—	否	记录指标的原值
ChangeValue	FLOAT	—	否	记录指标的变动值
ImpactResult	VARCHAR（255）	—	否	分析指标变动对价值的影响结果
AnalysisTime	DATETIME	NOT NULL DEFAULT CURRENT_TIMESTAMP	否	记录分析的时间

(12) 价值预测

价值预测见表 8-75。

表 8-75　价值预测

列名	数据类型	约束	主键 / 外键	备注
ForecastID	INT	AUTO_INCREMENT	是	主键，自增
DataID	INT	NOT NULL	是	外键，关联到数据集的数据 ID
ForecastMethod	VARCHAR(255)	NOT NULL	否	描述用于预测的方法
ForecastResult	FLOAT	—	否	存储预测的数据资产价值结果
ForecastTime	DATETIME	NOT NULL DEFAULT CURRENT_TIMESTAMP	否	记录预测的时间

(13) 评估结果版本

评估结果版本见表 8-76。

表 8-76　评估结果版本

列名	数据类型	约束	主键 / 外键	备注
VersionID	INT	AUTO_INCREMENT	是	主键，自增
AssessmentID	INT	NOT NULL	是	外键，关联到评估的具体记录
ParameterSettings	TEXT	—	否	保存评估时的参数设置
ResultData	TEXT	—	否	保存评估的结果数据
Timestamp	DATETIME	NOT NULL DEFAULT CURRENT_TIMESTAMP	否	记录版本的创建时间

(14) 审核记录

审核记录见表 8-77。

表 8-77　审核记录

列名	数据类型	约束	主键 / 外键	备注
AuditID	INT	AUTO_INCREMENT	是	主键，自增
VersionID	INT	NOT NULL	是	外键，关联到评估结果版本的版本 ID
AuditComments	TEXT	—	否	记录审核过程中的意见和评论
AuditStatus	VARCHAR(255)	NOT NULL	否	表示审核的结果，例如“通过”“未通过”“待定”等
AuditTime	DATETIME	NOT NULL DEFAULT CURRENT_TIMESTAMP	否	记录审核的时间

（15）用户反馈

用户反馈见表 8-78。

表 8-78　用户反馈

列名	数据类型	约束	主键 / 外键	备注
FeedbackID	INT	AUTO_INCREMENT	是	主键，自增
VersionID	INT	NOT NULL	是	外键，关联到评估结果版本的版本 ID
UserID（重复，用于不同上下文）	INT	NOT NULL	是	外键，关联到用户信息的用户 ID
FeedbackContent	TEXT	—	否	记录用户的反馈内容
ProcessingStatus	VARCHAR（255）	—	否	表示反馈的处理状态，例如“未处理”“处理中”“已处理”等
FeedbackTime	DATETIME	NOT NULL DEFAULT CURRENT_TIMESTAMP	否	记录用户反馈的时间

（16）报告模板库

报告模板库见表 8-79。

表 8-79　报告模板库

列名	数据类型	约束	主键 / 外键	备注
TemplateID	INT	AUTO_INCREMENT	是	主键，自增
TemplateName	VARCHAR（255）	NOT NULL	否	模板的名称
TemplateType	VARCHAR（255）	NOT NULL	否	标准化 / 定制化，描述模板的类型
TemplateContent	TEXT	—	否	存储模板的具体内容
CreationTime	DATETIME	NOT NULL DEFAULT CURRENT_TIMESTAMP	否	记录模板的创建时间

（17）可视化配置

可视化配置见表 8-80。

表 8-80　可视化配置

列名	数据类型	约束	主键 / 外键	备注
ConfigurationID	INT	AUTO_INCREMENT	是	主键，自增
ChartType	VARCHAR（255）	NOT NULL	否	描述图表的类型，例如柱状图、折线图等

续表

列名	数据类型	约束	主键 / 外键	备注
DataSource	INT	NOT NULL	否	关联到提供数据的数据源或数据集 ID
DisplayParameters	TEXT	—	否	记录图表显示的各种参数设置
CreationTime	DATETIME	NOT NULL DEFAULT CURRENT_TIMESTAMP	否	记录配置的创建时间

（18）报告分享记录

报告分享记录见表 8-81。

表 8–81　报告分享记录

列名	数据类型	约束	主键 / 外键	备注
ShareID	INT	AUTO_INCREMENT	是	主键，自增
ReportID	INT	NOT NULL	是	外键，关联到报告的 ID
UserID	INT	NOT NULL	是	外键，关联到用户信息的用户 ID
ShareMethod	VARCHAR（255）	NOT NULL	否	描述分享的方式，例如通过邮件、PDF 下载等
ExportFormat	VARCHAR（255）	—	否	描述报告导出时的格式，例如 PDF、Excel 等
ShareTime	DATETIME	NOT NULL DEFAULT CURRENT_TIMESTAMP	否	记录分享操作的时间

2. 索引

① AssessmentMethodsLibrary: MethodID（唯一索引，用于数据完整性和快速访问）。

② MethodSelectionCriteria: CriteriaID, MethodID（非唯一索引，用于快速搜索和查询优化）。

③ CustomAssessmentMethods: CustomMethodID（唯一索引，用于数据完整性和快速访问）。

④ ValueAssessmentIndicators: IndicatorID（唯一索引，用于数据完整性和快速访问）。

⑤ IndicatorWeightAllocation: WeightID, IndicatorID（非唯一索引，用于快速搜索和查询优化）。

⑥ IndicatorAdjustmentRecords: RecordID（唯一索引，用于数据完整性和快速访问）。

⑦ DataPreprocessing: PreprocessingID（唯一索引，用于数据完整性和快速访问）。

⑧ ValueQuantificationModels: ModelID（唯一索引，用于数据完整性和快速访问）。

⑨ ResultInterpretation: InterpretationID（唯一索引，用于数据完整性和快速访问）。

⑩ ScenarioSimulation: ScenarioID（唯一索引，用于数据完整性和快速访问）。

⑪ SensitivityAnalysis: AnalysisID（唯一索引，用于数据完整性和快速访问）。

⑫ ValueForecast: ForecastID（唯一索引，用于数据完整性和快速访问）。

⑬ AssessmentVersioning: VersionID（唯一索引，用于数据完整性和快速访问）。

⑭ AuditRecords: AuditID（唯一索引，用于数据完整性和快速访问）。

⑮ UserFeedback: FeedbackID（唯一索引，用于数据完整性和快速访问）。

⑯ ReportTemplates: TemplateID（唯一索引，用于数据完整性和快速访问）。

⑰ VisualizationConfig: ConfigID（唯一索引，用于数据完整性和快速访问）。

⑱ ReportSharing: SharingID（唯一索引，用于数据完整性和快速访问）。

3. 视图

创建一个视图 AssessmentView，包含所有表中的所有列，方便跨表查询。

4. 存储结构

所有表都应该使用 InnoDB 存储引擎，因为它支持事务处理和行级锁定。根据预期的数据量和访问模式，可以调整数据文件和索引文件的缓冲池配置。

5. 分区和分表

如果数据量非常大，可以考虑对表进行分区，尤其是那些预计会有大量插入和查询操作的表。例如，AssessmentMethodsLibrary、ValueAssessmentIndicators、ScenarioSimulation 等表可以根据时间和 ID 范围进行分区。

6. 数据操作

（1）评估方法库（Assessment Methods Library）

——创建评估方法库表

```
CREATE TABLE AssessmentMethodsLibrary (
    MethodID INT AUTO_INCREMENT PRIMARY KEY,
    MethodName VARCHAR(255) NOT NULL,
    Description TEXT,
    CreatedDate DATETIME DEFAULT CURRENT_TIMESTAMP
);
```

——插入数据到评估方法库表

```
INSERT INTO AssessmentMethodsLibrary (MethodName, Description) VALUES(' 方法
1', ' 评估方法描述 ');
```

——查询评估方法库表

```
SELECT * FROM AssessmentMethodsLibrary;
```

——更新评估方法库表中的数据

```
UPDATE AssessmentMethodsLibrary SET Description = '新的评估方法描述' WHERE MethodID = 2024081001;
```

——删除评估方法库表中的数据

```
DELETE FROM AssessmentMethodsLibrary WHERE MethodID = 2024081001;
```

（2）方法选用准则（Method Selection Criteria）

——创建方法选用准则表

```
CREATE TABLE MethodSelectionCriteria (
    CriteriaID INT AUTO_INCREMENT PRIMARY KEY,
    MethodID INT,
    CriteriaName VARCHAR(255) NOT NULL,
    FOREIGN KEY (MethodID) REFERENCES AssessmentMethodsLibrary(MethodID)
);
```

——插入数据到方法选用准则表

```
INSERT INTO MethodSelectionCriteria (MethodID, CriteriaName) VALUES(1, '准则 1');
```

——查询方法选用准则表

```
SELECT * FROM MethodSelectionCriteria;
```

——更新方法选用准则表中的数据

```
UPDATE MethodSelectionCriteria SET CriteriaName = '新的准则名称' WHERE CriteriaID = 2024081001;
```

——删除方法选用准则表中的数据

```
DELETE FROM MethodSelectionCriteria WHERE CriteriaID = 2024081001;
```

（3）自定义评估方法（Custom Assessment Methods）

——创建自定义评估方法表

```
CREATE TABLE CustomAssessmentMethods (
    CustomMethodID INT AUTO_INCREMENT PRIMARY KEY,
    UserID INT,
    MethodName VARCHAR(255) NOT NULL,
    CustomCriteria TEXT,
    FOREIGN KEY (UserID) REFERENCES UserTable(UserID)
```

```
);
```

——插入数据到自定义评估方法表

```
INSERT INTO CustomAssessmentMethods (UserID, MethodName, CustomCriteria) VALUES(1, '自定义方法 1', '自定义评估标准');
```

——查询自定义评估方法表

```
SELECT * FROM CustomAssessmentMethods;
```

——更新自定义评估方法表中的数据

```
UPDATE CustomAssessmentMethods SET CustomCriteria = '新的自定义评估标准' WHERE CustomMethodID = 2024081001;
```

——删除自定义评估方法表中的数据

```
DELETE FROM CustomAssessmentMethods WHERE CustomMethodID = 2024081001;
```

（4）价值评估指标（Value Assessment Indicators）

——创建价值评估指标表

```
CREATE TABLE ValueAssessmentIndicators (
    IndicatorID INT AUTO_INCREMENT PRIMARY KEY,
    IndicatorName VARCHAR(255) NOT NULL,
    Description TEXT,
    TargetValue FLOAT,
    ActualValue FLOAT
);
```

——插入数据到价值评估指标表

```
INSERT INTO ValueAssessmentIndicators (IndicatorName, Description, TargetValue, ActualValue) VALUES('指标 1', '指标描述', 100.0, 80.0);
```

——查询价值评估指标表

```
SELECT * FROM ValueAssessmentIndicators;
```

——更新价值评估指标表中的数据

```
UPDATE ValueAssessmentIndicators SET TargetValue = 120.0 WHERE IndicatorID = 2024081001;
```

——删除价值评估指标表中的数据

```
DELETE FROM ValueAssessmentIndicators WHERE IndicatorID = 2024081001;
```

（5）指标权重分配（Indicator Weight Allocation）

——创建指标权重分配表

```
CREATE TABLE IndicatorWeightAllocation (
    AllocationID INT AUTO_INCREMENT PRIMARY KEY,
    IndicatorID INT,
    Weight FLOAT,
    FOREIGN KEY (IndicatorID) REFERENCES ValueAssessmentIndicators(IndicatorID)
);
```

——插入数据到指标权重分配表

```
INSERT INTO IndicatorWeightAllocation (IndicatorID, Weight) VALUES (1, 0.3);
```

——查询指标权重分配表

```
SELECT * FROM IndicatorWeightAllocation;
```

——更新指标权重分配表中的数据

```
UPDATE IndicatorWeightAllocation SET Weight = 0.4 WHERE AllocationID =
2024081001;
```

——删除指标权重分配表中的数据

```
DELETE FROM IndicatorWeightAllocation WHERE AllocationID = 2024081001;
```

（6）指标调整记录（Indicator Adjustment Records）

——创建指标调整记录表

```
CREATE TABLE IndicatorAdjustmentRecords (
    AdjustmentID INT AUTO_INCREMENT PRIMARY KEY,
    IndicatorID INT,
    AdjustedValue FLOAT,
    AdjustmentDate DATETIME DEFAULT CURRENT_TIMESTAMP,
    FOREIGN KEY (IndicatorID) REFERENCES ValueAssessmentIndicators(IndicatorID)
);
```

——插入数据到指标调整记录表

```
INSERT INTO IndicatorAdjustmentRecords (IndicatorID, AdjustedValue) VALUES (1,
85.0);
```

——查询指标调整记录表

```
SELECT * FROM IndicatorAdjustmentRecords;
```

——更新指标调整记录表中的数据（通常调整记录不允许更新，这里仅为示例）

```
UPDATE IndicatorAdjustmentRecords SET AdjustedValue = 90.0 WHERE AdjustmentID = 2024081001;
```

——删除指标调整记录表中的数据

```
DELETE FROM IndicatorAdjustmentRecords WHERE AdjustmentID = 2024081001;
```

（7）数据预处理（Data Preprocessing）

——创建数据预处理表

```
CREATE TABLE DataPreprocessing (
    PreprocessingID INT AUTO_INCREMENT PRIMARY KEY,
    OriginalData TEXT,
    ProcessedData TEXT,
    ProcessingMethod VARCHAR(255)
);
```

——插入数据到数据预处理表

```
INSERT INTO DataPreprocessing (OriginalData, ProcessedData, ProcessingMethod) VALUES('原始数据内容','处理后的数据内容','处理方法');
```

——查询数据预处理表

```
SELECT * FROM DataPreprocessing;
```

——更新数据预处理表中的数据

```
UPDATE DataPreprocessing SET ProcessedData = '新的处理后的数据内容' WHERE PreprocessingID = 2024081001;
```

——删除数据预处理表中的数据

```
DELETE FROM DataPreprocessing WHERE PreprocessingID = 2024081001;
```

（8）价值量化模型（Value Quantification Models）

——创建价值量化模型表

```
CREATE TABLE ValueQuantificationModels (
    ModelID INT AUTO_INCREMENT PRIMARY KEY,
```

```
    ModelName VARCHAR(255) NOT NULL,
    QuantificationMethod TEXT,
    ResultType VARCHAR(255)
);
```

——插入数据到价值量化模型表

```
INSERT INTO ValueQuantificationModels (ModelName, QuantificationMethod, ResultType) VALUES('模型1', '量化方法描述', '结果类型');
```

——查询价值量化模型表

```
SELECT * FROM ValueQuantificationModels;
```

——更新价值量化模型表中的数据

```
UPDATE ValueQuantificationModels SET QuantificationMethod = '新的方法描述' WHERE ModelID = 2024081001;
```

——删除价值量化模型表中的数据

```
DELETE FROM ValueQuantificationModels WHERE ModelID = 2024081001;
```

（9）量化结果解释（Result Interpretation）

——创建量化结果解释表

```
CREATE TABLE ResultInterpretation (
    InterpretationID INT AUTO_INCREMENT PRIMARY KEY,
    ModelID INT,
    InterpretationText TEXT,
    FOREIGN KEY (ModelID) REFERENCES ValueQuantificationModels(ModelID)
);
```

——插入数据到量化结果解释表

```
INSERT INTO ResultInterpretation (ModelID, InterpretationText) VALUES(1, '解释文本内容');
```

——查询量化结果解释表

```
SELECT * FROM ResultInterpretation;
```

——更新量化结果解释表中的数据

```
UPDATE ResultInterpretation SET InterpretationText = '新的解释文本内容' WHERE InterpretationID = 2024081001;
```

——删除量化结果解释表中的数据

```
DELETE FROM ResultInterpretation WHERE InterpretationID = 2024081001;
```

（10）情景模拟（Scenario Simulation）

——创建情景模拟表

```
CREATE TABLE ScenarioSimulation (
    ScenarioID INT AUTO_INCREMENT PRIMARY KEY,
    ScenarioDescription TEXT,
    SimulationParameters TEXT,
    SimulationResult TEXT
);
```

——插入数据到情景模拟表

```
INSERT INTO ScenarioSimulation (ScenarioDescription, SimulationParameters, SimulationResult) VALUES('情景描述', '模拟参数', '模拟结果');
```

——查询情景模拟表

```
SELECT * FROM ScenarioSimulation;
```

——更新情景模拟表中的数据

```
UPDATE ScenarioSimulation SET SimulationResult = '新的模拟结果' WHERE ScenarioID = 2024081001;
```

——删除情景模拟表中的数据

```
DELETE FROM ScenarioSimulation WHERE ScenarioID = 2024081001;
```

（11）灵敏度分析记录（Sensitivity Analysis）

——创建灵敏度分析记录表

```
CREATE TABLE SensitivityAnalysis (
    AnalysisID INT AUTO_INCREMENT PRIMARY KEY,
    ModelID INT,
    Variable VARCHAR(255),
    SensitivityResults TEXT,
    FOREIGN KEY (ModelID) REFERENCES ValueQuantificationModels(ModelID)
);
```

——插入数据到灵敏度分析记录表

```
INSERT INTO SensitivityAnalysis (ModelID, Variable, SensitivityResults) VALUES(1, '变量名', '分析结果');
```

——查询灵敏度分析记录表

```
SELECT * FROM SensitivityAnalysis;
```

——更新灵敏度分析记录表中的数据

```
UPDATE SensitivityAnalysis SET SensitivityResults = '新的分析结果' WHERE AnalysisID = 2024081001;
```

——删除灵敏度分析记录表中的数据

```
DELETE FROM SensitivityAnalysis WHERE AnalysisID = 2024081001;
```

（12）价值预测（Value Forecast）

——创建价值预测表

```
CREATE TABLE ValueForecast (
    ForecastID INT AUTO_INCREMENT PRIMARY KEY,
    ModelID INT,
    ForecastTimeframe DATETIME,
    PredictedValue FLOAT,
    FOREIGN KEY (ModelID) REFERENCES ValueQuantificationModels(ModelID)
);
```

——插入数据到价值预测表

```
INSERT INTO ValueForecast (ModelID, ForecastTimeframe, PredictedValue) VALUES (1, '预测时间', 100.0);
```

——查询价值预测表

```
SELECT * FROM ValueForecast;
```

——更新价值预测表中的数据

```
UPDATE ValueForecast SET PredictedValue = 120.0 WHERE ForecastID = 2024081001;
```

——删除价值预测表中的数据

```
DELETE FROM ValueForecast WHERE ForecastID = 2024081001;
```

（13）评估结果版本（Assessment Versioning）

——创建评估结果版本表

```
CREATE TABLE AssessmentVersioning (
    VersionID INT AUTO_INCREMENT PRIMARY KEY,
    AssessmentID INT NOT NULL,
    VersionNumber INT NOT NULL,
    VersionDescription TEXT,
    FOREIGN KEY (AssessmentID) REFERENCES Assessments(AssessmentID)
);
```

——插入数据到评估结果版本表

```
INSERT INTO AssessmentVersioning (AssessmentID, VersionNumber, VersionDescription)
VALUES(1, 1, '初始版本');
```

——查询评估结果版本表

```
SELECT * FROM AssessmentVersioning;
```

——更新评估结果版本表中的数据

```
UPDATE AssessmentVersioning SET VersionDescription = '第一次修订' WHERE VersionID =
2024081001;
```

——删除评估结果版本表中的数据

```
DELETE FROM AssessmentVersioning WHERE VersionID = 2024081001;
```

（14）审核记录（Audit Records）

——创建审核记录表

```
CREATE TABLE AuditRecords (
    AuditID INT AUTO_INCREMENT PRIMARY KEY,
    AssessmentID INT NOT NULL,
    AuditTime DATETIME NOT NULL,
    AuditorName VARCHAR(255) NOT NULL,
    AuditResult TEXT,
    FOREIGN KEY (AssessmentID) REFERENCES Assessments(AssessmentID)
);
```

——插入数据到审核记录表

```
INSERT INTO AuditRecords (AssessmentID, AuditTime, AuditorName, AuditResult)
VALUES (1, NOW(), '审核员姓名', '通过');
```

——查询审核记录表

```
SELECT * FROM AuditRecords;
```

——更新审核记录表中的数据

```
UPDATE AuditRecords SET AuditResult = ' 不通过 ' WHERE AuditID = 2024081001;
```

——删除审核记录表中的数据

```
DELETE FROM AuditRecords WHERE AuditID = 2024081001;
```

（15）用户反馈（User Feedback）

——创建用户反馈表

```
CREATE TABLE UserFeedback (
    FeedbackID INT AUTO_INCREMENT PRIMARY KEY,
    UserID INT NOT NULL,
    FeedbackContent TEXT NOT NULL,
    FeedbackTime DATETIME NOT NULL,
    FOREIGN KEY (UserID) REFERENCES Users(UserID)
);
```

——插入数据到用户反馈表

```
INSERT INTO UserFeedback (UserID, FeedbackContent, FeedbackTime) VALUES(1,
' 反馈内容 ', NOW() );
```

——查询用户反馈表

```
SELECT * FROM UserFeedback;
```

——更新用户反馈表中的数据

```
UPDATE UserFeedback SET FeedbackContent = ' 新的反馈内容 ' WHERE FeedbackID =
2024081001;
```

——删除用户反馈表中的数据

```
DELETE FROM UserFeedback WHERE FeedbackID = 2024081001;
```

（16）报告模板库（Report Templates）

——创建报告模板库表

```
CREATE TABLE ReportTemplates (
    TemplateID INT AUTO_INCREMENT PRIMARY KEY,
```

```
    TemplateName VARCHAR(255) NOT NULL,
    TemplateContent TEXT NOT NULL,
    CreationTime DATETIME NOT NULL
);
```

——插入数据到报告模板库表

```
INSERT INTO ReportTemplates (TemplateName, TemplateContent, CreationTime) VALUES(' 模板 1', ' 模板内容 ', NOW() );
```

——查询报告模板库表

```
SELECT * FROM ReportTemplates;
```

——更新报告模板库表中的数据

```
UPDATE ReportTemplates SET TemplateContent = ' 新的模板内容 ' WHERE TemplateID = 2024081001;
```

——删除报告模板库表中的数据

```
DELETE FROM ReportTemplates WHERE TemplateID = 2024081001;
```

（17）可视化配置（Visualization Config）

——创建可视化配置表

```
CREATE TABLE VisualizationConfig (
    ConfigID INT AUTO_INCREMENT PRIMARY KEY,
    VisualizationType VARCHAR(255) NOT NULL,
    ConfigurationOptions TEXT NOT NULL,
    DefaultChartProperties TEXT
);
```

——插入数据到可视化配置表

```
INSERT INTO VisualizationConfig (VisualizationType, ConfigurationOptions, DefaultChartProperties) VALUES(' 柱状图 ', ' 配置选项 ', ' 默认属性 ');
```

——查询可视化配置表

```
SELECT * FROM VisualizationConfig;
```

——更新可视化配置表中的数据

```
UPDATE VisualizationConfig SET ConfigurationOptions = ' 新的配置选项 ' WHERE ConfigID = 2024081001;
```

——删除可视化配置表中的数据

```
DELETE FROM VisualizationConfig WHERE ConfigID = 2024081001;
```

（18）报告分享记录（Report Sharing）

——创建报告分享记录表

```
CREATE TABLE ReportSharing (
    ShareID INT AUTO_INCREMENT PRIMARY KEY,
    ReportID INT NOT NULL,
    SharedWith VARCHAR(255) NOT NULL,
    ShareTime DATETIME NOT NULL,
    FOREIGN KEY (ReportID) REFERENCES Reports(ReportID)
);
```

——插入数据到报告分享记录表

```
INSERT INTO ReportSharing (ReportID, SharedWith, ShareTime) VALUES(1, '共享对象', NOW() );
```

——查询报告分享记录表

```
SELECT * FROM ReportSharing;
```

——更新报告分享记录表中的数据

```
UPDATE ReportSharing SET SharedWith = '新的共享对象' WHERE ShareID = 2024081001;
```

——删除报告分享记录表中的数据

```
DELETE FROM ReportSharing WHERE ShareID = 2024081001;
```

8.3.3.3　数据资产风险评估

1. 表的结构

（1）风险源分类管理

风险源分类管理见表 8-82。

表 8-82　风险源分类管理

列名	数据类型	约束	主键 / 外键	备注
CategoryID	INT	AUTO_INCREMENT	是	主键，自增
CategoryName	VARCHAR（255）	NOT NULL	否	分类名称
Description	TEXT	—	否	描述信息

（2）风险源信息

风险源信息见表 8-83。

表 8-83 风险源信息

列名	数据类型	约束	主键 / 外键	备注
SourceID	INT	AUTO_INCREMENT	是	主键，自增
SourceName	VARCHAR（255）	NOT NULL	否	风险源名称

（3）风险识别方法库

风险识别方法库见表 8-84。

表 8-84 风险识别方法库

列名	数据类型	约束	主键 / 外键	备注
MethodID	INT	AUTO_INCREMENT	是	主键，自增
MethodName	VARCHAR（255）	NOT NULL	否	方法名称
Description	TEXT	—	否	描述

（4）风险识别工具和技术库

风险识别工具和技术库见表 8-85。

表 8-85 风险识别工具和技术库

列名	数据类型	约束	主键 / 外键	备注
ToolID	INT	AUTO_INCREMENT	是	主键，自增
ToolName	VARCHAR（255）	NOT NULL	否	工具名称
Description	TEXT	—	否	描述

（5）风险分析方法论

风险分析方法论见表 8-86。

表 8-86 风险分析方法论

列名	数据类型	约束	主键 / 外键	备注
MethodologyID	INT	AUTO_INCREMENT	是	主键，自增
MethodologyName	VARCHAR（255）	NOT NULL	否	方法论名称
Description	TEXT	—	否	描述

（6）风险矩阵编制

风险矩阵编制见表 8-87。

表 8-87　风险矩阵编制

列名	数据类型	约束	主键 / 外键	备注
MatrixID	INT	AUTO_INCREMENT	是	主键，自增
Description	TEXT	—	否	描述

（7）风险评价标准

风险评价标准见表 8-88。

表 8-88　风险评价标准

列名	数据类型	约束	主键 / 外键	备注
CriteriaID	INT	AUTO_INCREMENT	是	主键，自增
CriteriaName	VARCHAR（255）	NOT NULL	否	评价标准名称
Threshold	FLOAT	NOT NULL	否	阈值
Unit	VARCHAR（100）	—	否	单位

（8）风险等级划分

风险等级划分见表 8-89。

表 8-89　风险等级划分

列名	数据类型	约束	主键 / 外键	备注
RatingID	INT	AUTO_INCREMENT	是	主键，自增
LevelName	VARCHAR（255）	NOT NULL	否	等级名称
LowThreshold	FLOAT	NOT NULL	否	低阈值
HighThreshold	FLOAT	NOT NULL	否	高阈值

（9）风险评估模型的构建

风险评估模型的构建见表 8-90。

表 8-90　风险评估模型的构建

列名	数据类型	约束	主键 / 外键	备注
ModelID	INT	AUTO_INCREMENT	是	主键，自增
ModelName	VARCHAR（255）	NOT NULL	否	模型名称
AssessmentCriteria	TEXT	—	否	评估标准
RatingID	INT	—	否 / 是	RiskRating 外键

（10）风险评估模型的验证

风险评估模型的验证见表 8-91。

表 8-91　风险评估模型的验证

列名	数据类型	约束	主键 / 外键	备注
ValidationID	INT	AUTO_INCREMENT	是	主键，自增
ModelID	INT	—	否 / 是	RiskAssessmentModel 外键
Scenario	TEXT	—	否	场景
Outcome	TEXT	—	否	结果

2. 索引

① Risk Source Category: CategoryName（非唯一索引，用于快速搜索）。

② Risk Source: SourceName（非唯一索引，用于快速搜索）。

③ Risk Identification Method: MethodName（非唯一索引，用于快速搜索）。

④ Risk Identification Tool: ToolName（非唯一索引，用于快速搜索）。

⑤ Risk Analysis Methodology: MethodologyName（非唯一索引，用于快速搜索）。

⑥ Risk Matrix: MatrixID（唯一索引，用于数据完整性和快速访问）。

⑦ Risk Evaluation Criteria: CriteriaName, Threshold（非唯一索引，用于快速搜索和查询优化）。

⑧ Risk Rating: LevelName（非唯一索引，用于快速搜索）。

⑨ Risk Assessment Model: ModelName, RatingID（非唯一索引，用于快速搜索和查询优化）。

⑩ Risk Assessment Validation: Scenario, Outcome（非唯一索引，用于快速搜索和查询优化）。

3. 视图

创建 Risk Assessment View，包含所有表中的所有列，方便跨表查询。

4. 存储结构

所有表都应该使用 InnoDB 存储引擎，因为它支持事务处理和行级锁定。根据预期的数据量和访问模式，可以调整数据文件和索引文件的缓冲池配置。

5. 分区和分表

如果数据量非常大，可以考虑对表进行分区，尤其是那些预计会有大量插入和查询操作的表。例如，RiskMatrix、RiskEvaluationCriteria、RiskRating 等表可以根据时间和 ID 范围进行分区。

6. 数据操作

（1）风险源分类管理（Risk Source Category）

——创建风险源分类管理表

```
CREATE TABLE RiskSourceCategory (
```

```
    CategoryID INT AUTO_INCREMENT PRIMARY KEY,
    CategoryName VARCHAR(255) NOT NULL,
    Description TEXT
);
```

——插入数据到风险源分类管理表

```
INSERT INTO RiskSourceCategory (CategoryName, Description) VALUES('财务风险', '涉及公司财务状况的风险');
```

——查询风险源分类管理表

```
SELECT * FROM RiskSourceCategory;
```

——更新风险源分类管理表中的数据

```
UPDATE RiskSourceCategory SET Description = '涉及公司财务状况和市场波动的风险' WHERE CategoryID = 2024081000;
```

——删除风险源分类管理表中的数据

```
DELETE FROM RiskSourceCategory WHERE CategoryID = 2024081000;
```

（2）风险源信息（Risk Source）

——创建风险源信息表

```
CREATE TABLE RiskSource (
    SourceID INT AUTO_INCREMENT PRIMARY KEY,
    SourceName VARCHAR(255) NOT NULL,
    CategoryID INT,
    FOREIGN KEY (CategoryID) REFERENCES RiskSourceCategory(CategoryID)
);
```

——插入数据到风险源信息表

```
INSERT INTO RiskSource (SourceName, CategoryID) VALUES('市场波动', 1);
```

——查询风险源信息表

```
SELECT * FROM RiskSource;
```

——更新风险源信息表中的数据

```
UPDATE RiskSource SET SourceName = '经济衰退' WHERE SourceID = 2024081000;
```

——删除风险源信息表中的数据

```
DELETE FROM RiskSource WHERE SourceID = 2024081000;
```

（3）风险识别方法库（Risk Identification Method）

——创建风险识别方法库表

```
CREATE TABLE RiskIdentificationMethod (
    MethodID INT AUTO_INCREMENT PRIMARY KEY,
    MethodName VARCHAR(255) NOT NULL,
    Description TEXT
);
```

——插入数据到风险识别方法库表

```
INSERT INTO RiskIdentificationMethod (MethodName, Description) VALUES ('SWOT
分析', '通过分析企业的优势、劣势、机会和威胁来识别风险') ;
```

——查询风险识别方法库表

```
SELECT * FROM RiskIdentificationMethod;
```

——更新风险识别方法库表中的数据

```
UPDATE RiskIdentificationMethod SET Description = ' 通过分析企业的优势、劣势、机
会和威胁，以及外部环境因素来识别风险 ' WHERE MethodID = 2024081000;
```

——删除风险识别方法库表中的数据

```
DELETE FROM RiskIdentificationMethod WHERE MethodID = 2024081000;
```

（4）风险识别工具和技术库（Risk Identification Tool）

——创建风险识别工具和技术库表

```
CREATE TABLE RiskIdentificationTool (
    ToolID INT AUTO_INCREMENT PRIMARY KEY,
    ToolName VARCHAR(255) NOT NULL,
    Description TEXT
);
```

——插入数据到风险识别工具和技术库表

```
INSERT INTO RiskIdentificationTool (ToolName, Description) VALUES (' 风险矩阵 ',
' 用于评估和分类风险的工具 ') ;
```

——查询风险识别工具和技术库表

```
SELECT * FROM RiskIdentificationTool;
```

——更新风险识别工具和技术库表中的数据

```
UPDATE RiskIdentificationTool SET Description = '用于评估和分类风险的常用工具'
WHERE ToolID = 2024081000;
```

——删除风险识别工具和技术库表中的数据

```
DELETE FROM RiskIdentificationTool WHERE ToolID = 2024081000;
```

（5）风险分析方法论（Risk Analysis Methodology）

——创建风险分析方法论表

```
CREATE TABLE RiskAnalysisMethodology (
    MethodologyID INT AUTO_INCREMENT PRIMARY KEY,
    MethodologyName VARCHAR(255) NOT NULL,
    Description TEXT
);
```

——插入数据到风险分析方法论表

```
INSERT INTO RiskAnalysisMethodology (MethodologyName, Description) VALUES
('定性分析', '基于主观判断的风险分析方法');
```

——查询风险分析方法论表

```
SELECT * FROM RiskAnalysisMethodology;
```

——更新风险分析方法论表中的数据

```
UPDATE RiskAnalysisMethodology SET Description = '基于主观判断和定量分析相结
合的风险分析方法' WHERE MethodologyID = 2024081000;
```

——删除风险分析方法论表中的数据

```
DELETE FROM RiskAnalysisMethodology WHERE MethodologyID = 2024081000;
```

（6）风险矩阵编制（Risk Matrix）

——创建风险矩阵编制表

```
CREATE TABLE RiskMatrix (
    MatrixID INT AUTO_INCREMENT PRIMARY KEY,
    Description TEXT
);
```

——插入数据到风险矩阵编制表

```
INSERT INTO RiskMatrix (Description) VALUES(' 风险矩阵描述 ');
```

——查询风险矩阵编制表

```
SELECT * FROM RiskMatrix;
```

——更新风险矩阵编制表中的数据

```
UPDATE RiskMatrix
SET Description = ' 新的风险矩阵描述 ' WHERE MatrixID = 2024081000;
```

——删除风险矩阵编制表中的数据

```
DELETE FROM RiskMatrix WHERE MatrixID = 2024081000;
```

（7）风险评价标准（Risk Evaluation Criteria）

——创建风险评价标准表

```
CREATE TABLE RiskEvaluationCriteria (
    CriteriaID INT AUTO_INCREMENT PRIMARY KEY,
    CriteriaName VARCHAR(255) NOT NULL,
    Threshold FLOAT NOT NULL,
    Unit VARCHAR(100)
);
```

——插入数据到风险评价标准表

```
INSERT INTO RiskEvaluationCriteria (CriteriaName, Threshold, Unit) VALUES('评价标
准 1', 0.5, ' 百分比 ');
```

——查询风险评价标准表

```
SELECT * FROM RiskEvaluationCriteria;
```

——更新风险评价标准表中的数据

```
UPDATE RiskEvaluationCriteria SET Threshold = 0.6 WHERE CriteriaID = 2024081000;
```

——删除风险评价标准表中的数据

```
DELETE FROM RiskEvaluationCriteria WHERE CriteriaID = 2024081000;
```

（8）风险等级划分（Risk Rating）

——创建风险等级划分表

```
CREATE TABLE RiskRating (
```

```
    RatingID INT AUTO_INCREMENT PRIMARY KEY,
    LevelName VARCHAR(255) NOT NULL,
    LowThreshold FLOAT NOT NULL,
    HighThreshold FLOAT NOT NULL
);
```

——插入数据到风险等级划分表

```
INSERT INTO RiskRating (LevelName, LowThreshold, HighThreshold) VALUES(' 低风险 ', 0, 0.3);
```

——查询风险等级划分表

```
SELECT * FROM RiskRating;
```

——更新风险等级划分表中的数据

```
UPDATE RiskRating SET HighThreshold = 0.4 WHERE RatingID = 2024081000;
```

——删除风险等级划分表中的数据

```
DELETE FROM RiskRating WHERE RatingID = 2024081000;
```

（9）风险评估模型的构建（Risk Assessment Model）

——创建风险评估模型的构建表

```
CREATE TABLE RiskAssessmentModel (
    ModelID INT AUTO_INCREMENT PRIMARY KEY,
    ModelName VARCHAR(255) NOT NULL,
    AssessmentCriteria TEXT,
    RatingID INT,
    FOREIGN KEY (RatingID) REFERENCES RiskRating(RatingID)
);
```

——插入数据到风险评估模型的构建表

```
INSERT INTO RiskAssessmentModel (ModelName, AssessmentCriteria, RatingID) VALUES(' 模型 1', ' 评估标准内容 ', 1);
```

——查询风险评估模型的构建表中的数据

```
SELECT * FROM RiskAssessmentModel;
```

——更新风险评估模型的构建表中的数据

```
UPDATE RiskAssessmentModel SET AssessmentCriteria = '新的评估标准内容' WHERE ModelID = 2024081000;
```

——删除风险评估模型的构建表中的数据

```
DELETE FROM RiskAssessmentModel WHERE ModelID = 2024081000;
```

（10）风险评估模型的验证（Risk Assessment Validation）

——创建风险评估模型的验证表

```
CREATE TABLE RiskAssessmentValidation (
    ValidationID INT AUTO_INCREMENT PRIMARY KEY,
    ModelID INT,
    Scenario TEXT,
    Outcome TEXT,
    FOREIGN KEY (ModelID) REFERENCES RiskAssessmentModel(ModelID)
);
```

——插入数据到风险评估模型的验证表

```
INSERT INTO RiskAssessmentValidation (ModelID, Scenario, Outcome) VALUES(1, '场景 1', '结果 1');
```

——查询风险评估模型的验证表

```
SELECT * FROM RiskAssessmentValidation;
```

——更新风险评估模型的验证表中的数据

```
UPDATE RiskAssessmentValidation SET Outcome = '新的结果' WHERE ValidationID = 2024081000;
```

——删除风险评估模型的验证表中的数据

```
DELETE FROM RiskAssessmentValidation WHERE ValidationID = 2024081000;
```

8.3.4 数据资产管理模块

数据资产管理模块的物理模型设计，主要涉及数据资产的目录管理和分发合规性与报告。

1. 表的结构

（1）数据资产

数据资产见表 8-92。

表 8-92 数据资产

列名	数据类型	约束	主键 / 外键	备注
AssetID	INT	AUTO_INCREMENT	是	主键，自增
Name	VARCHAR（255）	NOT NULL	否	数据资产名称
Description	TEXT	—	否	描述
DataClassification	VARCHAR（100）	—	否	数据分类

（2）资产注册记录

资产注册记录见表 8-93。

表 8-93 资产注册记录

列名	数据类型	约束	主键 / 外键	备注
RegistrationID	INT	AUTO_INCREMENT	是	主键，自增
AssetID	INT	—	否 / 是	外键关联数据资产表
RegisteredBy	INT	—	否	注册者
RegisteredDate	DATETIME	—	否	注册日期

（3）资产查询记录

资产查询记录见表 8-94。

表 8-94 资产查询记录

列名	数据类型	约束	主键 / 外键	备注
QueryID	INT	AUTO_INCREMENT	是	主键，自增
AssetID	INT	—	否 / 是	外键关联数据资产表
QueryParameters	TEXT	—	否	查询参数
QueryDate	DATETIME	—	否	查询日期

（4）资产更新记录

资产更新记录见表 8-95。

表 8-95 资产更新记录

列名	数据类型	约束	主键 / 外键	备注
UpdateID	INT	AUTO_INCREMENT	是	主键，自增
AssetID	INT	—	否 / 是	外键关联数据资产表
UpdateDescription	TEXT	—	否	更新描述
UpdateDate	DATETIME	—	否	更新日期

（5）资产归档记录

资产归档记录见表 8-96。

表 8-96 资产归档记录

列名	数据类型	约束	主键 / 外键	备注
ArchivingID	INT	AUTO_INCREMENT	是	主键，自增
AssetID	INT	—	否 / 是	外键关联数据资产表
ArchivingDate	DATETIME	—	否	归档日期

（6）资产分发

资产分发见表 8-97。

表 8-97 资产分发

列名	数据类型	约束	主键 / 外键	备注
DistributionID	INT	AUTO_INCREMENT	是	主键，自增
AssetID	INT	—	否 / 是	外键关联数据资产表
DistributedTo	INT	—	否	接收者
DistributedDate	DATETIME	—	否	分发日期

（7）分发权限

分发权限见表 8-98。

表 8-98 分发权限

列名	数据类型	约束	主键 / 外键	备注
PermissionID	INT	AUTO_INCREMENT	是	主键，自增
AssetID	INT	—	否 / 是	外键关联数据资产表
UserID	INT	—	否	用户 ID
AccessLevel	VARCHAR（50）	—	否	访问级别

（8）分发监控记录

分发监控记录见表 8-99。

表 8-99 分发监控记录

列名	数据类型	约束	主键 / 外键	备注
LogID	INT	AUTO_INCREMENT	是	主键，自增
DistributionID	INT	—	否 / 是	外键关联资产分发表

续表

列名	数据类型	约束	主键 / 外键	备注
LogDescription	TEXT	—	否	日志描述
LogTime	DATETIME	—	否	日志时间

（9）分发审计记录

分发审计记录见表 8-100。

表 8-100　分发审计记录

列名	数据类型	约束	主键 / 外键	备注
AuditID	INT	AUTO_INCREMENT	是	主键，自增
DistributionID	INT	—	否 / 是	外键关联资产分发表
AuditResult	VARCHAR（100）	—	否	审计结果
AuditNotes	TEXT	—	否	审计备注
AuditTime	DATETIME	—	否	审计时间

（10）合规检查

合规检查见表 8-101。

表 8-101　合规检查

列名	数据类型	约束	主键 / 外键	备注
CheckID	INT	AUTO_INCREMENT	是	主键，自增
AssetID	INT	—	否 / 是	外键关联数据资产表
ComplianceStatus	VARCHAR(50)	—	否	合规状态
CheckDate	DATETIME	—	否	检查日期

（11）报表生成

报表生成见表 8-102。

表 8-102　报表生成

列名	数据类型	约束	主键 / 外键	备注
ReportID	INT	AUTO_INCREMENT	是	主键，自增
AssetID	INT	—	否 / 是	外键关联数据资产表
ReportType	VARCHAR（100）	—	否	报告类型
GenerationTime	DATETIME	—	否	生成时间

（12）监管审计支持

监管审计支持见表 8-103。

表 8-103　监管审计支持

列名	数据类型	约束	主键 / 外键	备注
AuditSupportID	INT	AUTO_INCREMENT	是	主键，自增
AssetID	INT	—	否 / 是	外键关联数据资产表
AuditorNotes	TEXT	—	否	审计员备注
SupportDate	DATETIME	—	否	支持日期

2. 索引

DataAssets、AssetRegistration、AssetQuery、AssetUpdate、AssetArchiving、AssetDistribution、DistributionPermission、DistributionMonitoringLog、DistributionAuditLog、ComplianceCheck、ReportGeneration、RegulatoryAuditSupport 的 AssetID 列应建立索引，以加快查询。

3. 视图

① 数据资产总览视图（Data Asset Overview View）包含数据资产的所有基础信息字段。

② 资产操作历史视图（Asset Operation History View）包含资产注册、查询、更新、归档记录的所有信息字段。

4. 存储结构

① 所有表都应该使用 InnoDB 存储引擎，因为它支持事务处理和行级锁定。

② 根据预期的数据量和访问模式，可以调整数据文件和索引文件的缓冲池配置。

5. 分区和分表

如果预计数据量极大，例如数据资产和资产注册记录，可以考虑实施分区，例如根据 AssetID 的范围或创建日期进行分区，以提高查询效率和管理的便利性。

6. 数据操作

（1）数据资产（Data Assets）

——创建数据资产表

```
CREATE TABLE DataAssets (
  AssetID INT AUTO_INCREMENT PRIMARY KEY, ——主键，自增
  Name VARCHAR(255) NOT NULL, ——数据资产名称
  Description TEXT, ——描述
  DataClassification VARCHAR(100) ——数据分类
);
```

——插入数据到数据资产表

```
INSERT INTO DataAssets (Name, Description, DataClassification)
VALUES('资产 1', '这是资产 1 的描述', '敏感');
```

——查询所有数据资产表

```
SELECT * FROM DataAssets;
```

——更新数据资产描述

```
UPDATE DataAssets
SET Description = '这是更新后的资产 1 描述'
WHERE AssetID = 2024081000;
```

——删除数据资产表中的数据

```
DELETE FROM DataAssets
WHERE AssetID = 2024081000;
```

（2）资产注册记录（Asset Registration）

——创建资产注册记录表

```
CREATE TABLE AssetRegistration (
  RegistrationID INT AUTO_INCREMENT PRIMARY KEY, ——主键，自增
  AssetID INT, ——外键关联数据资产表
  RegisteredBy INT, ——注册者
  RegisteredDate DATETIME ——注册日期
);
```

——插入数据到资产注册记录表

```
INSERT INTO AssetRegistration (AssetID, RegisteredBy, RegisteredDate)
VALUES (1, 1001, NOW());
```

——查询所有资产注册记录表

```
SELECT * FROM AssetRegistration;
```

——更新资产注册记录表中的数据

```
UPDATE AssetRegistration
SET RegisteredBy = 1002
WHERE RegistrationID = 2024081000;
```

——删除资产注册记录表中的数据

```
DELETE FROM AssetRegistration
WHERE RegistrationID = 2024081000;
```

（3）资产查询记录（Asset Query）

——创建资产查询记录表

```
CREATE TABLE AssetQuery (
  QueryID INT AUTO_INCREMENT PRIMARY KEY, ——主键，自增
  AssetID INT, ——外键关联数据资产表
  QueryParameters TEXT, ——查询参数
  QueryDate DATETIME ——查询日期
);
```

——插入数据到资产查询记录表

```
INSERT INTO AssetQuery (AssetID, QueryParameters, QueryDate)
VALUES(1, '查询参数 1', NOW() );
```

——查询所有资产查询记录表

```
SELECT * FROM AssetQuery;
```

——更新资产查询记录表中的数据

```
UPDATE AssetQuery
SET QueryParameters = '更新后的查询参数 1'
WHERE QueryID = 2024081000;
```

——删除资产查询记录表中的数据

```
DELETE FROM AssetQuery
WHERE QueryID = 2024081000;
```

（4）资产更新记录（Asset Update）

——创建资产更新记录表

```
CREATE TABLE AssetUpdate (
  UpdateID INT AUTO_INCREMENT PRIMARY KEY, ——主键，自增
  AssetID INT, ——外键关联数据资产表
  UpdateDescription TEXT, ——更新描述
  UpdateDate DATETIME ——更新日期
);
```

——插入数据到资产更新记录表

```
INSERT INTO AssetUpdate (AssetID, UpdateDescription, UpdateDate)
VALUES(1, '这是更新描述 1', NOW() ) ;
```

——查询所有资产更新记录表

```
SELECT * FROM AssetUpdate;
```

——更新资产更新记录表中的数据

```
UPDATE AssetUpdate
SET UpdateDescription = '这是更新后的更新描述 1'
WHERE UpdateID = 2024081000;
```

——删除资产更新记录表中的数据

```
DELETE FROM AssetUpdate
WHERE UpdateID = 2024081000;
```

（5）创建资产归档记录（Asset Archiving）

——创建资产归档记录表

```
CREATE TABLE AssetArchiving (
  ArchivingID INT AUTO_INCREMENT PRIMARY KEY, ——主键，自增
  AssetID INT, ——外键关联数据资产表
  ArchivingDate DATETIME ——归档日期
);
```

——插入数据到资产归档记录表

```
INSERT INTO AssetArchiving (AssetID, ArchivingDate)
VALUES (1, NOW());
```

——查询所有资产归档记录表

```
SELECT * FROM AssetArchiving;
```

——更新资产归档记录表中的数据

```
UPDATE AssetArchiving
SET ArchivingDate = NOW()
WHERE ArchivingID = 2024081000;
```

——删除资产归档记录表中的数据

```
DELETE FROM AssetArchiving
WHERE ArchivingID = 2024081000;
```

（6）资产分发（Asset Distribution）

——创建资产分发记录表

```
CREATE TABLE AssetDistribution (
  DistributionID INT AUTO_INCREMENT PRIMARY KEY, ——主键，自增
  AssetID INT, ——外键关联数据资产表
  DistributedTo INT, ——接收者
  DistributedDate DATETIME ——分发日期
);
```

——插入数据到资产分发记录表

```
INSERT INTO AssetDistribution (AssetID, DistributedTo, DistributedDate)
VALUES (1, 2001, NOW());
```

——查询所有资产分发记录表

```
SELECT * FROM AssetDistribution;
```

——更新资产分发记录表中的数据

```
UPDATE AssetDistribution
SET DistributedTo = 2002
WHERE DistributionID = 2024081000;
```

——删除资产分发记录表中的数据

```
DELETE FROM AssetDistribution
WHERE DistributionID = 2024081000;
```

（7）分发权限记录（Distribution Permission）

——创建分发权限记录表

```
CREATE TABLE DistributionPermission (
  PermissionID INT AUTO_INCREMENT PRIMARY KEY, ——主键，自增
  AssetID INT, ——外键关联数据资产表
  UserID INT, ——用户 ID
  AccessLevel VARCHAR(50) ——访问级别
);
```

——插入数据到分发权限记录表

```
INSERT INTO DistributionPermission (AssetID, UserID, AccessLevel)
VALUES (1, 3001, ' 读取 ') ;
```

——查询所有分发权限记录表

```
SELECT * FROM DistributionPermission;
```

——更新分发权限记录表中的数据

```
UPDATE DistributionPermission
SET AccessLevel = ' 写入 '
WHERE PermissionID = 2024081000;
```

——删除分发权限记录表中的数据

```
DELETE FROM DistributionPermission
WHERE PermissionID = 2024081000;
```

（8）分发监控记录（Distribution Monitoring Log）

——创建分发监控记录表

```
CREATE TABLE DistributionMonitoringLog (
  LogID INT AUTO_INCREMENT PRIMARY KEY, ——主键，自增
  DistributionID INT, ——外键关联资产分发表
  LogDescription TEXT, ——日志描述
  LogTime DATETIME ——日志时间
);
```

——插入数据到分发监控记录表

```
INSERT INTO DistributionMonitoringLog (DistributionID, LogDescription, LogTime)
VALUES (1, ' 这是日志描述 1', NOW() ) ;
```

——查询所有分发监控记录表

```
SELECT * FROM DistributionMonitoringLog;
```

——更新分发监控记录表中的数据

```
UPDATE DistributionMonitoringLog
SET LogDescription = ' 这是更新后的日志描述 1'
WHERE LogID = 2024081000;
```

——删除分发监控记录表中的数据

```
DELETE FROM DistributionMonitoringLog
WHERE LogID = 2024081000;
```

（9）分发审计记录（Distribution Audit Log）

——创建分发审计记录表

```
CREATE TABLE DistributionAuditLog (
    AuditID INT AUTO_INCREMENT PRIMARY KEY, ——主键，自增
    DistributionID INT, ——外键关联资产分发表
    AuditResult VARCHAR(100), ——审计结果
    AuditNotes TEXT, ——审计备注
    AuditTime DATETIME ——审计时间
);
```

——插入数据到分发审计记录表

```
INSERT INTO DistributionAuditLog (DistributionID, AuditResult, AuditNotes, AuditTime)
VALUES (1, '通过', '无异常', NOW());
```

——查询所有分发审计记录表

```
SELECT * FROM DistributionAuditLog;
```

——更新分发审计记录表中的数据

```
UPDATE DistributionAuditLog
SET AuditResult = '不通过'
WHERE AuditID = 2024081000;
```

——删除分发审计记录表中的数据

```
DELETE FROM DistributionAuditLog
WHERE AuditID = 2024081000;
```

（10）合规检查（Compliance Check）

——创建合规检查记录表

```
CREATE TABLE ComplianceCheck (
    CheckID INT AUTO_INCREMENT PRIMARY KEY, ——主键，自增
    AssetID INT, ——外键关联数据资产表
    ComplianceStatus VARCHAR(50), ——合规状态
```

```
    CheckDate DATETIME ——检查日期
);
```

——插入数据到合规检查记录表

```
INSERT INTO ComplianceCheck (AssetID, ComplianceStatus, CheckDate)
VALUES (1, '合规', NOW());
```

——查询所有合规检查记录表

```
SELECT * FROM ComplianceCheck;
```

——更新合规检查记录表中的数据

```
UPDATE ComplianceCheck
SET ComplianceStatus = '不合规'
WHERE CheckID = 2024081000;
```

——删除合规检查记录表中的数据

```
DELETE FROM ComplianceCheck
WHERE CheckID = 2024081000;
```

（11）报表生成（Report Generation）

——创建报表生成记录表

```
CREATE TABLE ReportGeneration (
    ReportID INT AUTO_INCREMENT PRIMARY KEY, ——主键，自增
    AssetID INT, ——外键关联数据资产表
    ReportType VARCHAR (100), ——报告类型
    GenerationTime DATETIME ——生成时间
);
```

——插入数据到报表生成记录表

```
INSERT INTO ReportGeneration (AssetID, ReportType, GenerationTime)
VALUES (1, '月度报告', NOW());
```

——查询所有报表生成记录表

```
SELECT * FROM ReportGeneration;
```

——更新报表生成记录表中的数据

```
UPDATE ReportGeneration
```

```
SET ReportType = ' 季度报告 '
WHERE ReportID = 2024081000;
```

——删除报表生成记录表中的数据

```
DELETE FROM ReportGeneration
WHERE ReportID = 2024081000;
```

（12）监管审计支持（Regulatory Audit Support）

——创建监管审计支持表

```
CREATE TABLE RegulatoryAuditSupport (
  AuditSupportID INT AUTO_INCREMENT PRIMARY KEY, ——主键，自增
  AssetID INT, ——外键关联数据资产表
  AuditorNotes TEXT, ——审计员备注
  SupportDate DATETIME ——支持日期
);
```

——插入数据到监管审计支持记录表

```
INSERT INTO RegulatoryAuditSupport (AssetID, AuditorNotes, SupportDate)
VALUES (1, ' 这是审计员备注 1', NOW());
```

——查询所有监管审计支持记录表

```
SELECT * FROM RegulatoryAuditSupport;
```

——更新监管审计支持记录表中的数据

```
UPDATE RegulatoryAuditSupport
SET AuditorNotes = ' 这是更新后的审计员备注 1'
WHERE AuditSupportID = 2024081000;
```

——删除监管审计支持记录表中的数据

```
DELETE FROM RegulatoryAuditSupport
WHERE AuditSupportID = 2024081000;
```

8.3.5 数据资产保护模块

数据资产保护模块的物理模型设计，主要涉及访问控制、数据脱敏和安全备份与恢复。

1. 表的结构

（1）用户身份认证

用户身份认证见表 8-104。

表 8-104 用户身份认证

列名	数据类型	约束	主键 / 外键	备注
UserAuthID	INT	AUTO_INCREMENT	是	—
UserID	INT	—	否	关联到用户表
AuthMethod	VARCHAR（50）	—	否	例如密码、OTP 等
HashCredentials	VARBINARY（256）	—	否	加密后的凭证
IsActive	BIT	—	否	是否激活
LastAccessed	DATETIME	—	否	最后访问时间

（2）角色授权

角色授权见表 8-105。

表 8-105 角色授权

列名	数据类型	约束	主键 / 外键	备注
RoleAuthID	INT	AUTO_INCREMENT	是	—
UserID	INT	—	否	关联到用户表
RoleName	VARCHAR（100）	—	否	角色名称
GrantedBy	INT	—	否	授权者 ID
GrantedDate	DATETIME	—	否	授权日期

（3）访问控制

访问控制见表 8-106。

表 8-106 访问控制

列名	数据类型	约束	主键 / 外键	备注
ACLID	INT	AUTO_INCREMENT	是	—
UserID	INT	—	否	关联到用户表
ResourceID	INT	—	否	关联到资源表
AccessType	VARCHAR(50)	—	否	访问类型
CreatedDate	DATETIME	—	否	创建日期

（4）数据资源

数据资源见表 8-107。

表 8–107 数据资源

列名	数据类型	约束	主键 / 外键	备注
ResourceID	INT	AUTO_INCREMENT	是	—
ResourceName	VARCHAR（255）	NOT NULL	否	资源名称
ResourceType	VARCHAR（100）	NOT NULL	否	资源类型
AccessLevel	INT	—	否	访问等级
Owner	INT	—	否	资源拥有者 ID
CreatedDate	DATETIME	—	否	创建日期

（5）数据掩码

数据掩码见表 8-108。

表 8–108 数据掩码

列名	数据类型	约束	主键 / 外键	备注
DataMaskID	INT	AUTO_INCREMENT	是	—
DataID	INT	—	否	关联到数据表
MaskingMethod	VARCHAR（100）	NOT NULL	否	掩码方法
MaskingLevel	INT	—	否	掩码级别
ExposedData	VARBINARY（500）	—	否	暴露的数据
MaskingDate	DATETIME	—	否	掩码日期

（6）数据加密

数据加密见表 8-109。

表 8–109 数据加密

列名	数据类型	约束	主键 / 外键	备注
DataEncryptID	INT	AUTO_INCREMENT	是	—
DataID	INT	—	否	关联到数据表
EncryptionKey	VARCHAR（255）	NOT NULL	否	加密密钥
EncryptedData	VARBINARY(1000)	—	否	加密后的数据
EncryptionDate	DATETIME	—	否	加密日期

（7）数据删除

数据删除见表 8-110。

表 8-110　数据删除

列名	数据类型	约束	主键 / 外键	备注
DeletionID	INT	AUTO_INCREMENT	是	—
DataID	INT	—	否	关联到数据表
DeletionDate	DATETIME	—	否	删除日期
UserID	INT	—	否	操作用户 ID

（8）定期备份

定期备份见表 8-111。

表 8-111　定期备份

列名	数据类型	约束	主键 / 外键	备注
BackupID	INT	AUTO_INCREMENT	是	—
DataID	INT	—	否	关联到数据表
BackupMethod	VARCHAR（100）	NOT NULL	否	备份方法
BackupLocation	VARCHAR（255）	NOT NULL	否	备份位置
LastBackupDate	DATETIME	—	否	最后备份日期

（9）灾难恢复计划

灾难恢复计划见表 8-112。

表 8-112　灾难恢复计划

列名	数据类型	约束	主键 / 外键	备注
RecoveryPlanID	INT	AUTO_INCREMENT	是	—
RecoveryProcedure	TEXT	—	否	恢复过程
RecoveryTimeLine	VARCHAR（255）	—	否	恢复时间线
AssignedManager	INT	—	否	负责恢复的经理 ID

2. 索引

① Resource：Resource Name（提高根据资源名称搜索的效率）、Access Level（快速获取不同访问等级的资源）。

② DataMasking：Masking Method（优化掩码方法查询）、Data ID（快速定位相关数据

记录）。

③ DataEncryption：Encryption Key（加速基于密钥的搜索）、Data ID（快速定位相关数据记录）。

④ DataDeletion：Deletion Date（提高按日期删除记录的查询效率）、User ID（跟踪哪些用户执行了删除操作）。

⑤ Regular Backups：Last Backup Date（快速获取最后一次备份日期）、Backup Method（根据备份方法快速检索）。

⑥ Disaster Recovery Plan：Recovery Time Line（根据恢复时间线快速搜索）、Assigned Manager（快速找到负责人）。

3. 视图

创建视图 Protection Management View，包含所有安全相关的表的所有列，方便查询。

4. 存储结构

① 所有表都应该使用 InnoDB 存储引擎，因为它支持事务处理和行级锁定。

② 根据预期的数据量和访问模式，可以调整数据文件和索引文件的缓冲池配置。

5. 分区和分表

如果 Access Control List 的数据量非常大，可以考虑根据 Asset ID 进行范围分区，以便快速访问特定资产 ID 的数据。

6. 数据操作

（1）用户身份认证（User Authentication）

——创建用户身份认证表

```
CREATE TABLE UserAuthentication (
    UserAuthID INT AUTO_INCREMENT PRIMARY KEY,
    UserID INT,
    AuthMethod VARCHAR(50),
    HashCredentials VARBINARY(256),
    IsActive BIT,
    LastAccessed DATETIME
);
```

——插入数据到用户身份认证表

```
INSERT INTO UserAuthentication (UserID, AuthMethod, HashCredentials, IsActive, LastAccessed)
VALUES(1, '密码', 'hashed_password', 1, NOW());
```

——查询用户身份认证表

```
SELECT * FROM UserAuthentication;
```

——更新用户身份认证表中的数据

```
UPDATE UserAuthentication
SET IsActive = 0
WHERE UserID = 2024081000;
```

——删除用户身份认证表中的数据

```
DELETE FROM UserAuthentication
WHERE UserID = 2024081000;
```

（2）角色授权（Role Authorization）

——创建角色授权表

```
CREATE TABLE RoleAuthorization (
  RoleAuthID INT AUTO_INCREMENT PRIMARY KEY,
  UserID INT,
  RoleName VARCHAR(100),
  GrantedBy INT,
  GrantedDate DATETIME
);
```

——插入数据到角色授权表

```
INSERT INTO RoleAuthorization (UserID, RoleName, GrantedBy, GrantedDate)
VALUES(1, ' 管理员 ', 1, NOW());
```

——查询角色授权表

```
SELECT * FROM RoleAuthorization;
```

——更新角色授权表中的数据

```
UPDATE RoleAuthorization
SET GrantedBy = 2
WHERE UserID = 2024081000;
```

——删除角色授权表中的数据

```
DELETE FROM RoleAuthorization
WHERE UserID = 2024081000;
```

（3）访问控制（Access Control）

——创建访问控制表

```
CREATE TABLE AccessControlList (
    ACLID INT AUTO_INCREMENT PRIMARY KEY,
    UserID INT,
    ResourceID INT,
    AccessType VARCHAR(50),
    CreatedDate DATETIME
);
```

——插入数据到访问控制表

```
INSERT INTO AccessControlList (UserID, ResourceID, AccessType, CreatedDate)
VALUES(1, 1, '读', NOW());
```

——查询访问控制表

```
SELECT * FROM AccessControlList;
```

——更新访问控制表中的数据

```
UPDATE AccessControlList
SET AccessType = '写'
WHERE UserID = 2024081000;
```

——删除访问控制表中的数据

```
DELETE FROM AccessControlList
WHERE UserID = 2024081000;
```

（4）数据资源（Data Resource）

——创建数据资源表

```
CREATE TABLE Resource (
    ResourceID INT AUTO_INCREMENT PRIMARY KEY,
    ResourceName VARCHAR(255) NOT NULL,
    ResourceType VARCHAR(100) NOT NULL,
    AccessLevel INT,
    Owner INT,
    CreatedDate DATETIME
);
```

——插入数据到数据资源表

```
INSERT INTO Resource (ResourceName, ResourceType, AccessLevel, Owner, CreatedDate)
VALUES(' 文件 1', ' 文档 ', 1, 1, NOW());
```

——查询数据资源表

```
SELECT * FROM Resource;
```

——更新数据资源表中的数据

```
UPDATE Resource
SET AccessLevel = 2
WHERE ResourceID = 2024081000;
```

——删除数据资源表中的数据

```
DELETE FROM Resource
WHERE ResourceID = 2024081000;
```

（5）数据掩码（Data Masking）

——创建数据掩码表

```
CREATE TABLE DataMasking (
    DataMaskID INT AUTO_INCREMENT PRIMARY KEY,
    DataID INT,
    MaskingMethod VARCHAR(100) NOT NULL,
    MaskingLevel INT,
    ExposedData VARBINARY(500),
    MaskingDate DATETIME
);
```

——插入数据到数据掩码表

```
INSERT INTO DataMasking (DataID, MaskingMethod, MaskingLevel, ExposedData, MaskingDate)
VALUES (1, 'MD5', 1, 'exposed_data', NOW());
```

——查询数据掩码表

```
SELECT * FROM DataMasking;
```

——更新数据掩码表中的数据

```
UPDATE DataMasking
SET MaskingLevel = 2
WHERE DataID = 2024081000;
```

——删除数据掩码表中的数据

```
DELETE FROM DataMasking
WHERE DataID = 2024081000;
```

（6）数据加密（Data Encryption）

——创建数据加密表

```
CREATE TABLE DataEncryption (
    DataEncryptID INT AUTO_INCREMENT PRIMARY KEY,
    DataID INT,
    EncryptionKey VARCHAR(255) NOT NULL,
    EncryptedData VARBINARY(1000),
    EncryptionDate DATETIME
);
```

——插入数据到数据加密表

```
INSERT INTO DataEncryption (DataID, EncryptionKey, EncryptedData, EncryptionDate)
VALUES (1, 'encryption_key', 'encrypted_data', NOW());
```

——查询数据加密表

```
SELECT * FROM DataEncryption;
```

——更新数据加密表中的数据

```
UPDATE DataEncryption
SET EncryptionKey = 'new_encryption_key'
WHERE DataID = 2024081000;
```

——删除数据加密表中的数据

```
DELETE FROM DataEncryption
WHERE DataID = 2024081000;
```

（7）数据删除（Data Deletion）

——创建数据删除表

```
CREATE TABLE DataDeletion (
```

```
    DeletionID INT AUTO_INCREMENT PRIMARY KEY,
    DataID INT,
    DeletionDate DATETIME,
    UserID INT
);
```

——插入数据到数据删除表

```
INSERT INTO DataDeletion (DataID, DeletionDate, UserID)
VALUES (1, NOW(), 1);
```

——查询数据删除表

```
SELECT * FROM DataDeletion;
```

——更新数据删除表中的数据

```
UPDATE DataDeletion
SET UserID = 2
WHERE DataID = 2024081000;
```

——删除数据删除表中的数据

```
DELETE FROM DataDeletion
WHERE DataID = 2024081000;
```

（8）定期备份（Regular Backups）

——创建定期备份表

```
CREATE TABLE RegularBackups (
    BackupID INT AUTO_INCREMENT PRIMARY KEY,
    DataID INT,
    BackupMethod VARCHAR(100) NOT NULL,
    BackupLocation VARCHAR(255) NOT NULL,
    LastBackupDate DATETIME
);
```

——插入数据到定期备份表

```
INSERT INTO RegularBackups (DataID, BackupMethod, BackupLocation, LastBackupDate)
VALUES(1, '全量备份', 'backup_location', NOW());
```

——查询定期备份表

```
SELECT * FROM RegularBackups;
```

——更新定期备份表中的数据

```
UPDATE RegularBackups
SET BackupMethod = '增量备份'
WHERE DataID = 2024081000;
```

——删除定期备份表中的数据

```
DELETE FROM RegularBackups
WHERE DataID = 2024081000;
```

（9）灾难恢复计划（Disaster Recovery Plan）

——创建灾难恢复计划表

```
CREATE TABLE DisasterRecoveryPlan (
    RecoveryPlanID INT AUTO_INCREMENT PRIMARY KEY,
    RecoveryProcedure TEXT,
    RecoveryTimeLine VARCHAR(255),
    AssignedManager INT
);
```

——插入数据到灾难恢复计划表

```
INSERT INTO DisasterRecoveryPlan (RecoveryProcedure, RecoveryTimeLine, AssignedManager)
VALUES('恢复过程','恢复时间线', 1);
```

——查询灾难恢复计划表

```
SELECT * FROM DisasterRecoveryPlan;
```

——更新灾难恢复计划表中的数据

```
UPDATE DisasterRecoveryPlan
SET RecoveryTimeLine = '新的恢复时间线'
WHERE RecoveryPlanID = 2024081000;
```

——删除灾难恢复计划表中的数据

```
DELETE FROM DisasterRecoveryPlan
WHERE RecoveryPlanID = 2024081000;
```

8.3.6 数据资产审计模块

数据资产审计模块的物理模型设计，主要涉及审计策略、审计记录和审计报告。

1. 表的结构

（1）审计规则定义

审计规则定义见表 8-113。

表 8-113　审计规则定义

列名	数据类型	约束	主键 / 外键	备注
AuditRuleID	INT	AUTO_INCREMENT	是	—
RuleName	VARCHAR（255）	NOT NULL	否	规则名称
RuleDescription	TEXT	—	否	规则描述
RuleEnabled	BIT	NOT NULL	否	规则是否启用
CreatedDate	DATETIME	—	否	创建日期

（2）审计触发条件

审计触发条件见表 8-114。

表 8-114　审计触发条件

列名	数据类型	约束	主键 / 外键	备注
TriggerConditionID	INT	AUTO_INCREMENT	是	—
AuditRuleID	INT	NOT NULL	否 / 是	关联的审计规则 ID
EventType	VARCHAR（100）	NOT NULL	否	事件类型
ConditionValue	VARCHAR（255）	—	否	触发条件的值
CreatedDate	DATETIME	—	否	创建日期

（3）审计通知设置

审计通知设置见表 8-115。

表 8-115　审计通知设置

列名	数据类型	约束	主键 / 外键	备注
NotificationSettingID	INT	AUTO_INCREMENT	是	—
AuditRuleID	INT	NOT NULL	否 / 是	关联的审计规则 ID

续表

列名	数据类型	约束	主键 / 外键	备注
Recipient	VARCHAR（255）	NOT NULL	否	通知接收者
NotificationMethod	VARCHAR（100）	NOT NULL	否	通知方式
CreatedDate	DATETIME	—	否	创建日期

（4）审计事件记录

审计事件记录见表 8-116。

表 8-116　审计事件记录

列名	数据类型	约束	主键 / 外键	备注
EventRecordID	INT	AUTO_INCREMENT	是	—
AuditRuleID	INT	NOT NULL	否 / 是	关联的审计规则 ID
EventDetails	TEXT	—	否	事件详情
EventTimestamp	DATETIME	NOT NULL	否	事件发生时间
UserID	INT	—	否 / 是	相关用户 ID

（5）审计结果存储

审计结果存储见表 8-117。

表 8-117　审计结果存储

列名	数据类型	约束	主键 / 外键	备注
ResultStorageID	INT	AUTO_INCREMENT	是	—
EventRecordID	INT	NOT NULL	否 / 是	关联的事件记录 ID
AuditResult	TEXT	—	否	审计结果
StoredTimestamp	DATETIME	NOT NULL	否	存储时间

（6）审计报告生成

审计报告生成见表 8-118。

表 8-118　审计报告生成

列名	数据类型	约束	主键 / 外键	备注
ReportGenerationID	INT	AUTO_INCREMENT	是	—

续表

列名	数据类型	约束	主键 / 外键	备注
EventRecordID	INT	NOT NULL	否 / 是	关联的事件记录 ID
ReportGeneratedTime	DATETIME	NOT NULL	否	报告生成时间
ReportStatus	VARCHAR（50）	—	否	报告状态

（7）审计报告发送

审计报告发送见表 8-119。

表 8–119　审计报告发送

列名	数据类型	约束	主键 / 外键	备注
ReportSendingID	INT	AUTO_INCREMENT	是	—
ReportGenerationID	INT	NOT NULL	否 / 是	关联的报告生成记录 ID
SendingMethod	VARCHAR（100）	NOT NULL	否	发送方式
SendingStatus	VARCHAR（50）	—	否	发送状态
SendingTimestamp	DATETIME	—	否	发送时间

2. 索引

① Audit Rule Definition：Rule Name（提高基于规则名称的查询效率）。

② Audit Trigger Condition：Event Type（优化事件类型查询）、Audit Rule ID（快速定位相关规则）。

③ Audit Notification Setting：Notification Method（加速通知方式查询）、Audit Rule ID（快速定位相关规则）。

④ Audit Event Record：Event Timestamp（提高按时间查询的效率）、Audit Rule ID（快速定位相关规则）。

⑤ Audit Result Storage：Stored Timestamp（提高按存储时间查询的效率）、Event Record ID（快速定位事件记录）。

⑥ Audit Report Generation：Report Status（优化报告状态查询）、Event Record ID（快速定位事件记录）。

⑦ Audit Report Sending：Sending Status（提高发送状态查询的效率）、Report Generation ID（快速定位报告生成记录）。

3. 视图

① 审计总览视图：包括 AuditRuleDefinition、uditTriggerCondition、uditNotification

Setting、AuditEventRecord 展示审计规则的概况、触发条件、通知设置及事件记录概要。

② 审计结果视图：包括 Audit Result Storage、Audit Report Generation、Audit Report Sending，展示审计结果的存储、报告生成和发送情况。

4. 存储结构

① InnoDB 引擎支持事务处理，保证数据的一致性和完整性，满足审计数据的存储需求。

② 根据数据访问频率和容量，合理配置缓冲池大小，以提高数据库的访问速度和性能。

5. 分区和分表

① Audit Event Record：根据 event timestamp 进行分区，以优化时间范围的查询性能。

② Audit Result Storage：根据 stored timestamp 进行分区，以提高数据存储和访问效率。

③ Audit Report Generation and Audit Report Sending：根据 Report Generated Time 和 Sending Timestamp 进行分区，以加快报告生成和发送的时间查询。

6. 数据操作

（1）审计规则定义（Audit Rule Definition）

——创建审计规则定义表

```
CREATE TABLE AuditRuleDefinition (
    AuditRuleID INT AUTO_INCREMENT PRIMARY KEY,
    RuleName VARCHAR(255) NOT NULL,
    RuleDescription TEXT,
    RuleEnabled BIT NOT NULL,
    CreatedDate DATETIME
);
```

——插入数据到审计规则定义表

```
INSERT INTO AuditRuleDefinition (RuleName, RuleDescription, RuleEnabled,
CreatedDate)
VALUES('规则 1', '规则描述 1', 1, NOW());
```

——查询审计规则定义表

```
SELECT * FROM AuditRuleDefinition;
```

——更新审计规则定义表中的数据

```
UPDATE AuditRuleDefinition
SET RuleDescription = '新的规则描述'
WHERE AuditRuleID = 2024081000;
```

——删除审计规则定义表中的数据

```
DELETE FROM AuditRuleDefinition
WHERE AuditRuleID = 2024081000;
```

（2）审计触发条件（Audit Trigger Condition）

——创建审计触发条件表

```
CREATE TABLE AuditTriggerCondition (
    TriggerConditionID INT AUTO_INCREMENT PRIMARY KEY,
    AuditRuleID INT NOT NULL,
    EventType VARCHAR(100) NOT NULL,
    ConditionValue VARCHAR(255),
    CreatedDate DATETIME,
    FOREIGN KEY (AuditRuleID) REFERENCES AuditRuleDefinition(AuditRuleID)
);
```

——插入数据到审计触发条件表

```
INSERT INTO AuditTriggerCondition (AuditRuleID, EventType, ConditionValue, CreatedDate)
VALUES(1, '事件类型 1', '触发条件值 1', NOW());
```

——查询审计触发条件表

```
SELECT * FROM AuditTriggerCondition;
```

——更新审计触发条件表中的数据

```
UPDATE AuditTriggerCondition
SET ConditionValue = '新的触发条件值'
WHERE TriggerConditionID = 2024081000;
```

——删除审计触发条件表中的数据

```
DELETE FROM AuditTriggerCondition
WHERE TriggerConditionID = 2024081000;
```

（3）审计通知设置（Audit Notification Setting）

——创建审计通知设置表

```
CREATE TABLE AuditNotificationSetting (
    NotificationSettingID INT AUTO_INCREMENT PRIMARY KEY,
    AuditRuleID INT NOT NULL,
```

```
    Recipient VARCHAR(255) NOT NULL,
    NotificationMethod VARCHAR(100) NOT NULL,
    CreatedDate DATETIME,
    FOREIGN KEY (AuditRuleID) REFERENCES AuditRuleDefinition(AuditRuleID)
);
```

——插入数据到审计通知设置表

```
INSERT INTO AuditNotificationSetting (AuditRuleID, Recipient, NotificationMethod, CreatedDate)
VALUES(1, '通知接收者 1', '通知方式 1', NOW());
```

——查询审计通知设置表

```
SELECT * FROM AuditNotificationSetting;
```

——更新审计通知设置表中的数据

```
UPDATE AuditNotificationSetting
SET NotificationMethod = '新的通知方式'
WHERE NotificationSettingID = 2024081000;
```

——删除审计通知设置表中的数据

```
DELETE FROM AuditNotificationSetting
WHERE NotificationSettingID = 2024081000;
```

（4）审计事件记录（Audit Event Record）

——创建审计事件记录表

```
CREATE TABLE AuditEventRecord (
    EventRecordID INT AUTO_INCREMENT PRIMARY KEY,
    AuditRuleID INT NOT NULL,
    EventDetails TEXT,
    EventTimestamp DATETIME NOT NULL,
    UserID INT NOT NULL,
    FOREIGN KEY (AuditRuleID) REFERENCES AuditRuleDefinition(AuditRuleID)
);
```

——插入数据到审计事件记录表

```
INSERT INTO AuditEventRecord (AuditRuleID, EventDetails, EventTimestamp, UserID)
```

```
VALUES(1, ' 事件详情 1', NOW(), 1);
```

——查询审计事件记录表

```
SELECT * FROM AuditEventRecord;
```

——更新审计事件记录表中的数据

```
UPDATE AuditEventRecord
SET EventDetails = ' 新的事件详情 '
WHERE EventRecordID = 2024081000;
```

——删除审计事件记录表中的数据

```
DELETE FROM AuditEventRecord
WHERE EventRecordID = 2024081000;
```

（5）审计结果存储（Audit Result Storage）

——创建审计结果存储表

```
CREATE TABLE AuditResultStorage (
    ResultStorageID INT AUTO_INCREMENT PRIMARY KEY,
    EventRecordID INT NOT NULL,
    AuditResult TEXT,
    StoredTimestamp DATETIME NOT NULL,
    FOREIGN KEY (EventRecordID) REFERENCES AuditEventRecord (Event Record
ID)
);
```

——插入数据到审计结果存储表

```
INSERT INTO AuditResultStorage (EventRecordID, AuditResult, StoredTimestamp)
VALUES(1, ' 审计结果 1', NOW());
```

——查询审计结果存储表

```
SELECT * FROM AuditResultStorage;
```

——更新审计结果存储表中的数据

```
UPDATE AuditResultStorage
SET AuditResult = ' 新的审计结果 '
WHERE ResultStorageID = 2024081000;
```

——删除审计结果存储表中的数据

```
DELETE FROM AuditResultStorage
WHERE ResultStorageID = 2024081000;
```

（6）审计报告生成（Audit Report Generation）

——创建审计报告生成表

```
CREATE TABLE AuditReportGeneration (
    ReportGenerationID INT AUTO_INCREMENT PRIMARY KEY,
    EventRecordID INT NOT NULL,
    ReportGeneratedTime DATETIME NOT NULL,
    ReportStatus VARCHAR(50),
    FOREIGN KEY (EventRecordID) REFERENCES AuditEventRecord(EventRecordID)
);
```

——插入数据到审计报告生成表

```
INSERT INTO AuditReportGeneration (EventRecordID, ReportGeneratedTime, Report
Status)
VALUES(1, NOW(), '报告状态 1');
```

——查询审计报告生成表

```
SELECT * FROM AuditReportGeneration;
```

——更新审计报告生成表中的数据

```
UPDATE AuditReportGeneration
SET ReportStatus = '新的报告状态'
WHERE ReportGenerationID = 2024081000;
```

——删除审计报告生成表中的数据

```
DELETE FROM AuditReportGeneration
WHERE ReportGenerationID = 2024081000;
```

（7）审计报告发送（Audit Report Sending）

——创建审计报告发送表

```
CREATE TABLE AuditReportSending (
    ReportSendingID INT AUTO_INCREMENT PRIMARY KEY,
    ReportGenerationID INT NOT NULL,
```

```
    SendingMethod VARCHAR(100) NOT NULL,
    SendingStatus VARCHAR(50),
    SendingTimestamp DATETIME,
    FOREIGN KEY (ReportGenerationID) REFERENCES AuditReportGeneration(Report
GenerationID)
);
```

——插入数据到审计报告发送表

```
INSERT INTO AuditReportSending (ReportGenerationID, SendingMethod, Sending
Status, SendingTimestamp)
VALUES(1, '发送方式 1', '发送状态 1', NOW());
```

——查询审计报告发送表

```
SELECT * FROM AuditReportSending;
```

——更新审计报告发送表中的数据

```
UPDATE AuditReportSending
SET SendingMethod = '新的发送方式'
WHERE ReportSendingID = 2024081000;
```

——删除审计报告发送表中的数据

```
DELETE FROM AuditReportSending
WHERE ReportSendingID = 2024081000;
```

8.3.7 数据资产报告模块

1. 表的结构

（1）报表模板设计

报表模板设计见表 8-120。

表 8-120　报表模板设计

列名	数据类型	约束	主键 / 外键	备注
TemplateID	INT	AUTO_INCREMENT	是	—
TemplateName	VARCHAR（255）	NOT NULL	否	模板名称
TemplateContent	TEXT	—	否	模板具体内容

续表

列名	数据类型	约束	主键 / 外键	备注
CreatedDate	DATETIME	—	否	创建日期

（2）报表数据填充

报表数据填充见表 8-121。

表 8-121　报表数据填充

列名	数据类型	约束	主键 / 外键	备注
DataFillingID	INT	AUTO_INCREMENT	是	—
TemplateID	INT	NOT NULL	否	关联模板设计 ID
ReportData	TEXT	—	否	填充的报告数据
FillingTimestamp	DATETIME	NOT NULL	否	填充时间

（3）报表样式设置

报表样式设置见表 8-122。

表 8-122　报表样式设置

列名	数据类型	约束	主键 / 外键	备注
StyleSettingID	INT	AUTO_INCREMENT	是	—
TemplateID	INT	NOT NULL	否 / 是	关联模板设计 ID
StyleSheet	TEXT	—	否	样式表信息
StyleDescription	VARCHAR（255）	—	否	样式描述

（4）Web 界面展示

Web 界面展示见表 8-123。

表 8-123　Web 界面展示

列名	数据类型	约束	主键 / 外键	备注
DisplayID	INT	AUTO_INCREMENT	是	—
ReportID	INT	NOT NULL	否 / 是	关联报告 ID
DisplayURL	VARCHAR（255）	—	否	Web 展示 URL
DisplayTime	DATETIME	NOT NULL	否	展示时间

（5）PDF 文件输出

PDF 文件输出见表 8-124。

表 8–124 PDF 文件输出

列名	数据类型	约束	主键 / 外键	备注
PDFOutputID	INT	AUTO_INCREMENT	是	—
ReportID	INT	NOT NULL	否 / 是	关联报告 ID
PDFFilePath	VARCHAR（1000）	—	—	PDF 文件存储路径
GenerationTimestamp	DATETIME	NOT NULL	—	生成时间

（6）邮件发送

邮件发送见表 8-125。

表 8–125 邮件发送

列名	数据类型	约束	主键 / 外键	备注
EmailSendingID	INT	AUTO_INCREMENT	是	—
ReportID	INT	NOT NULL	否 / 是	关联报告 ID
RecipientEmail	VARCHAR（255）	NOT NULL	否	接收者邮箱地址
SendingTimestamp	DATETIME	NOT NULL	否	发送时间

（7）Excel 导出

Excel 导出见表 8-126。

表 8–126 Excel 导出

列名	数据类型	约束	主键 / 外键	备注
ExcelExportID	INT	AUTO_INCREMENT	是	—
ReportID	INT	NOT NULL	否 / 是	关联报告 ID
FilePath	VARCHAR（1000）	—	否	文件存储路径
ExportTimestamp	DATETIME	NOT NULL	否	导出时间

（8）PDF 导出

PDF 导出见表 8-127。

表 8–127 PDF 导出

列名	数据类型	约束	主键 / 外键	备注
PDFExportID	INT	AUTO_INCREMENT	是	—
ReportID	INT	NOT NULL	否 / 是	关联报告 ID

续表

列名	数据类型	约束	主键 / 外键	备注
FilePath	VARCHAR（1000）	—	否	PDF 文件路径
ExportTimestamp	DATETIME	NOT NULL	否	导出时间

（9）HTML 导出

HTML 导出见表 8-128。

表 8-128　HTML 导出

列名	数据类型	约束	主键 / 外键	备注
HTMLExportID	INT	AUTO_INCREMENT	是	—
ReportID	INT	NOT NULL	否 / 是	关联报告 ID
FilePath	VARCHAR（1000）	—	否	HTML 文件路径
ExportTimestamp	DATETIME	NOT NULL	否	导出时间

2. 索引

① 所有表的主键列默认创建唯一索引，以提高查询效率。

② ReportDataFilling、ReportStyleSetting：Template ID（加快相关报表模板的数据检索）。

③ Web Display、PDF Output、Email Sending、Excel Export、PDF Export、HTML Export：DisplayTime/GenerationTimestamp/ExportTimestamp（优化生成和导出时间的查询）。

3. 视图

报表生成总览视图提供报表生成的全面视角，包括 Report Template Design、Report Data Filling、Report Style Setting、Web Display、PDF Output、Email Sending、Excel Export、PDF Export、HTML Export。

4. 存储结构

① InnoDB 引擎支持事务处理，保证数据的一致性和完整性，满足报表模块中数据存取需求。

② 根据数据访问频率和容量，合理配置缓冲池大小，以提高数据库的访问速度和性能。

5. 分区和分表

① Report Data Filling、PDF Output、Email Sending、Excel Export、PDF Export、HTML Export 根据 Filling Timestamp/Generation Timestamp/Sending Timestamp/Export Timestamp 分区，以优化大量数据的管理与访问性能。

② Web Display 根据 Display Time 进行分区，提高数据检索效率。

6. 数据操作

（1）报表模板设计（Report Template Design）

——创建报表模板设计表

```
CREATE TABLE ReportTemplateDesign (
    TemplateID INT AUTO_INCREMENT PRIMARY KEY,
    TemplateName VARCHAR(255) NOT NULL, ——模板名称
    TemplateContent TEXT, ——模板具体内容
    CreatedDate DATETIME ——创建日期
);
```

——插入数据到报表模板设计表

```
INSERT INTO ReportTemplateDesign (TemplateName, TemplateContent, CreatedDate)
VALUES('模板 1', '模板内容 1', NOW());
```

——查询报表模板设计表

```
SELECT * FROM ReportTemplateDesign;
```

——更新报表模板设计表中的数据

```
UPDATE ReportTemplateDesign
SET TemplateName = '新模板 1'
WHERE TemplateID = 2024081000;
```

——删除报表模板设计表中的数据

```
DELETE FROM ReportTemplateDesign
WHERE TemplateID = 2024081000;
```

（2）报表数据填充（Report Data Filling）

——创建报表数据填充表

```
CREATE TABLE ReportDataFilling (
    DataFillingID INT AUTO_INCREMENT PRIMARY KEY,
    TemplateID INT NOT NULL, ——关联模板设计 ID
    ReportData TEXT, ——填充的报告数据
    FillingTimestamp DATETIME NOT NULL, ——填充时间
    FOREIGN KEY (TemplateID) REFERENCES ReportTemplateDesign(TemplateID)
);
```

——插入数据到报表数据填充表

```
INSERT INTO ReportDataFilling (TemplateID, ReportData, FillingTimestamp)
VALUES(1, '报告数据 1', NOW());
```

——查询报表数据填充表

```
SELECT * FROM ReportDataFilling;
```

——更新报表数据填充表中的数据

```
UPDATE ReportDataFilling
SET ReportData = '新报告数据 1'
WHERE DataFillingID = 2024081000;
```

——删除报表数据填充表中的数据

```
DELETE FROM ReportDataFilling
WHERE DataFillingID = 2024081000;
```

（3）报表样式设置（Report Style Setting，RSS）

——创建报表样式设置表

```
CREATE TABLE ReportStyleSetting (
  StyleSettingID INT AUTO_INCREMENT PRIMARY KEY,
  TemplateID INT NOT NULL, ——关联模板设计 ID
  StyleSheet TEXT, ——样式表信息
  StyleDescription VARCHAR(255), ——样式描述
  FOREIGN KEY (TemplateID) REFERENCES ReportTemplateDesign(TemplateID)
);
```

——插入数据到报表样式设置表

```
INSERT INTO ReportStyleSetting (TemplateID, StyleSheet, StyleDescription)
VALUES(1, '样式表信息 1', '样式描述 1');
```

——查询报表样式设置表

```
SELECT * FROM ReportStyleSetting;
```

——更新报表样式设置表中的数据

```
UPDATE ReportStyleSetting
SET StyleSheet = '新样式表信息 1'
WHERE StyleSettingID = 2024081000;
```

——删除报表样式设置表中的数据

```
DELETE FROM ReportStyleSetting
WHERE StyleSettingID = 2024081000;
```

（4）Web 界面展示（Web Display）

——创建 Web 界面展示表

```
CREATE TABLE WebDisplay (
  DisplayID INT AUTO_INCREMENT PRIMARY KEY,
  ReportID INT NOT NULL, ——关联报告 ID
  DisplayURL VARCHAR(255), ——Web 展示 URL
  DisplayTime DATETIME NOT NULL, ——展示时间
  FOREIGN KEY (ReportID) REFERENCES ReportDataFilling(DataFillingID)
);
```

——插入数据到 Web 界面展示表

```
INSERT INTO WebDisplay (ReportID, DisplayURL, DisplayTime)
VALUES (1, 'http://example.com/report1', NOW());
```

——查询 Web 界面展示表

```
SELECT * FROM WebDisplay;
```

——更新 Web 界面展示表中的数据

```
UPDATE WebDisplay
SET DisplayURL = 'http://example.com/new_report1'
WHERE DisplayID = 2024081000;
```

——删除 Web 界面展示表中的数据

```
DELETE FROM WebDisplay
WHERE DisplayID = 2024081000;
```

（5）PDF 文件输出（PDF Output）

——创建 PDF 文件输出表

```
CREATE TABLE PDFOutput (
  PDFOutputID INT AUTO_INCREMENT PRIMARY KEY,
  ReportID INT NOT NULL, ——关联报告 ID
  PDFFilePath VARCHAR(1000), ——PDF 文件存储路径
```

```
    GenerationTimestamp DATETIME NOT NULL, ——生成时间
    FOREIGN KEY (ReportID) REFERENCES ReportDataFilling(DataFillingID)
);
```

——插入数据到 PDF 文件输出表

```
INSERT INTO PDFOutput (ReportID, PDFFilePath, GenerationTimestamp)
VALUES (1, '/path/to/pdf/file1.pdf ', NOW());
```

——查询 PDF 文件输出表

```
SELECT * FROM PDFOutput;
```

——更新 PDF 文件输出表中的数据

```
UPDATE PDFOutput
SET PDFFilePath = '/path/to/new_pdf/file1.pdf '
WHERE PDFOutputID = 2024081000;
```

——删除 PDF 文件输出表中的数据

```
DELETE FROM PDFOutput
WHERE PDFOutputID = 2024081000;
```

（6）邮件发送（Email Sending）

——创建邮件发送表

```
CREATE TABLE EmailSending (
    EmailSendingID INT AUTO_INCREMENT PRIMARY KEY,
    ReportID INT NOT NULL, ——关联报告 ID
    RecipientEmail VARCHAR(255) NOT NULL, ——接收者邮箱地址
    SendingTimestamp DATETIME NOT NULL, ——发送时间
    FOREIGN KEY (ReportID) REFERENCES ReportDataFilling(DataFillingID)
);
```

——插入数据到邮件发送表

```
INSERT INTO EmailSending (ReportID, RecipientEmail, SendingTimestamp)
VALUES (1, 'recipient@example.com', NOW());
```

——查询邮件发送表

```
SELECT * FROM EmailSending;
```

——更新邮件发送表中的数据

```
UPDATE EmailSending
SET RecipientEmail = 'new_recipient@example.com'
WHERE EmailSendingID = 2024081000;
```

——删除邮件发送表中的数据

```
DELETE FROM EmailSending
WHERE EmailSendingID = 2024081000;
```

（7）Excel 导出（Excel Export）

——创建 Excel 导出表

```
CREATE TABLE ExcelExport (
    ExcelExportID INT AUTO_INCREMENT PRIMARY KEY,
    ReportID INT NOT NULL, ——关联报告 ID
    FilePath VARCHAR(1000), ——文件存储路径
    ExportTimestamp DATETIME NOT NULL, ——导出时间
    FOREIGN KEY (ReportID) REFERENCES ReportDataFilling(DataFillingID)
);
```

——插入数据到 Excel 导出表

```
INSERT INTO ExcelExport (ReportID, FilePath, ExportTimestamp)
VALUES (1, '/path/to/excel/file1.xlsx', NOW());
```

——查询 Excel 导出表

```
SELECT * FROM ExcelExport;
```

——更新 Excel 导出表中的数据

```
UPDATE ExcelExport
SET FilePath = '/path/to/new_excel/file1.xlsx'
WHERE ExcelExportID = 2024081000;
```

——删除 Excel 导出表中的数据

```
DELETE FROM ExcelExport
WHERE ExcelExportID = 2024081000;
```

（8）PDF 导出（PDF Export）

——创建 PDF 导出表

```
CREATE TABLE PDFExport (
```

```
    PDFExportID INT AUTO_INCREMENT PRIMARY KEY,
    ReportID INT NOT NULL, ——关联报告 ID
    FilePath VARCHAR(1000), ——PDF 文件路径
    ExportTimestamp DATETIME NOT NULL, ——导出时间
    FOREIGN KEY (ReportID) REFERENCES ReportDataFilling(DataFillingID)
);
```

——插入数据到 PDF 导出表

```
INSERT INTO PDFExport (ReportID, FilePath, ExportTimestamp)
VALUES(1, '/path/to/pdf/file1.pdf ', NOW());
```

——查询 PDF 导出表

```
SELECT * FROM PDFExport;
```

——更新 PDF 导出表中的数据

```
UPDATE PDFExport
SET FilePath = '/path/to/new_pdf/file1.pdf '
WHERE PDFExportID = 2024081000;
```

——删除 PDF 导出表中的数据

```
DELETE FROM PDFExport
WHERE PDFExportID = 2024081000;
```

（9）HTML 导出（HTML Export）

——创建 HTML 导出表

```
CREATE TABLE HTMLExport (
    HTMLExportID INT AUTO_INCREMENT PRIMARY KEY,
    ReportID INT NOT NULL, ——关联报告 ID
    FilePath VARCHAR(1000), ——HTML 文件路径
    ExportTimestamp DATETIME NOT NULL, ——导出时间
    FOREIGN KEY (ReportID) REFERENCES ReportDataFilling(DataFillingID)
);
```

——插入数据到 HTML 导出表

```
INSERT INTO HTMLExport (ReportID, FilePath, ExportTimestamp)
VALUES (1, '/path/to/html/file1.html', NOW());
```

——查询 HTML 导出表

```
SELECT * FROM HTMLExport;
```

——更新 HTML 导出表中的数据

```
UPDATE HTMLExport
SET FilePath = '/path/to/new_html/file1.html'
WHERE HTMLExportID = 2024081000;
```

——删除 HTML 导出表中的数据

```
DELETE FROM HTMLExport
WHERE HTMLExportID = 2024081000;
```

8.3.8 系统管理模块

1. 表的结构

（1）用户注册

用户注册见表 8-129。

表 8-129 用户注册

列名	数据类型	约束	主键 / 外键	备注
UserID	INT AUTO_INCREMENT	NOT NULL	是	用户 ID
Username	VARCHAR（255）	NOT NULL	否	用户名
Password	VARCHAR（255）	NOT NULL	否	密码
Email	VARCHAR（255）	NOT NULL	否	邮箱
RegisterDate	DATETIME	—	否	注册时间
LastLogin	DATETIME	—	否	最后登录时间

（2）用户登录

用户登录见表 8-130。

表 8-130 用户登录

列名	数据类型	约束	主键 / 外键	备注
LoginID	INT AUTO_INCREMENT	NOT NULL	是	登录 ID
UserID	INT	NOT NULL	否 / 是	用户 ID

续表

列名	数据类型	约束	主键 / 外键	备注
LoginTime	DATETIME	NOT NULL	否	登录时间
IPAddress	VARCHAR（45）	NOT NULL	否	IP 地址

（3）用户权限分配

用户权限分配见表 8-131。

表 8-131　用户权限分配

列名	数据类型	约束	主键 / 外键	备注
PermissionID	INT AUTO_INCREMENT	NOT NULL	是	权限 ID
UserID	INT	NOT NULL	否	用户 ID
PermissionLevel	INT	NOT NULL	否	权限级别

（4）角色定义

角色定义见表 8-132。

表 8-132　角色定义

列名	数据类型	约束	主键 / 外键	备注
RoleID	INT AUTO_INCREMENT	NOT NULL	是	角色 ID
RoleName	VARCHAR（255）	NOT NULL	否	角色名称
RoleDescription	TEXT	—	否	角色描述

（5）权限分配

权限分配见表 8-133。

表 8-133　权限分配

列名	数据类型	约束	主键 / 外键	备注
AssignmentID	INT AUTO_INCREMENT	NOT NULL	是	权限分配 ID
RoleID	INT	NOT NULL	否 / 是	RoleDefinition. 角色 ID
PermissionID	INT	NOT NULL	否 / 是	UserPermission. 权限 ID

（6）权限继承关系

权限继承关系见表 8-134。

表 8-134　权限继承关系

列名	数据类型	约束	主键 / 外键	备注
InheritanceID	INT AUTO_INCREMENT	NOT NULL	是	继承 ID
ParentID	INT	NOT NULL	否 / 是	UserPermission. 权限 ID
ChildID	INT	NOT NULL	否 /	UserPermission. 权限 ID

（7）API 认证

API 认证见表 8-135。

表 8-135　API 认证

列名	数据类型	约束	主键 / 外键	备注
APIAuthID	INT AUTO_INCREMENT	NOT NULL	是	—
APIID	INT	NOT NULL	否	APIID
DeveloperID	INT	NOT NULL	否 / 是	UserRegistration. 用户 ID
AuthToken	VARCHAR（255）	NOT NULL	否	认证令牌
ExpirationDate	DATETIME	—	否	过期日期

（8）API 流量限制

API 流量限制见表 8-136。

表 8-136　API 流量限制

列名	数据类型	约束	主键 / 外键	备注
RateLimitID	INT AUTO_INCREMENT	NOT NULL	是	流量限制 ID
APIID	INT	NOT NULL	否	APIID
MaxRequestsPerHour	INT	NOT NULL	否	每小时最大请求数

（9）API 监控

API 监控见表 8-137。

表 8-137　API 监控

列名	数据类型	约束	主键 / 外键	备注
MonitorID	INT AUTO_INCREMENT	NOT NULL	是	监控 ID
APIID	INT	NOT NULL	否	APIID

续表

列名	数据类型	约束	主键 / 外键	备注
RequestCount	BIGINT	—	否	请求计数
ErrorCount	BIGINT	—	否	错误计数
Timestamp	DATETIME	—	否	时间戳

2. 索引

为加速查询操作，以下为各表设计的索引。

① 用户注册（User Registration）用户名、邮箱：用于快速检索和登录验证。

② 用户登录（User Login）用户 ID、登录时间：复合索引，加快对特定用户登录记录的查询速度。

③ 用户权限分配（User Permission）用户 ID：用于快速获取某个用户的所有权限。

④ 角色定义（Role Definition）角色名称：加速基于角色的权限管理。

⑤ 权限分配（Permission Assignment）角色 ID、权限 ID：复合索引，优化权限查询。

⑥ 权限继承关系（Permission Inheritance）父权限 ID、子权限 ID：复合索引，提高继承关系查询速度。

⑦ API 认证（API Authentication）开发者 ID：快速访问某开发者的所有 API 认证信息。

⑧ API 流量限制（API Rate Limiting)APIID：快速定位特定 API 的流量限制设置。

⑨ API 监控（API Monitoring)APIID、时间戳：复合索引，查询优化 API 使用情况。

3. 视图

为了简化查询操作并保护数据的完整性，创建多个视图。

① 用户综合视图包括用户的注册信息、登录历史及权限分配情况。

② API 管理视图 API 认证、流量限制和监控信息的集合，便于 API 管理。

4. 存储结构

考虑到不同表的数据访问模式和需求，选择合适的存储引擎。

① InnoDB 支持事务处理，适用于用户相关表和有外键关系的表。

② TokuDB 高压缩比，适合大文本量和写入密集型操作，例如用户注册信息。

5. 分区和分表

为了提高管理效率和查询性能，以下为部分表的分区和分表策略。

① 用户注册（User Registration）按年份进行分区，便于管理和快速数据访问。

② 用户登录（User Login）根据月份进行分表，以优化查询和数据管理。

6. 数据操作

（1）用户注册（User Registration）

——创建用户注册表

```
CREATE TABLE UserRegistration (
  UserID INT Auto_Increment PRIMARY KEY,
  Username VARCHAR(255) NOT NULL,
  Password VARCHAR(255) NOT NULL,
  Email VARCHAR(255) NOT NULL,
  RegisterDate DATETIME,
  LastLogin DATETIME
);
```

——插入数据到用户注册数据表

```
INSERT INTO UserRegistration (Username, Password, Email, RegisterDate, LastLogin)
VALUES(' 张三 ', 'password123', 'zhangsan@example.com', NOW(), NOW());
```

——查询用户注册表

```
SELECT * FROM UserRegistration;
```

——更新用户登录时间

```
UPDATE UserRegistration
SET LastLogin = NOW()
WHERE UserID = 2024081000;
```

——删除用户注册表中的数据

```
DELETE FROM UserRegistration
WHERE UserID = 2024081000;
```

（2）用户登录（User Login）

——创建用户登录表

```
CREATE TABLE UserLogin (
  LoginID INT Auto_Increment PRIMARY KEY,
  UserID INT NOT NULL,
  LoginTime DATETIME NOT NULL,
  IPAddress VARCHAR(45) NOT NULL,
  FOREIGN KEY (UserID) REFERENCES UserRegistration(UserID)
);
```

——插入用户登录数据到用户登录表

```
INSERT INTO UserLogin (UserID, LoginTime, IPAddress)
VALUES (1, NOW(), '192.168.1.1');
```

——查询用户登录表

```
SELECT * FROM UserLogin;
```

——更新用户登录 IP 地址中的地址

```
UPDATE UserLogin
SET IPAddress = '192.168.1.2'
WHERE LoginID = 2024081000;
```

——删除用户登录数据

```
DELETE FROM UserLogin
WHERE LoginID = 2024081000;
```

（3）用户权限分配（User Permission）

——创建用户权限分配表

```
CREATE TABLE UserPermission (
    PermissionID INT Auto_Increment PRIMARY KEY,
    UserID INT NOT NULL,
    PermissionLevel INT NOT NULL,
    FOREIGN KEY (UserID) REFERENCES UserRegistration(UserID)
);
```

——插入用户权限分配表

```
INSERT INTO UserPermission (UserID, PermissionLevel)
VALUES (1, 3);
```

——查询用户权限分配表

```
SELECT * FROM UserPermission;
```

——更新用户权限级别

```
UPDATE UserPermission
SET PermissionLevel = 2
WHERE PermissionID = 2024081000;
```

——删除用户权限分配表中的数据

```sql
DELETE FROM UserPermission
WHERE PermissionID = 2024081000;
```

（4）角色定义（Role Definition）

——创建角色定义表

```sql
CREATE TABLE RoleDefinition (
    RoleID INT Auto_Increment PRIMARY KEY,
    RoleName VARCHAR(255) NOT NULL,
    RoleDescription TEXT
);
```

——插入数据到角色定义表

```sql
INSERT INTO RoleDefinition (RoleName, RoleDescription)
VALUES('管理员','负责管理系统的用户和权限');
```

——查询角色定义表

```sql
SELECT * FROM RoleDefinition;
```

——更新角色描述

```sql
UPDATE RoleDefinition
SET RoleDescription = '负责管理系统的用户、权限和资源'
WHERE RoleID = 2024081000;
```

——删除角色定义表中的数据

```sql
DELETE FROM RoleDefinition
WHERE RoleID = 2024081000;
```

（5）权限分配（Permission Assignment）

——创建权限分配表

```sql
CREATE TABLE PermissionAssignment (
    AssignmentID INT Auto_Increment PRIMARY KEY,
    RoleID INT NOT NULL,
    PermissionID INT NOT NULL,
    FOREIGN KEY (RoleID) REFERENCES RoleDefinition(RoleID),
    FOREIGN KEY (PermissionID) REFERENCES UserPermission(PermissionID)
);
```

——插入数据到权限分配表

```
INSERT INTO PermissionAssignment (RoleID, PermissionID)
VALUES (1, 1);
```

——查询权限分配表

```
SELECT * FROM PermissionAssignment;
```

——更新权限分配表中的数据

```
UPDATE PermissionAssignment
SET RoleID = 2
WHERE AssignmentID = 2024081000;
```

——删除权限分配表中的数据

```
DELETE FROM PermissionAssignment
WHERE AssignmentID = 2024081000;
```

（6）权限继承关系（Permission Inheritance）

——创建权限继承关系表

```
CREATE TABLE PermissionInheritance (
    InheritanceID INT AUTO_INCREMENT NOT NULL PRIMARY KEY, ——继承 ID，主键，自增
    ParentID INT NOT NULL, ——父权限 ID
    ChildID INT NOT NULL, ——子权限 ID
    FOREIGN KEY (ParentID) REFERENCES UserPermission(权限 ID), ——外键关联 UserPermission 表的权限 ID 字段
    FOREIGN KEY (ChildID) REFERENCES UserPermission(权限 ID) ——外键关联 UserPermission 表的权限 ID 字段
);
```

——插入数据到权限继承关系表

```
INSERT INTO PermissionInheritance (ParentID, ChildID)
VALUES (1, 2), (2, 3), (3, 4); ——示例数据：父权限 ID 为 1 的权限继承了子权限 ID 为 2 的权限，以此类推；
```

——查询权限继承关系表

```
SELECT * FROM PermissionInheritance;
```

——更新权限继承关系表中的数据

```
UPDATE PermissionInheritance
SET ParentID = 5
WHERE ChildID = 3; ——将子权限 ID 为 3 的权限的父权限 ID 更新为 5;
```

——删除权限继承关系表中的数据

```
DELETE FROM PermissionInheritance
WHERE ParentID = 2024081000 AND ChildID = 2; ——删除父权限 ID 为 1 且子权限 ID 为 2 的权限继承关系;
```

（7）API 认证（API Authentication）

——创建 API 认证表

```
CREATE TABLE APIAuthentication (
    APIAuthID INT Auto_Increment PRIMARY KEY,
    APIID INT NOT NULL,
    DeveloperID INT NOT NULL,
    AuthToken VARCHAR(255) NOT NULL,
    ExpirationDate DATETIME,
    FOREIGN KEY (DeveloperID) REFERENCES UserRegistration(UserID)
);
```

——插入数据到 API 认证表

```
INSERT INTO APIAuthentication (APIID, DeveloperID, AuthToken, ExpirationDate)
VALUES (1, 1, 'abcdef123456', NOW() + INTERVAL 1 DAY);
```

——查询 API 认证表

```
SELECT * FROM APIAuthentication;
```

——更新 API 认证令牌

```
UPDATE APIAuthentication
SET AuthToken = 'ghijkl789012'
WHERE APIAuthID = 2024081000;
```

——删除 API 认证表中的数据

```
DELETE FROM APIAuthentication
WHERE APIAuthID = 2024081000;
```

（8）API 流量限制（API Rate Limiting）

——创建 API 流量限制表

```
CREATE TABLE APIRateLimiting (
  RateLimitID INT Auto_Increment PRIMARY KEY,
  APIID INT NOT NULL,
  MaxRequestsPerHour INT NOT NULL,
  FOREIGN KEY (APIID) REFERENCES APIAuthentication(APIID)
);
```

——插入数据到 API 流量限制表

```
INSERT INTO APIRateLimiting (APIID, MaxRequestsPerHour)
VALUES (1, 1000);
```

——查询 API 流量限制表

```
SELECT * FROM APIRateLimiting;
```

——更新 API 每小时最大请求数

```
UPDATE APIRateLimiting
SET MaxRequestsPerHour = 2000
WHERE RateLimitID = 2024081000;
```

——删除 API 流量限制表中的数据

```
DELETE FROM APIRateLimiting
WHERE RateLimitID = 2024081000;
```

（9）API 监控（API Monitoring）

——创建 API 监控表

```
CREATE TABLE APIMonitoring (
  MonitorID INT Auto_Increment PRIMARY KEY,
  APIID INT NOT NULL,
  RequestCount BIGINT,
  ErrorCount BIGINT,
  Timestamp DATETIME,
  FOREIGN KEY (APIID) REFERENCES APIAuthentication(APIID)
);
```

——插入数据到 API 监控表

```
INSERT INTO APIMonitoring (APIID, RequestCount, ErrorCount, Timestamp)
VALUES (1, 100, 5, NOW());
```

——查询 API 监控表

```
SELECT * FROM APIMonitoring;
```

——更新 API 监控表中的数据

```
UPDATE APIMonitoring
SET RequestCount = 200, ErrorCount = 10
WHERE MonitorID = 2024081000;
```

——删除 API 监控表中的数据

```
DELETE FROM APIMonitoring
WHERE MonitorID = 2024081000;
```

第 9 章　数据资产评估系统界面设计

数据资产评估系统界面设计的核心要求是提供一个用户友好、直观且响应迅速的交互环境，为用户提供导航，使用户能够轻松识别、分类、评估和管理数据资产。同时，通过可视化工具和报告功能清晰地展示评估结果和分析数据，确保决策者能够快速获取关键信息并据此做出明智的业务决策。

9.1 用户界面设计原则

在设计数据资产评估系统的用户界面时，应遵循以下原则和规范来确保界面既美观又实用，同时为用户提供舒适的体验。

9.1.1　设计原则

1. 一致性原则

在数据资产评估系统中，保持从登录界面到各个评估模块（例如数据导入、模型选择、评估执行、结果展示等）的一致性至关重要。应使用统一的色彩方案（例如代表资产价值的金色或蓝色调）、字体（清晰明确的商务字体）、按键样式（例如一致的尺寸、圆角半径和悬停效果）和对话框布局，确保用户在评估的任何阶段都能迅速识别并适应系统界面。

2. 直观性原则

数据资产评估界面设计应直观反映资产评估流程，例如通过流程图或步骤指示器引导用户完成评估。使用数据资产评估领域常用的术语和图表（例如价值图表、数据图表等），降低用户的时间成本。同时，界面布局应清晰，确保用户能迅速找到关键功能，例如评估开始、评估暂停、评估继续和评估结束的按键。

3. 反馈原则

在数据资产评估过程中即时反馈尤为重要，因为它能让用户了解评估的进度和状态。例如，在数据上传时显示上传进度条和百分比；在评估执行时，通过动态图表或文字说明实时更新评估状态；在提交评估请求后，通过弹窗或页面跳转告知用户请求已被接收且正在处理中。

4. 错误预防和处理原则

针对数据资产评估的复杂性，设计时应严格审查所有可能出现的输入错误，例如数据类型不匹配、格式错误等，并通过预填充、下拉选择、自动验证等方式预防错误发生。对于不可避免的错误，应提供清晰、具体的错误信息，并提供修正方法，帮助用户快速恢复操作。

5. 灵活性和效率原则

考虑数据资产评估的专业需求，为专业用户提供快捷键、批量操作、自定义模板等高级功能，以提高工作效率。同时，支持用户自定义工作区、保存常用设置和模板，以适应不同用户的操作习惯和工作流程。

6. 简洁性原则

在数据资产评估界面上应避免信息过载，仅展示关键信息和必要的功能按键。通过合理的信息分层和分组，使界面更加简洁、易读。同时，利用空白和负空间来增强视觉层次感，引导用户视线流动。

7. 美观性原则

数据资产评估系统的界面设计应符合数据资产评估行业的专业形象，色彩搭配应稳重而不失活力，图标和图形元素应精准表达与评估相关的概念和数据。同时，应注重细节处理，例如按键的阴影、边框的圆滑度等，以提升整体的美观性和质感。

8. 可访问性原则

确保所有用户都能参与评估，为其提供多种辅助功能，例如字体大小调整、高对比度模式、屏幕阅读器支持等，以满足不同用户的特殊需求。同时，应确保界面元素的可点击区域足够大，便于手指操作或屏幕阅读器识别。

9. 适应性原则

通过响应式设计确保数据资产评估系统能够自动适应不同设备和屏幕尺寸的显示需求。使计算机用户和手机用户，都能获得流畅、一致的用户体验。

10. 用户控制和自由原则

在数据资产评估流程中赋予用户高度的控制权，允许用户自由调整评估参数、暂停 / 继续评估进程、撤销 / 重做操作等。同时，提供清晰的导航和退出路径，确保用户能够随时离开当前任务并返回之前的步骤或模块。

11. 隐藏性原则

针对高级用户和初学者，将复杂或不常用的功能适当隐藏于高级设置或帮助文档中，以避免对初学者造成干扰。同时，为高级用户提供深入探索系统功能的途径，例如快捷键列表、高级选项菜单等。

12. 帮助和文档原则

为资产评估用户提供支持，提供详尽的帮助系统和用户手册，涵盖系统的基本操作、常见问题解答、高级功能介绍等内容。同时，在界面上设置易于访问的帮助按键或链接，使用户在遇到问题时能够迅速找到解决方案。

9.1.2 设计规范

为了使数据资产评估系统的用户界面具有专业性且对用户友好，需要考虑以下规范。

1. 字体规范

① 选择易于阅读且与数据资产评估专业形象相符的字体，例如苹方和 Helvetica Neue，确保其在不同设备上均保持一致性和可读性。

② 考虑数据的严谨性和展示的清晰性，应使用常见的规范字体。

2. 字号规范

① 定义不同层级的信息展示字号，例如标题、子标题、正文等，确保信息层次清晰。

② 特别关注数据和数值的展示，确保关键数据的字号突出且易于识别。

3. 行高规范

根据字号设置合适的行高，保证文本阅读的舒适性，特别是在长篇幅的数据报告中，行高的设置尤为重要。

4. 字重规范

利用字符重量区分数据的重要性和层级，例如，使用粗体的字体强调关键的财务指标。

5. 网格系统规范

设计一个合理的网格系统对齐元素，特别是对于包含大量数据和表格的页面，确保界面的整洁和有序。

6. 图形规范

使用图标和图表增强数据的表现力，确保这些图形元素风格统一并与整体界面相协调。

7. 移动端用户界面设计规范

考虑移动设备上的使用场景，优化触控操作的易用性，例如按键的尺寸和链接的间距。

8. 设计原则

确保设计遵循以用户为中心的原则，例如布局的直观性、操作的简便性，以及对文化差异的敏感性。

9. 视觉焦点和节奏

① 利用视觉焦点引导用户关注最重要的数据或操作，例如评估结果或关键指标。

② 通过合理的布局和视觉流动引导用户的视线，提高获取信息的效率。

10. 交互设计

① 设计符合用户心理模型的交互流程，减少用户学习的时间成本。

② 提供清晰的反馈和指引，帮助用户明确操作结果和系统当前状态。

11. 全局交互规范

① 确保所有设计师和开发人员遵循同一套交互规范，以保持整个系统的一致性。

② 使用设计系统和组件库来提高设计和开发的效率，同时确保复用性和一致性。

12. 适应性与可访问性

设计适应不同环境和设备的界面，考虑色盲或视力不佳用户的需求，确保界面的多方可访问性。

13. 数据可视化

利用图表和图形直观展示复杂的数据资产评估结果，使用户能够快速把握关键信息。

14. 安全性和隐私

在设计中考虑数据的安全性和用户隐私，确保敏感信息的展示和处理符合法律法规要求。

9.2 用户界面布局及导航

用户界面布局和导航设计是确保用户能够快速、直观地找到所需功能和信息的关键。

9.2.1 用户界面布局设计

1. 清晰的页面结构

针对数据资产评估，设计页面时应确保结构清晰，将资产评估的主要流程（例如数据准备、评估模型选择、评估执行、结果展示与报告生成）明确划分为不同的区域或页面。每个区域或页面应有明确的标题或说明，帮助用户快速理解当前所处的评估阶段。

2. 逻辑分组

将资产评估相关的评估功能（例如数据导入与识别、评估参数设置、评估报告导出等）和信息按照逻辑进行分组，形成模块化的布局。例如，可以将所有与数据相关的操作集中在“数据管理”模块，将评估方法与模型的选择集中在“评估设置”模块。以此类推，这样的分组有助于用户快速找到所需功能，提高操作效率。

3. 一致的布局

在跨平台与设备的数据资产评估系统中，保持页面布局的一致性至关重要。无论是计算机端，还是手机端，都应保持相似的布局结构和元素排列顺序。这有助于用户在不同设备间切换时，能够迅速适应并继续操作。

4. 突出重点

通过设计手段（例如加大字体、改变颜色、加粗边框等）突出显示评估结果、重要提示或用户需要特别关注的信息。例如，在评估结果展示页面，可以将关键评估指标（例如资产价值、风险等级等）以醒目的方式呈现，以便用户快速获取核心信息。

5. 空白的有效利用

应在界面设计中合理利用空白空间，避免元素过于拥挤。适当的空白可以更好地引导用户的视线流动，提高界面的可读性和美观性。同时，空白还能使关键信息更加突出，减少视觉干扰。

6. 响应式布局

设计数据资产评估系统时，应采用响应式布局技术，确保系统能够自动适应不同屏幕尺寸和分辨率的设备，以便用户获得良好的浏览和操作体验。

7. 导航区域的位置

将导航区域放置在用户容易发现且便于操作的位置，例如页面顶部或侧边栏。导航菜单应清晰明了，包含所有主要功能模块的入口，并支持多级菜单或下拉菜单以容纳更多选项。此外，还可以考虑添加面包屑导航或页面跳转链接，帮助用户快速返回之前浏览的页面或模块。

8. 信息层次清晰

通过合理的字体大小、颜色和布局设计来清晰地表达信息的层次结构。重要的信息或操作应使用较大的字体和醒目的颜色进行强调；次要信息则可以使用较小的字体和较淡的颜色呈现。同时，还可以通过缩进、分隔线等布局手段来区分不同的信息区块和层级关系。

9. 交互元素的明显性

确保按键、链接和其他可交互元素在界面上明显且可分辨。这些元素应具有良好的视觉对比度和可点击性（例如适当的尺寸、明显的边框或阴影效果），以便用户能够轻松识别并进行操作。此外，对于重要的交互操作（例如提交评估请求、下载评估报告等），还可以添加确认提示或动画效果以提升用户体验。

9.2.2 用户界面导航设计

在数据资产评估系统中，导航设计不仅是用户界面的骨架，更是引导用户高效完成评估任务的关键。

1. 直观的导航菜单

① **模块化布局**：将系统清晰地划分为不同的功能模块，例如数据录入、评估模型选择、报告生成等，每个模块都对应一个直观的导航菜单项。这样的设计能够让用户一目了然地了解系统的主要功能区域。

② **图标辅助**：为每个导航菜单项配备易于识别的图标，增强视觉识别度，使用户不阅读文字也能大致了解该模块的功能。

2. 清晰的导航路径

① **面包屑导航**：在页面的顶部或底部显示导航条，明确展示用户当前在系统中的位置和返回上级页面的便捷路径。

② **层级展示**：对于具有层级结构的数据或功能，例如资产分类、评估流程等，通过清晰的层级展示方式，帮助用户快速找到所需内容的位置。

3. 强大的搜索功能

① **智能搜索**：提供全局搜索功能，支持关键词模糊匹配、联想输入等智能搜索特性，帮助用户快速找到相关的数据、报告或功能模块。

②**高级搜索选项**：对于需要精确查找的场景，提供高级搜索选项，允许用户根据数据资产类型、评估日期、评估人员等条件进行筛选。

4. 导航的一致性

① **统一风格**：确保所有页面上的导航菜单、按键、链接等元素的样式和布局保持一致，减轻用户的认知负担。

② **术语统一**：在导航中使用统一的术语和命名规范，避免造成混淆和误解。

5. 快捷方式

① **常用功能快捷入口**：在界面显眼位置设置常用功能的快捷入口，例如快速评估、最近项目、常用模板等，提高用户操作效率。

② **自定义快捷方式**：允许用户根据自己的使用习惯自定义快捷方式或收藏夹，进一步提升用户的个性化体验。

6. 导航的可发现性

① **显眼位置**：将导航元素放置在用户易于发现的位置，例如页面顶部、侧边栏等。

② **视觉引导**：通过色彩、大小、形状等视觉元素引导用户注意导航区域。

7. 多层次导航

① **主导航与次导航结合**：对于功能复杂的系统，采用主导航与次导航相结合的方式，既保持界面的简洁性，又能满足用户深入探索的需求。

② **上下文导航**：在特定页面或功能模块中提供上下文导航，帮助用户在当前页面上下文中快速切换相关功能。

8. 辅助导航

① **侧边栏**：利用侧边栏展示辅助导航选项，例如筛选条件、配置选项等，减少对主界面造成的干扰。

② **标签页**：对于需要同时查看多个相关页面的场景，使用标签页的形式进行组织，方便用户切换和比较。

9. 导航的动态反馈

① **视觉反馈**：当用户与导航元素交互时（例如鼠标悬停、单击等），通过颜色变化、图

标动画等视觉反馈形式给予即时响应。

② **状态提示**：对于加载中、错误等状态，提供明确的提示信息，避免用户产生困惑。

10. 适应用户习惯

① **用户调研**：通过用户调研了解目标用户的使用习惯和期望，为导航设计提供有力依据。

② **迭代优化**：根据用户反馈和数据分析结果不断迭代优化导航设计，使其更加符合用户的操作习惯。

9.2.3 关键页面与组件设计

① **登录与注册页面**：设计简洁明了的登录和注册流程，确保用户能够轻松进入系统。

② **首页设计**：展示系统的主要功能模块和最近评估概览，引导用户快速开始使用系统。

③ **数据导入页面**：设计灵活的数据导入方式（例如文件上传、数据库连接等），并提供预览和校验功能。

④ **评估模型选择与参数设置页面**：提供直观的模型选择和参数配置界面，支持用户自定义评估参数。

⑤ **评估执行与监控页面**：展示评估进度、状态及日志信息，允许用户暂停、恢复或取消评估任务。

⑥ **结果展示与报告生成页面**：设计清晰的评估结果展示方式，支持用户自定义报告模板并导出报告。

用户登录界面如图 9-1 所示。

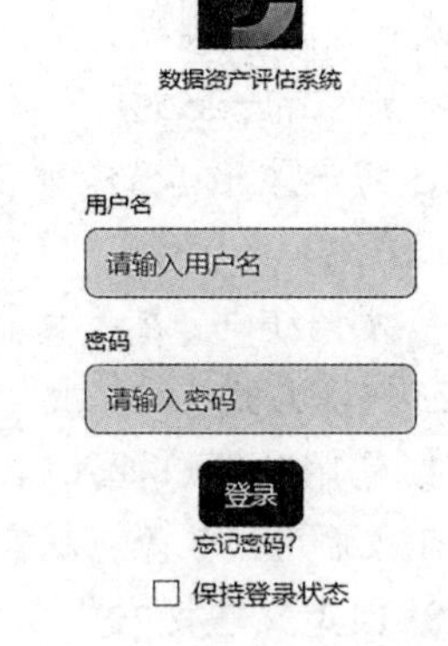

图9-1　用户登录界面

数据资产评估系统主界面如图 9-2 所示。

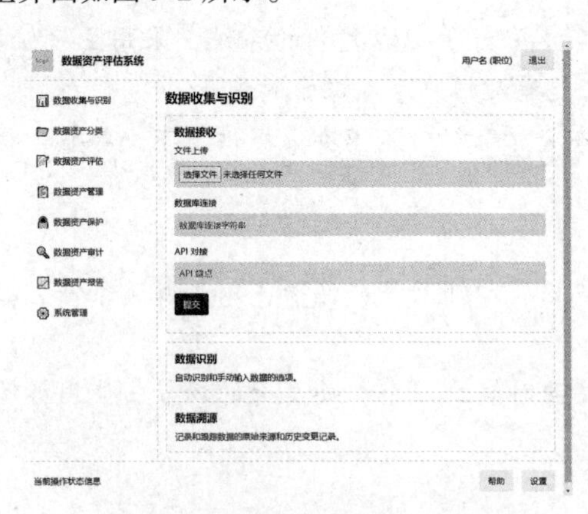

图9-2　数据资产评估系统主界面

数据收集子页面如图 9-3 所示。

数据导入

文件上传 数据库连接

请选择合适的数据导入方式

选择文件

选择文件 未选择任何文件

支持的文件格式：CSV, XLSX

预览文件

上传进度

在导入前进行数据校验

校验规则设置

数据格式

必填字段

值的范围

取消 导入

导入结果：成功/失败/错误信息

查看详细日志

帮助文档 返回

图9-3 数据收集子页面

数据资产风险评估界面如图 9-4 所示。

风险分析方法论

方法论展示

展示不同的风险分析方法论，如定性分析、定量分析等。

流程定制

允许用户根据特定需求定制风险分析流程。

用户指导

提供详细的用户指导和最佳实践，帮助用户有效地进行风险分析。

定性分析与定量分析

风险概率评估

提供工具来帮助用户评估风险发生的概率。

评估工具 报告生成

风险影响评估

分析风险对组织的潜在影响。

影响分析 影响报告

风险矩阵编制

矩阵配置

允许用户配置风险矩阵的参数，如概率和影响的等级划分。

配置参数

风险输入

用户可以将识别出的风险输入到风险矩阵中。

输入风险

等级划分

根据风险的概率和影响，自动将风险划分为不同的等级。

划分等级

可视化展示

以图形化的方式展示风险矩阵，便于用户直观地理解风险分布。

展示矩阵

图9-4 数据资产风险评估界面

数据资产风险计算界面如图 9-5 所示。

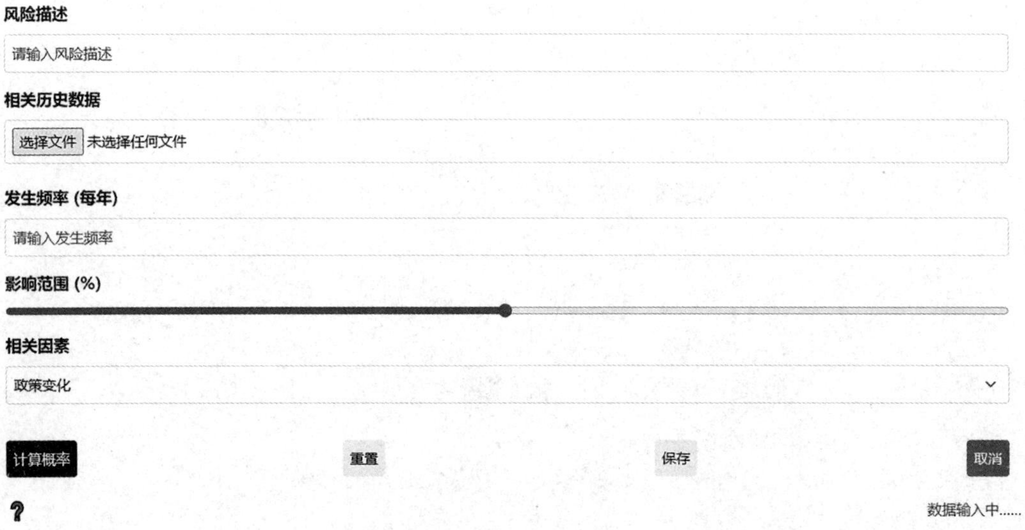

风险描述

请输入风险描述

相关历史数据

选择文件 未选择任何文件

发生频率 (每年)

请输入发生频率

影响范围 (%)

相关因素

政策变化

计算概率 重置 保存 取消

数据输入中......

图9–5 数据资产风险计算界面

第 10 章　数据资产评估系统非功能需求设计

数据资产评估系统的非功能需求设计着眼于确保系统的性能、可靠性、可用性、安全性和可维护性。这包括高效的数据处理能力以满足大量数据的评估需求；系统稳定性和故障恢复机制以保证服务的连续性；易用性设计以降低用户操作难度；多层次的安全措施以保护数据资产免受未授权访问和泄露；灵活的系统架构和模块化设计以便未来的扩展和维护。此外，非功能需求还涉及系统兼容性、数据一致性、法律合规性、多用户支持和响应时间等关键方面，以确保系统能够满足不同业务场景下的综合需求。

10.1 安全性设计

10.1.1　访问控制策略

① **用户身份验证**：实现多因素认证，结合密码、生物识别、智能卡等方式，确保只有合法用户才能登录系统。

② **角色定义与权限分配**：根据用户职责定义不同的角色，并为每个角色配置相应的权限，以限制对敏感数据和部分功能的访问。

③ **最小权限原则**：确保用户仅获得完成其任务所必需的最小权限，降低潜在的安全风险。

④ **职责分离**：将关键任务分配给多个用户，以避免单一用户拥有执行完整敏感操作的能力。

⑤ **ACL**：使用 ACL 来管理用户或用户组对特定资源的访问权限。

⑥ **会话管理**：实现安全的会话管理机制，包括会话超时、会话锁定和会话终止。

⑦ **权限变更与撤销**：建立权限变更和撤销的相应流程，以响应人员变动或安全需求。

10.1.2　加密措施

① **数据传输加密**：使用 SSL/TLS 等协议对数据传输过程进行加密，防止数据在传输过程中泄露。

② 数据存储加密：对敏感数据进行加密存储，确保数据存储的安全性。

③ 密钥管理：建立安全的密钥生成、存储、分发和退役机制。

④ 数据脱敏：对展示或测试使用的数据进行脱敏处理，防止泄露敏感信息。

⑤ 加密策略的定期审查：定期审查和更新加密策略，以适应新的安全需求和技术发展。

10.1.3 安全审计机制

① 审计策略：制定明确的审计策略，规定审计的范围、频率和方法。

② 日志记录：建立全面的日志记录机制，记录所有关键操作和系统访问数据。

③ 日志存储与保护：确保日志的安全存储，防止未授权访问和篡改。

④ 日志分析：利用自动化工具分析日志，以及时发现异常行为和潜在的安全威胁。

⑤ 审计跟踪：确保所有关键操作都有审计跟踪，便于事后审计和责任追究。

⑥ 审计报告：定期生成审计报告，向管理层报告系统的安全状况和审计发现。

⑦ 审计响应：建立审计发现的安全事件响应机制，快速响应审计中发现的安全问题。

10.2 性能需求

10.2.1 性能指标

性能指标是衡量数据资产评估系统性能的关键因素，以下是一些主要的性能指标要求，以及它们对应的标准或期望值，性能指标要求见表 10-1。

表 10–1 性能指标要求

性能指标	描述	期望值 / 标准
响应时间	系统对用户操作的响应时间	小于 2 秒
并发用户数	系统能够同时处理的最大用户数量	根据系统规模和需求，至少支持 100 ～ 1000 个用户
吞吐量	系统每秒能够处理的请求数量	至少 50 ～ 100 次 / 秒
数据处理速度	系统处理数据资产评估的速度	根据数据大小和复杂度，应在合理的时间内完成
系统稳定性	系统在高负载下的稳定运行时间	至少 99.9% 的正常运行时间
可用性	系统对用户请求的响应能力	至少 99% 的时间在线
容错能力	系统在遇到错误时恢复服务的能力	应能在 5 分钟内从常见故障中自动恢复

续表

性能指标	描述	期望值 / 标准
扩展性	系统在用户量或数据量增加时扩展资源的能力	应支持水平扩展和垂直扩展
资源利用率	系统对计算资源（CPU[1]、内存）的使用效率	CPU 不超过 85%，内存使用不超过 75%
备份和恢复时间	数据备份所需的时间和在故障后数据恢复到最新状态所需的时间	备份时间应少于业务容忍的窗口，恢复时间应小于 1 小时
安全性	系统防护未授权访问和数据泄露的能力	应符合行业标准中数据保护和隐私的规定
用户界面加载时间	用户界面完全加载并可供用户操作所需的时间	应小于 3 秒
兼容性	系统在不同浏览器和设备上的兼容性	应支持所有主流浏览器和设备
系统监控	系统对自身性能和健康状况的监控能力	应能实时监控并及时告警
日志记录	系统记录关键操作和事件的能力	应详细记录所有关键操作，便于问题追踪和审计

注：1. CPU（Central Processing Unit，中央处理器）。

10.2.2 性能优化策略

性能优化是确保数据资产评估系统高效运行的关键活动。以下是系统性能优化策略。

① **代码优化**：重构并进行代码优化，减少不必要的计算和内存使用。

② **数据库优化**：优化 SQL 查询，使用索引提高数据检索速度。定期清理和维护数据库，避免数据碎片化。

③ **缓存策略**：实现合理的缓存机制，例如内存缓存或分布式缓存，以减少对数据库的直接访问。

④ **负载均衡**：使用负载均衡技术分散请求到多个服务器，提高系统处理能力。

⑤ **异步处理**：对于耗时的操作，采用异步处理方式，提高响应速度。

⑥ **资源池化**：对数据库连接、线程等资源使用连接池或线程池，减少资源初始化的时间。

⑦ **前端性能优化**：压缩和合并 CSS 和 JavaScript 文件，减少 HTTP 请求。

⑧ **加速内容分发**：优化图片和媒体资源的加载，使用内容分发网络（Content Delivery Network，CDN）加速内容分发。

⑨ **服务端渲染与客户端渲染的平衡**：对于动态内容，合理使用服务端渲染和客户端渲染，以提高首屏加载速度。

⑩ **使用更快的硬件**：升级服务器硬件，例如使用更快的 CPU、更多的内存或固态硬盘。

⑪ **代码和资源的懒加载**：按需加载代码和资源，而不是一次性加载所有内容。

⑫ 降低网络时延：优化网络配置，降低数据传输的时延。

⑬ **单页应用优化**：对于单页应用，优化路由和组件的加载速度，减少页面跳转的等待时间。

⑭ **限流和熔断机制**：实现限流策略，防止系统过载。设计熔断机制，快速响应系统异常。

⑮ **监控和分析**：实施系统监控，及时发现性能瓶颈。分析日志和使用情况，持续优化系统性能。

⑯ **微服务架构**：采用微服务架构，将系统拆分成小的、独立的服务，便于扩展和优化。

⑰ **容器化和编排**：使用容器化技术，例如Docker，以及编排工具，例如Kubernetes，提高系统的可扩展性和可靠性。

⑱ **定期性能评估**：定期进行性能评估和压力测试，确保系统在高负载下的稳定运行。

⑲ **优化用户体验**：优化用户交互流程，弱化用户等待感知，例如使用加载动画或预加载技术。

⑳ **安全性与性能的平衡**：在确保安全的前提下，优化性能，避免因过度的安全措施而影响用户体验。

㉑ **灾难恢复计划**：制订灾难恢复计划，确保系统在发生故障时能够快速恢复正常。

10.3 可扩展性和维护性设计

10.3.1 模块化设计

模块化设计是一种将系统分解为独立、可互换模块的方法，能够提高系统的可维护性、可扩展性和重用性。以下是数据资产评估系统的模块化设计方案。

① **数据采集模块**：负责从不同数据源收集数据，包括API、数据库和文件系统。

② **数据预处理模块**：对收集的数据进行格式化和标准化处理。

③ **数据存储模块**：管理数据的存储解决方案，包括关系数据库和非关系数据库。

④ **数据安全模块**：负责数据的加密、访问控制和安全合规性。

⑤ **用户管理模块**：处理用户账户创建、认证和权限分配。

⑥ **角色和权限管理模块**：定义角色，分配权限，实现细粒度的访问控制。

⑦ **数据评估引擎模块**：包含评估算法和模型，用于计算数据资产的价值。

⑧ **数据分类模块**：根据数据类型、敏感性和业务需求对数据进行分类。

⑨ **数据质量分析模块**：检查数据的准确性、完整性和一致性。

⑩ **报告生成模块**：生成评估报告，提供数据资产的详细分析和可视化。

⑪ **审计和日志模块**：记录系统操作日志，支持安全审计和问题追踪。

⑫ **用户界面模块**：提供用户交互界面，包括Web前端和移动应用界面。

⑬ **API服务模块**：提供系统功能的API，支持与其他系统集成。

⑭ **系统配置模块**：管理系统设置和配置选项。

⑮ **通知服务模块**：负责发送系统通知和提醒，例如评估完成的通知。

⑯ **数据备份与恢复模块**：实现数据的定期备份和灾难恢复功能。

⑰ **文档和帮助模块**：提供系统文档和用户帮助资源。

这种模块化设计使每个模块都可以独立开发、测试和部署，从而简化了开发过程并提高了系统的可维护性。此外，模块化设计还便于系统的扩展，可以根据业务需求添加新的模块或更新现有模块，并保证不会影响整个系统的稳定性。

10.3.2　代码规范与文档化

针对数据资产评估系统的特性，以下是更加具体和有针对性的代码规范与文档化策略。

1. 代码规范

① **数据模型规范**：定义统一的数据资产评估模型，包括数据结构、属性和关系。

② **评估算法实现**：在实现评估算法时，确保逻辑清晰，易于理解和维护。

③ **数据访问层规范**：制定数据访问层的编码规范，确保数据操作的一致性和效率。

④ **接口设计标准**：在设计RESTful API或其他服务接口时，遵循行业标准和最佳实践。

⑤ **数据安全与隐私**：在处理数据资产时，遵循数据保护法律法规，实现数据脱敏和加密。

⑥ **性能优化**：优化算法和查询，确保评估过程的响应速度和系统性能。

⑦ **异常管理**：设计异常处理机制，妥善处理数据评估过程中可能出现的异常。

⑧ **测试驱动开发**：为评估逻辑和数据处理编写测试用例。

⑨ **代码版本管理**：使用版本控制系统管理代码变更，确保代码的可追溯性。

⑩ **代码审查与反馈**：定期进行代码审查，确保代码质量符合项目标准。

2. 文档化

① **系统架构文档**：详细描述数据资产评估系统的整体架构，包括模块划分、技术架构和数据流。

② **数据资产评估方法论**：记录评估方法的选择依据、评估模型和算法的详细说明。

③**开发环境设置指南**：提供开发环境的搭建指南，包括依赖库、工具和配置要求。

④ **评估流程文档**：描述数据资产评估的详细流程，包括数据采集、识别、评估和报告生成。

⑤ **API 使用文档：**提供系统 API 的详细文档，包括端点、请求参数、响应格式和使用示例。

⑥ **用户操作手册：**为用户提供如何使用数据资产评估系统的操作手册。

⑦ **系统维护文档：**记录系统维护的常规操作，包括数据备份、性能监控和故障排除。

⑧ **安全性和合规性文档：**描述系统如何满足数据保护法律法规和行业合规性要求。

⑨ **性能测试报告：**提供性能测试的结果和优化措施，确保系统在高负载下的运行状态。

⑩ **系统部署文档：**记录系统部署的详细步骤，包括硬件要求、软件配置和启动流程。

⑪ **评估报告模板：**提供评估报告的模板和定制指南，以便生成一致性和专业性的报告。

⑫ **数据字典和术语表：**维护系统使用的数据字典和术语表，确保数据资产评估的一致性和准确性。

通过这些有针对性的代码规范和文档化策略，数据资产评估系统的开发和维护将更加规范、高效，同时确保系统的安全性、性能和可用性满足专业标准的要求。

参考文献

[1] 国家市场监督管理总局，中国国家标准化管理委员会. 信息技术 数据质量评价指标：GB/T36344—2018[S].北京：中国标准出版社，2018.

[2]] 胡静怡. 电商企业数据资产价值评估——以京东为例[J]. 现代营销(下旬刊), 2024, (06): 163-166.

[3] 冯丽丽, 胡鑫娜, 赵雪琦. 基于生命周期理论的数据资产估值研究——以哔哩哔哩为例[J]. 会计之友, 2024, (13): 15-21.

[4] 彭乙峻, 王保平, 李文贵. 近十年我国数据资产价值评估研究述评[J]. 中国资产评估, 2024, (06): 40-44.

[5] 王彦博. 通信服务企业数据资产价值评估研究[D]. 内蒙古：内蒙古财经大学, 2024.

[6] 周旭. 基于Ohlson与AHP的互联网企业数据资产价值评估研究[D]. 内蒙古：内蒙古财经大学, 2024.

[7] 隋敏, 姜皓然, 毛思源. 数据资产价值评估：理论、实践与挑战[J]. 会计之友, 2024, (11): 141-147.

[8] 梁凤妃, 谭冰. 基于AHP—收益法的互联网企业数据资产价值评估研究[J]. 管理会计研究, 2024, (03): 10-20.

[9] 沈俊鑫, 张彤昕. 基于价值链理论的互联网企业数据资产价值评估[J]. 科技管理研究, 2024, 44(07): 124-134.

[10] 赵蔡晶. 国内数据要素价值化研究综述及展望[J]. 信息资源管理学报, 2024, 14(02): 41-53.

[11] 邹倩. 基于改进超额收益法的互联网医疗企业数据资产价值评估[D]. 重庆：重庆理工大学, 2024.

[12] 徐琳. 基于改进多期超额收益法的互联网金融企业数据资产价值评估研究[D]. 重庆：重庆理工大学, 2024.

[13] 郗加加. 基于熵权层次分析法改进超额收益模型的物流企业数据资产价值评估[D]. 重庆：重庆理工大学, 2024.

[14] 吕昭辉. 基于AHP-收益分成法的互联网金融信息类企业数据资产价值评估研究[D]. 重

庆：重庆理工大学, 2024.
[15] 薛欣雨. 数字经济背景下互联网企业数据资产价值评估[J]. 内蒙古科技与经济, 2024, (03): 66-69.
[16] 刘桂锋, 陈书贤, 刘琼. 政府开放数据平台FAIR原则评估指标体系及实证研究[J]. 现代情报, 2024, 44(02): 4-16.
[17] 王娟娟, 金小雪. 互联网信息服务平台数据资产评估方法——基于盈利模式差异的视角[J]. 科技管理研究, 2023, 43(22): 83-94.
[18] 李宣成, 黄婉秋. 基于收益法的数据资产超额收益分成率研究[J]. 中国价格监管与反垄断, 2023, (11): 30-34.
[19] 相羽帆, 宋良荣. 基于多期超额收益模型的数据资产估值研究——以美的集团为例[J]. 财会研究, 2023, (10): 53-60.
[20] 刘慧. 互联网企业数据资产价值评估[D]. 山西：山西财经大学, 2023.
[21] 郭彬晖. 基于多期超额收益法的数据资产价值评估模型构建及应用研究[D]. 江西：江西财经大学, 2023.
[22] 袁倩愉. 基于成本法的互联网企业数据资产价值评估[D]. 广东：广东财经大学, 2023.
[23] 张鹏程. 基于多期超额收益法的互联网企业数据资产价值评估研究[D]. 河北：河北大学, 2023.
[24] 李天雨. 多期超额收益法在互联网企业数据资产估值中应用研究[D]. 黑龙江：哈尔滨商业大学, 2023.
[25] 黄倩倩, 任明. 国内外数据要素市场中价格机制研究述评与展望[J]. 价格理论与实践, 2023, (03): 26-30.
[26] 孙嘉睿, 安小米. 开放政府数据质量评估指标体系研究[J]. 情报理论与实践, 2023, 46(06): 94-100.
[27] 于艳芳, 陈泓亚. 信息服务企业数据资产价值评估研究——以同花顺公司为例[J]. 中国资产评估, 2022, (10): 72-80.
[28] 周艳秋. 数字经济驱动下数据资产价值评估研究[D]. 北京：首都经济贸易大学, 2022.
[29] 闫坤. 互联网媒体企业数据资产价值评估研究[D]. 广西：广西科技大学, 2022.
[30] 严鹏. 基于机器学习的数据资产价值评估研究[D]. 云南：云南大学, 2022.
[31] 郭燕青, 孙培原. 基于实物期权理论的互联网企业数据资产评估研究[J]. 商学研究, 2022, 29(01): 77-84.
[32] 晏枫. 基于蒙特卡罗模拟的互联网企业数据资产价值评估[D]. 江西：江西财经大学, 2021.
[33] 黄国彬, 陈丽. 国外科学数据质量评估框架比较研究[J]. 图书与情报, 2021, (01): 97-107.
[34] 李玉杰. 上市公司财务数据质量研究综述[J]. 时代金融, 2018, (15): 168+180.

[35] 孙凡. 上市公司财务数据实用质量智能评估框架构建[J]. 财会月刊, 2018, (07): 37-41.
[36] 陈伟斌, 张文德. 基于收益分成率的网络信息资源著作权资产评估研究[J]. 情报科学, 2015, 33(09): 39-44.